细纱机安装与维修

王显方　主　编
黄　勇　副主编

中国纺织出版社

内 容 提 要

本书按照纺织技术类专业人才培养目标和专业特点,结合棉纺织厂细纱机维修工人应该掌握的基本知识,及保全保养工人技术等级标准中应知应会的要求编写。本书重点阐述了细纱工序设备技术特征、设备状态和工艺参数设置对产品质量的影响及 FA506 型细纱机的拆装过程、装配原理和装配工艺。本书还介绍了有关细纱机维修的原则、制度和方法,细纱保全保养工人技术等级考核应知应会的要求及细纱机大小修理接交技术条件等内容。

本书供棉纺企业从事细纱机安装与维修技术人员、管理干部使用,也可作为中高等职业技术学校及专业技术培训班的教材或参考书。

图书在版编目(CIP)数据

细纱机安装与维修/王显方主编. —北京:中国纺织出版社,2014.6
ISBN 978 - 7 - 5180 - 0562 - 8

Ⅰ. ①细… Ⅱ. ①王… Ⅲ. ①精纺机—安装②精纺机—维修 Ⅳ. ①TS103. 230. 7

中国版本图书馆 CIP 数据核字(2014)第 064159 号

策划编辑:秦丹红 符 芬 责任编辑:王军锋
责任校对:梁 颖 责任设计:何 建 责任印制:何 艳

中国纺织出版社出版发行
地址:北京市朝阳区百子湾东里 A407 号楼 邮政编码:100124
销售电话:010—87155894 传真:010—87155801
http://www.c-textilep.com
E-mail:faxing@c-textilep.com
官方微博 http://weibo.com/2119887771
三河市宏盛印务有限公司印刷 各地新华书店经销
2014 年 6 月第 1 版第 1 次印刷
开本:710×1000 1/16 印张:14
字数:239 千字 定价:45.00 元(附光盘 1 张)

前　言

　　纺织工业是我国国民经济传统支柱产业和重要的民生产业,也是国际竞争优势明显的产业。进入 21 世纪以来,我国棉纺织行业总体规模快速增长,但目前有关细纱机拆装的图书已是出版 10 余年的旧版本,无法适应现代纺织设备发展的要求,所以编者选用了目前棉纺织厂普遍使用的 FA506 型细纱机机型来介绍细纱机的安装维修和保养等知识,并设计制作了大约 80min 的录像,更直观地将细纱机的拆装过程展现出来,使初学者更容易掌握细纱机拆装的要领。

　　本书由陕西工业职业技术学院纺织与化工学院王显方副教授主编,黄勇副主编,全书分 5 章 7 个附录,王显方编写第一～五章,黄勇编写全部附录及负责第三章图片采集,全书由王显方负责拟定提纲,并做最后的统稿和定稿。在编写过程中得到了原西北国棉七厂毛宇峰技师和陕西华润纺织公司俞震勇技师的大力帮助,在此表示诚挚的感谢。

　　在编写过程中虽然走访了多位有经验的纺织厂技术人员,稿件也经过反复多次修改,但由于编者水平有限,时间仓促,书中不妥之处在所难免,敬请读者批评指正。

编者

2013 年 9 月

目　录

第一章　细纱工序 ………………………………………………………… 1

　第一节　概述 ………………………………………………………… 1

　　一、细纱工序的任务 ………………………………………………… 1

　　二、细纱机的发展及主要技术指标 ………………………………… 1

　第二节　细纱机牵伸原理 …………………………………………… 3

　　一、实现牵伸的条件 ………………………………………………… 3

　　二、牵伸倍数 ………………………………………………………… 3

　　三、牵伸区中纤维的运动 …………………………………………… 4

　　四、摩擦力界分布 …………………………………………………… 5

　　五、合理布置细纱牵伸区摩擦力界分布 …………………………… 6

　　六、牵伸区纤维受力分析 …………………………………………… 7

　　七、牵伸增加纱条不匀 ……………………………………………… 10

　　八、稳定细纱牵伸力的措施 ………………………………………… 11

　第三节　细纱机牵伸工艺 …………………………………………… 11

　　一、细纱机的牵伸工艺配置 ………………………………………… 11

　　二、细纱机牵伸装置的类型 ………………………………………… 13

　第四节　细纱机加捻 ………………………………………………… 14

　　一、加捻原理 ………………………………………………………… 14

　　二、细纱机捻度分布 ………………………………………………… 15

　　三、细纱捻系数和捻向的选择 ……………………………………… 16

　第五节　细纱卷绕及其成形机构 …………………………………… 19

　　一、细纱卷绕 ………………………………………………………… 19

　　二、卷绕成形机构及其作用 ………………………………………… 20

　第六节　纺专器材对成纱质量的影响 ……………………………… 22

　　一、牵伸元件 ………………………………………………………… 22

　　二、加捻卷绕元件 …………………………………………………… 32

第二章　装配原理 ………………………………………………………… 35

　第一节　零件立体定位及装配基准的选择 ………………………… 35

一、零部件的立体定位 ……………………………………………… 35

二、装配基准的选择 ………………………………………………… 36

第二节　装配误差产生及控制 ……………………………………… 36

一、装配误差及其产生原因 ………………………………………… 36

二、装配误差的控制 ………………………………………………… 38

第三节　变形走动的受力类型及防止与补偿 ……………………… 39

一、产生变形走动的受力类型 ……………………………………… 39

二、变形走动的防止与补偿 ………………………………………… 40

三、矫正变形零件,剔除变形部位 ………………………………… 42

第四节　安装前的准备 ……………………………………………… 42

一、机座应具备的条件 ……………………………………………… 42

二、弹线 ……………………………………………………………… 43

第五节　细纱机安装维修工具 ……………………………………… 45

一、常用工具 ………………………………………………………… 45

二、专用工具 ………………………………………………………… 48

第三章　细纱机拆装 ………………………………………………… 50

第一节　细纱机修理工作法 ………………………………………… 50

一、细纱机大修理工作法 …………………………………………… 50

二、细纱机小修理工作法 …………………………………………… 55

第二节　平装机架 …………………………………………………… 60

一、平装方法 ………………………………………………………… 60

二、平装机架行业标准 ……………………………………………… 65

第三节　平装主轴 …………………………………………………… 65

一、确定主轴的位置 ………………………………………………… 66

二、平装主轴 ………………………………………………………… 67

三、平装滚盘 ………………………………………………………… 68

四、平装制动器 ……………………………………………………… 68

第四节　平装锭带盘 ………………………………………………… 69

一、锭带盘轴位置确定 ……………………………………………… 69

二、平装锭带盘轴 …………………………………………………… 70

三、校正锭带盘位置 ………………………………………………… 70

第五节　平装牵伸机构 ……………………………………………… 71

一、平校罗拉的准备工作 …………………………………………… 71

二、平校罗拉座 ･･････････････････････････････････ 72
三、校直前罗拉 ･････････････････････････････････････ 73
四、平装中、后罗拉 ････････････････････････････････ 74
五、平装前、中、后罗拉头 ･････････････････････････ 75
六、平装车头牵伸变换齿轮 ･････････････････････････ 75
七、平装其他牵伸部件 ････････････････････････････ 75
八、平装牵伸部分行业标准 ･････････････････････････ 78
第六节 平装加捻卷绕机构 ･････････････････････････ 79
一、平装牵吊部分 ････････････････････････････････ 79
二、平装钢领板 ･･･････････････････････････････････ 80
三、平装导纱板 ･･･････････････････････････････････ 81
四、平装加捻卷绕其他部分 ･････････････････････････ 83
五、平装锭子 ･････････････････････････････････････ 83
六、平装加捻卷绕部分行业标准 ････････････････････ 84
第七节 平装车头传动机构 ･････････････････････････ 85
一、平装牵伸传动 ････････････････････････････････ 85
二、平装车头传动齿轮 ････････････････････････････ 86
三、平校升降分配轴 ･･････････････････････････････ 86
四、平校平衡扭杆 ････････････････････････････････ 87
五、平装成形凸轮轴及减速箱 ･･･････････････････････ 88
六、平装车头检查要点及行业标准 ･･････････････････ 88
第八节 平装自动机构 ･････････････････････････････ 90
一、自动机构的作用 ･･････････････････････････････ 90
二、自动机构的调整 ･･････････････････････････････ 91
三、平装自动机构部分行业标准 ････････････････････ 93
第九节 平装纱架及其他机构 ･･････････････････････ 93
一、平装纱架 ･････････････････････････････････････ 93
二、平装吸棉部分 ････････････････････････････････ 94
三、平装横动装置及其他机构 ･･･････････････････････ 94
第十节 检查试车和开车检修 ･･････････････････････ 95
一、检查试车与校正 ･･････････････････････････････ 95
二、开车检修 ･････････････････････････････････････ 97

第四章 维修保养技术 ･･････････････････････････････ 98
第一节 概述 ･････････････････････････････････････ 98

一、维修方式 ……………………………………………………… 98

二、维修类别 ……………………………………………………… 100

三、大小修理接交验收 …………………………………………… 102

四、维修备件 ……………………………………………………… 103

第二节　揩车 ……………………………………………………… 104

一、揩车的目的、周期及计划编制 ……………………………… 104

二、与揩车结合的维修项目 ……………………………………… 105

三、揩车的范围和内容 …………………………………………… 105

四、揩车的原则和要求 …………………………………………… 111

五、揩车后的接交验收 …………………………………………… 111

六、揩车的配合与联系 …………………………………………… 111

七、揩车接交技术条件 …………………………………………… 112

第三节　重点检修 ………………………………………………… 112

一、重点检修 ……………………………………………………… 112

二、重点专业维修 ………………………………………………… 117

第四节　巡回检修 ………………………………………………… 132

一、巡回检修的项目及要求 ……………………………………… 132

二、巡回检修的接交 ……………………………………………… 133

三、巡回检修技术条件 …………………………………………… 134

第五节　细纱保全保养工人技术等级考核标准 ………………… 134

一、二~七级细纱保全工应知应会 ……………………………… 134

二、四~六级细纱检修工应知应会 ……………………………… 139

三、细纱揩车工、揩车长应知应会 ……………………………… 141

四、细纱牵伸专件修理工应知应会 ……………………………… 143

五、细纱生锭带工应知应会 ……………………………………… 143

六、细纱钢领修理工应知应会 …………………………………… 144

七、一~二等细纱锭子修理工应知应会 ………………………… 144

第五章　纱疵分析与防止及产品质量控制 ……………………… 146

第一节　常见疵品分析 …………………………………………… 146

一、条干不匀 ……………………………………………………… 146

二、竹节纱 ………………………………………………………… 148

三、成形不良 ……………………………………………………… 149

四、粗经粗纬 ……………………………………………………… 154

　　五、紧捻纱与弱捻纱 ……………………………………………… 154

　　六、油污纱与煤灰纱 ……………………………………………… 154

　　七、橡皮纱与小辫子纱 …………………………………………… 155

　　八、色差纱与颜色纱 ……………………………………………… 155

　　九、棉球纱 ………………………………………………………… 155

　　十、其他布面纱疵 ………………………………………………… 155

　第二节　疵品防止措施 ……………………………………………… 156

　　一、粗经粗纬与油经油纬 ………………………………………… 156

　　二、竹节纱 ………………………………………………………… 157

　　三、紧捻纱与松纱 ………………………………………………… 157

　　四、管纱成形不良造成的布面疵点 ……………………………… 157

　　五、大白点与橡胶纱 ……………………………………………… 158

　　六、小辫子纱与毛羽纱 …………………………………………… 158

　　七、规律性的纱疵 ………………………………………………… 159

　第三节　产品质量控制 ……………………………………………… 159

　　一、生产工艺与产品质量 ………………………………………… 159

　　二、设备状态与产品质量 ………………………………………… 163

　　三、细纱断头率的基本控制与产品质量 ………………………… 171

　　四、提高成纱质量的途径 ………………………………………… 176

　　五、整顿机械状态,稳定提高成纱质量 ………………………… 178

参考文献 ……………………………………………………………… 181

附录 …………………………………………………………………… 183

附录一　棉纺织设备安装质量检验标准(FJJ212—80) ………… 183

附录二　环锭细纱机大小修理接交技术条件 ……………………… 189

附录三　环锭细纱机揩车技术条件 ………………………………… 195

附录四　环锭细纱机重点检修技术条件 …………………………… 198

附录五　环锭细纱机完好技术条件 ………………………………… 202

附录六　环锭细纱机巡回检修技术条件 …………………………… 206

附录七　环锭细纱机状态检修合格技术条件 ……………………… 208

第一章　细纱工序

第一节　概述

细纱工序是纺纱的最后一道工序,同时也是纺织厂的一个重要工序,细纱工序的纱锭总数是衡量棉纺织厂规模大小和生产能力的重要标志,细纱的产量决定纺织厂各工序机械设备的配备,其产量的高低,决定了企业的生产水平;细纱质量的优劣、消耗的多少,决定了纺纱的成本;细纱千锭时的断头率是企业考核的重要指标。所以细纱工序,能综合反映一个棉纺厂生产技术和管理的水平。

一、细纱工序的任务

1. 牵伸

将喂入的粗纱均匀地抽长拉细到成纱所需要的特数。

2. 加捻

将牵伸后的须条加上适当的捻度,使细纱具有一定的强力、弹性、光泽和手感等物理力学性能。

3. 卷绕

将纺成的细纱按一定的成形卷绕在筒管上,便于运输、贮存和继续加工。

二、细纱机的发展及主要技术指标

1. 国产细纱机的发展

(1)第一代细纱机:1291 型、1292 型、1293 型。

(2)第二代细纱机:A512 型、A513 型。

(3)第三代细纱机:FA502 型 ~ FA508 型。

2. 细纱机主要技术指标

细纱机主要技术指标见表 1 – 1。

表 1 – 1　细纱机主要技术指标

机型	FA506	FA507	FA541	F1520	F1520SK
适纺纤维长度	棉、化纤或混纺,65mm 以下	棉、化纤或混纺,65mm 以下	棉、化纤或混纺,60mm 以下	棉、化纤或混纺,65mm 以下	棉、化纤或混纺,65mm 以下

续表

机型		FA506	FA507	FA541	F1520	F1520SK
锭距(mm)		70	70.75	70	70.75	70.75
每台锭数(锭)		384~516	384~516	720~1008	384~1008	384~1008
牵伸机构		三罗拉长短胶圈				
牵伸倍数(倍)		10~50	10~50	10~60	10~60	10~60
前罗拉直径(mm)		25	25,27	27	27	27
每节罗拉锭数(锭)		6	6	8	6	6
罗拉座角度(°)		45				
罗拉加压方式		弹簧加压摇架,气压加压摇架				
罗拉中心距(mm)	前~后(最大)	143	150	143	150	150
	前~中(最小)	43	43	44	43	43
钢领直径(mm)		35,38,42,45	35,38,42,45	35,38,42,45	35,38,42,45,57	35,38,42,45,57
升降动程(mm)		155,180,205	155,180,205	155,165,180,205	180,200,205	180,200,205
锭子型号		JWD32 系列光杆	D32 系列光杆	D32 系列光杆	JWD7111 铝套管	JWD7111 铝套管
锭速(r/min)		12000~18000	10000~17000	14000~18000	12000~25000	12000~25000
满纱最小气圈高度(mm)		85	75	80	95	95
锭带张力盘		单、双张力盘	单、双张力盘	单张力盘	单、双张力盘	单、双张力盘
捻向		Z、Z 或 S	Z、Z 或 S	Z、S	Z、Z 或 S	Z、Z 或 S
齿轮润滑		滴油	滴油	淋油	滴油	滴油
粗纱卷装尺寸(mm,直径×长度)		152×406	152×406(max)	152×406(max)	312×406	312×406
粗纱架形式		单层六列吊锭				
自动机构		PLC 控制,中途关机自动适位制动,中途落纱钢领板自动下降适位制动,满管钢领板自动下降适位				
机器全长(mm)	锭距70	2380+(N/2−1)×70	2400+(N/2−1)×70	3085+(N/2−1)×70	4450+(N/2−1)×70	4450+(N/2−1)×70
	锭距75	—	2405×(N/2−1×75)	—	—	—
前罗拉中心离地面高度(mm)		1075	1045	1130	1140	1140
锭子中心距(mm)		700	680	—	700	700
车头宽度(mm)		640	620	700	700	700
机器重量(t)		7	7	14	15	15

机型	FA506	FA507	FA541	F1520	F1520SK
新技术	可配变频调速,可配竹节纱装置,可配包芯纱装置			可配变频调速,可配竹节纱装置,可配包芯纱装置,可配集体落纱	变频调速,集体落纱,锭子、罗拉、钢领板电动机分开传动,管纱成形智能化

注　N 为每台锭数。

第二节　细纱机牵伸原理

牵伸是将须条抽长拉细的过程,其牵伸的实质是使纤维沿轴向做相对运动,其目的是使抽长拉细须条牵到规定的粗细。

一、实现牵伸的条件

在传统纺纱中是利用表面速度不同,有一定隔距的罗拉组来实现的。实现牵伸必须具备以下条件。

(1)须条上有积极握持的两点,且两握持点之间有一定的距离(隔距)。

(2)积极握持的两点必须有相对运动,输出端的线速度必须大于喂入端的线速度。

(3)握持点上应具有一定的握持力。

二、牵伸倍数

1. 重量牵伸倍数和机械牵伸倍数

牵伸倍数是须条抽长拉细的程度,一般用 E 表示。当牵伸过程中无纤维损失时:

$$E_{重量} = \frac{L_2}{L_1} \times \frac{W_1}{W_2} \times \frac{Tt_1}{Tt_2}$$

式中:L_1——牵伸前须条的长度;

L_2——牵伸后须条的长度;

W_1——牵伸前须条的重量;

W_2——牵伸后须条的重量;

Tt_1——牵伸前须条的特数;

Tt_2——牵伸后须条的特数。

一般在设计时用此方法计算的牵伸倍数称为重量牵伸倍数,也称为理论牵伸倍数,简称重量牵伸。

当牵伸过程中罗拉与须条间无滑溜时：

$$E_{机械} = \frac{v_2}{v_1}$$

v_1、v_2分别为喂入罗拉(后罗拉)和输出罗拉(前罗拉)的表面速度。

用此方法计算的牵伸倍数称为机械牵伸捨数,简称机械牵伸。

2. 牵伸效率和牵伸配合率

牵伸过程中由于存在纤维损失、罗拉与须条间的滑溜、纤维的回弹性、捻缩等原因,所以机械牵伸与重量牵伸不相等。

$$牵伸效率 = \frac{重量牵伸}{机械牵伸}$$

在罗拉牵伸过程中,牵伸效率常小于1。一般在纺纱工艺中,为了补偿牵伸效率,使设计的重量符合工艺要求,一般用一个经验数值,这个数值称为牵伸配合率。

$$牵伸配合率 = \frac{机械牵伸}{重量牵伸}$$

一般纯棉品种牵伸配合率为 1.01 ~ 1.04,化纤品种一般为 1.03 ~ 1.1。

三、牵伸区中纤维的运动

牵伸可以使须条达到设计的细度,但却会带来负面作用,那就是使条干恶化。我们知道,在同样原料条件下,生条的条干要好于熟条,熟条的条干要比粗纱好,而细纱的条干比粗纱差,这都是由于牵伸而造成的。

1. 牵伸区中纤维的分布

根据牵伸区中纤维的分布情况,纤维可分为以下几种(表 1 – 2)。

表 1 – 2　牵伸区中的纤维分类

牵伸区中的纤维	按受控情况分	受控纤维	前控纤维:被前罗拉控制的纤维
			后控纤维:被后罗拉控制的纤维
		浮游纤维:牵伸区中不被罗拉所控制的纤维	
	按运动速度分	快速纤维:以前罗拉表现速度运动的纤维	
		慢速纤维:以后罗拉表面速度运动的纤维	

2. 牵伸区中纤维的变速度过程

理想牵伸:假设 A、B 为理想须条中的两根平行顺直且长度相等的纤维,牵伸前它们之间相距为 a_0(移距),如图 1 – 1 所示。当 A、B 从后罗拉钳口喂入时均以 v_2 速度运动,相距 a_0,假设 $I—I$ 为牵伸区中的纤维变速度点,当 A 到达 $I—I$ 时,A 以 v_1 速度变为快速纤维,在经过 a_0/v_2 时间后,B 到达变速点,也以 v_1 速度运动,假设牵伸后 A、B 相距为 a_1。那么,

$$a_1 = v_1 \times \frac{a_0}{v_2} \times a_0 E$$

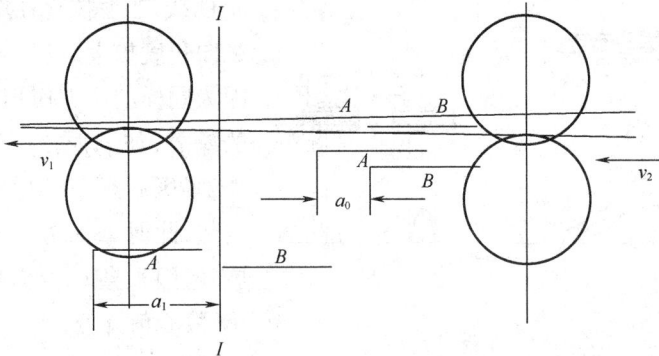

图 1-1　牵伸区中纤维的变速度过程

经过以上分析,可知道须条经过 E 倍的牵伸后,纤维移距增加了 E 倍,那么细度也就减小为原来的 $1/E$,而并未产生不匀。但实际牵伸过程中纤维变速点不在同一位置,纤维的长度也会不同,所以产生正常移距的概率很小,有些纤维提前变速,就会使须条变粗,但另外一些纤维滞后变速就会形成细节,这就是通常所说的常发性纱疵。在实际牵伸过程中纤维的移距计算公式为:

$$a_1 = a_0 E \times X(E-1)$$

式中:X——纤维实际变速点和理想变速点之间的距离;

　　　E——牵伸倍数。

$X(E-1)$ 称为移距偏差,从式中可以看出,要使牵伸后的不匀率小,移距偏差越小越好,那么就要变 E 和 X,即牵伸倍数 E 越小不匀率越小,纤维变速点越集中 X 就越小,那么移距偏差就越小。

通过分析可得出,纤维变速点集中且靠近前钳口,那么 X 就越接近 0,移距偏差越小,这也是配置合理的牵伸工艺,减小牵伸不匀的重要工艺原则。

四、摩擦力界分布

在牵伸区中,纤维与纤维、纤维与牵伸部件间的摩擦力所作用的空间称为摩擦力界,摩擦力界具有一定的长度、宽度和强度。在牵伸区内,纤维在各个不同位置所受到的摩擦力强度不同,从而形成了一定的分布,即摩擦力界强度分布,简称为摩擦力界分布。该分布是一个三维空间,一般将其分解为两个平面分布,把沿须条方向的分布称为纵向摩擦力界分布,把罗拉钳口下垂直于须条方向的平面分布称为横向摩擦力界分布。图 1-2(a)、(b)所示分别为纵向和横向摩擦力界分布示意图。

图 1-2(a)中,当罗拉压力 P 增大,使须条与上、下罗拉接触的边缘点外移,摩擦

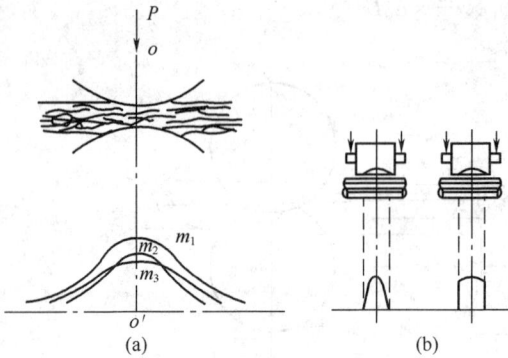

图 1-2 须条纵横向摩擦力界分布

力界沿须条轴线方向的长度扩大，且摩擦力界分布的峰值亦增大，如 m_1 曲线；当罗拉直径增大，摩擦力界纵向长度扩大，但其峰值减小，这是因为同样的压力作用在较大面积上的缘故，如 m_2 曲线；当须条定量增加，紧压后须条的厚度和宽度均有增加，此时摩擦力界分布的长度扩展，但因须条单位面积上的压力减小，故峰值降低，如 m_3 曲线。

图 1-2(b) 左侧为用包覆弹性的胶辊压在须条上，胶辊因加压发生变形而覆盖在须条上，横向握持力比较均匀，边缘纤维也受到一定的控制。右侧的胶辊弹性更好(如表面硬度较低的胶辊)，即使须条很细，也可完全被包覆，横向压力均匀，对边缘纤维控制更加完善。

生产中，必须十分重视牵伸区内影响摩擦力界的因素。

(1)压力。钳口内纤维受到的压力大时，由于上罗拉(胶辊)上弹性包覆物的变形以及须条本身的变形，使须条与上、下罗拉接触的边缘点外移，摩擦力界沿轴线方向的长度扩大，且摩擦力界的峰值增大，反之会得到相反的结果。

(2)上下罗拉直径。直径大时，摩擦力界纵向长度扩大，但峰值减小。

(3)须条厚度和宽度。一般厚度和宽度增加时，摩擦力界的峰值减小，长度扩大。

五、合理布置细纱牵伸区摩擦力界分布

为了提高输出纱条干均匀度，就要控制好牵伸区内纤维的运动，特别是短纤维的运动，这就需要合理配置牵伸区中摩擦力界的分布。图 1-3 所示为理想状态下摩擦力界分布。

理想的摩擦力界分布：后钳口的摩擦力界应有一定强度，并向前扩展，以加强慢速纤维对浮游纤维的控制，同时又能让比例逐渐加大的快速纤维从须条中顺利滑出而不影响其他纤维的运动，前钳口摩擦

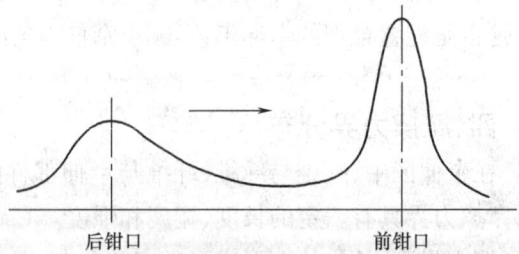

图 1-3 理想状态下摩擦力界分布

力界应集中而足够大，以便稳定地对浮游纤维进行引导，保证纤维变速点分布向前钳口集中且相对稳定。细纱工序牵伸区摩擦力界合理布置的措施如下。

1. 缩短浮游区长度

即缩短胶圈钳口至前罗拉钳口间的距离,使浮游纤维数量减少,使胶圈钳口摩擦力界向前延伸,增加浮游区中纤维间的控制力,有利于纤维变速点向前钳口集中。通常采用的办法是:选用较小的钳口隔距,使用较薄、较软的胶圈,采用新型上销和下销等。

2. 加强胶圈中部摩擦力界强度

在双胶圈牵伸装置中,上、下胶圈的工作面为松边。松边由于受到胶圈销摩擦阻力的作用,易产生中凹,使牵伸区中纤维分层,产生不匀。在长短胶圈牵伸装置中采用曲面阶梯下销,使胶圈中部呈曲线状,可增强胶圈中部对纱条的控制作用。

3. 加强胶圈钳口摩擦力界强度

为了加强对纤维运动的控制,目前一般采用弹性钳口,弹性钳口对摩擦力界有一定的调节作用。当喂入的纱条变粗时,弹性钳口会被略微顶起,牵伸力变小,缓冲了牵伸力急剧增大而产生的不匀。

4. 添加各种牵伸形式的附加摩擦力界机件

附加摩擦力界是指除了罗拉加压所产生的摩擦力界外,在牵伸区中依靠其他机件所形成的摩擦力界。它能对浮游纤维进行较完善的控制,提高纱条条干均匀度。目前各种牵伸形式的改进都是对摩擦力界的改进,如并条的三上三下压力棒牵伸,粗纱的三罗拉双短胶圈牵伸,细纱的三罗拉长短双胶圈牵伸等。

六、牵伸区纤维受力分析

1. 引导力与控制力

以前罗拉速度运动的快速纤维作用于牵伸区内某一根浮游纤维整个长度上的力称为引导力,它是引导浮游纤维由慢速变为快速的作用力;以后罗拉速度运动的慢速纤维作用于牵伸区内某一根浮游纤维整个长度上的力称控制力,它是阻止浮游纤维由慢速变为快速的作用力。当引导力大于控制力时,就能使浮游纤维变速,故浮游纤维的运动主要决定于作用在该纤维整个长度上的引导力和控制力大小。由于罗拉钳口的距离要大于纤维长度,这样每根纤维总要有一个浮游过程,长纤维的变速点总是比较接近前钳口且相对集中,而短纤维的变速点比较分散且远离前钳口,这就是为什么短绒高时条干会恶化的原因。

2. 牵伸力与握持力

(1)牵伸力。牵伸区中将以前罗拉速度运动的全部快速纤维从以后罗拉速度运动的慢速纤维中抽引出来时,克服摩擦阻力总和的力称为牵伸力,牵伸力与引导力和控制力的主要区别在于,牵伸力是指整个须条在牵伸过程中用于克服摩擦阻力的力,而引导力和控制力是对一根纤维而言的。影响牵伸力的因素有以下几种。

①牵伸倍数。当喂入纤维条定量不变时,牵伸力与牵伸倍数的关系如图1-4所示。

当牵伸倍数小于E_c时,主要是须条的弹性伸长。随着牵伸倍数的加大,牵伸力亦逐渐增大。当牵伸倍数接近E_c时,快、慢速纤维间产生微量相对位移。在E_c处,牵伸力最大,该牵伸倍数称为临界牵伸倍数。在临界牵伸附近牵伸过程较复杂,纤维处于滑动与不滑动的转变过程。因此,该部分的牵伸力,不仅最大,而且波动大。在实际生产中,应避开此区域,否则影响须条不匀率。临界牵伸倍数的大小与纤维种类、纤维长度和线密度、须条线密度、罗拉隔距和纤维平行伸直度等因素有关。

当输出须条定量不变,仅改变喂入须条定量时,牵伸力与牵伸倍数的关系如图1-5所示。

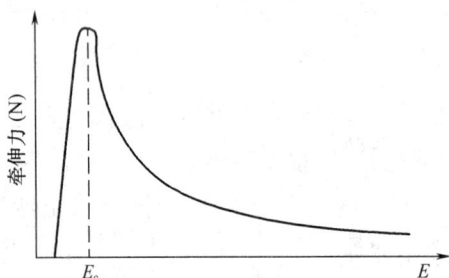

图1-4 牵伸力与牵伸倍数的关系(喂入定量不变)　　图1-5 牵伸力与牵伸倍数的关系(输出定量不变)

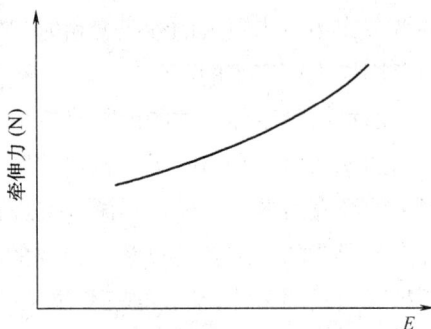

牵伸倍数大,即意味着喂入须条定量增加,此时前罗拉握持的快速纤维数量虽然不变,但因慢速纤维数量增加以及后钳口摩擦力界向前扩展,因而每根快速纤维受到的阻力增大,牵伸力亦增大。

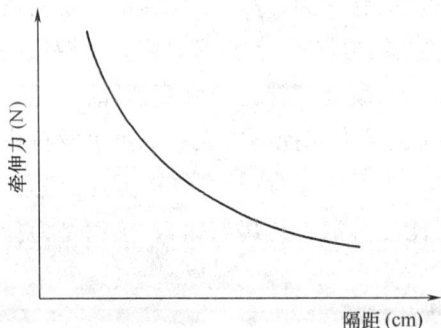

②罗拉隔距。当罗拉隔距变化时,牵伸力的变化如图1-6所示。

罗拉隔距增大,牵伸力减小,但增大到一定程度后,牵伸力几乎不受影响,此时快速纤维的后端受摩擦力界的影响较小;反之,当罗拉隔距缩小到一定程度后,快速纤维尾端受后罗拉摩擦力的影响较大,部分长纤维可能同时受到前、后罗拉控制,牵伸力剧增,使纤维被拉断或牵伸不开而出"硬头"。

图1-6 隔距与牵伸力的关系

③胶辊加压。牵伸区中后钳口压力增加,后区摩擦力界的强度和范围都相应增加,则牵伸力也随之增加。

④附加摩擦力界。由于附加机件使牵伸区的中后区摩擦力界强度增加和向前扩展,与简单罗拉牵伸相比,牵伸力也比较大。如果牵伸机构中采用集合器,也因为须条受到压缩,而使牵伸力增加,集合器口径愈小,牵伸力愈大。

⑤喂入纤维条厚度。当其他条件不变时,两根棉条并列喂入,其牵伸力为单根棉条的两倍。两根棉条上下重叠喂入,牵伸力为单根棉条的3.2倍;单根棉条比原来线密度大1倍时,牵伸力为原来单根棉条的2.9倍。喂入同样线密度的须条,如果宽度变宽、厚度变薄,则须条摩擦力界强度减弱且扩展范围变小,因而牵伸力较小。

⑥纤维性质与喂入纤维条的结构。喂入棉条的纤维长度长、线密度小,则同样线密度的棉条截面中纤维根数多,且纤维在较大长度上受到摩擦阻力,所以牵伸力较大。同时,细而长的纤维,一般抱合力较大,也增加了纤维间的摩擦阻力,因而牵伸力也增大。须条中纤维呈卷曲且互相交错纠缠的排列状态,牵伸力较大。纤维越是平行伸直,牵伸力越小。在同样工艺条件下,二道并条的牵伸力要比头道为小。

⑦温湿度。温湿度与牵伸力密切相关。温度增高时,纤维间摩擦系数小,牵伸力降低。一般情况下,相对湿度增大,纤维摩擦系数增加。相对湿度在34% ~ 76%的范围内时,相对湿度增加,牵伸过程中纤维易于平行伸直,牵伸力反而降低。超过此范围,相对湿度继续升高,须条中纤维柔软而接触紧密,摩擦阻力增加,牵伸力也随着增加。

(2)握持力。握持力是指罗拉钳口对须条的摩擦力,其大小取决于钳口对须条的压力和上下罗拉与须条间的摩擦系数。对前罗拉而言,握持力太小,会使胶辊打滑,须条产生不匀。对后罗拉来说,如握持力太小,纤维有可能从后钳口抽出而提前变速,或者胶辊打滑,使其表面速度快于后罗拉表面速度,同样影响须条不匀。一般应使握持力比最大牵伸力大2 ~ 3倍。

影响握持力的因素除罗拉压力外,主要还有胶辊的硬度、罗拉表面沟槽形态及槽数,同时胶辊磨损中凹、胶辊芯子缺油而回转不灵活、罗拉沟槽棱角磨光等,对握持力亦有很大影响。

(3)牵伸力与握持力的关系。牵伸顺利进行的条件是罗拉的握持力足以克服牵伸力。否则,须条将在罗拉钳口下打滑,引起条干不匀。要使前、后钳口同样达到与牵伸力相适应的握持力,前胶辊上压力应略大于后胶辊上的压力。此外,因为前罗拉转速高,罗拉和胶辊容易跳动,前胶辊上也应该加重压力。

在生产中,为了防止须条在罗拉钳口下打滑,握持力应当恒大于牵伸力。当牵伸力波动时,可采用增大罗拉握持距来减小牵伸力;或增大胶辊加压来增大握持力的方法调节。

七、牵伸增加纱条不匀

由于罗拉握持距离大于纤维主体长度,每根纤维在牵伸区内运动时都有一个浮游过程。在纤维处于浮游状态时,既可随包围它而已被前罗拉握持的纤维以相同于前罗拉速度运动,也可随包围它而尚被后罗拉握持的纤维以相同于后罗拉速度运动。浮游纤维的这种不规则运动,以及纤维头端接近前罗拉变速位置的不稳定性,使得经牵伸后,纤维头端移距产生偏差。由于纤维的长度不匀,罗拉和其他控制元件不能对不同长度的纤维运动给予同样有效的控制。这就使得经牵伸后的纤维头端移距偏差更大,使得纱条截面积随时间而变化,从而产生了纱条的不匀。从作用在浮游纤维上的引导力和控制力分析,在牵伸过程中,当纤维束中的部分纤维被过早牵引向前时,在这一段纤维束的短片段纱条上产生了较大的内摩擦力,其增大的程度足以影响其后一段纱条中浮游纤维的运动,使这些短纤维受到较大的引导力而提前变速,从而向前段纱条集中,直至脱离前罗拉的握持为止。这种短纤维趋向集中的结果,就在纱条上形成一个粗节。接着,由于后端纱条中短纤维早已提时变速,而造成了紧接着粗节后面的纱条内纤维数量的减少,在这一段纱条上就形成了一个细节。由于细节内的纤维间摩擦力的降低,就会因引导力减小而促使再下一段纱条中的浮游纤维变速点延迟,即在细节后又产生一个粗节。如此周而复始,重复循环,造成纱条上的周期性粗细节分布.这就是牵伸波形成的机理。由于牵伸波而引起的纱条不匀,还随着纤维长短以及它的长短差异的增加而加剧。如粗梳棉纱具有较精梳棉纱远为显著的牵伸波。

牵伸波是一个具有不断变化着的波长和波幅组成的准周期波。这种准周期性波动的规律又受到一些随机性的变化因素的干扰。这些因素主要有以下几种。

(1)喂入纱条中捻回分布的变化。

(2)喂入纱条中纤维的缠结和弯曲状态。

(3)纤维长度分布差异和纤维在纱条中的排列形态。

(4)纱条中结杂含量等。

这些因素都会影响纱条中浮游纤维运动的规律,导致在输出产品中以牵伸波形式出现的不匀。

纱条每经一道牵伸后,都会产生一次新的牵伸波。喂入纱条中,由前道工序所产生的牵伸波,经本道牵伸作用后,使平均波长随牵伸倍数成比例增长,其峰值相应降低。因此,出现在最终产品纱条上的不匀结构,除最后工序所产生的短波长牵伸波外,还包含着各种由前道正序所造成的、不同峰值的、波长较长的牵伸波。较长波长的牵伸波一般峰值较低,容易为本道牵伸机构所产生的短波长牵伸波所掩盖。对细纱来说,前纺在没有特别失控的情况时,其形成的牵伸波是不显著的。

牵伸过程中牵伸波幅值对纱条平均厚度的比率,即相应的牵伸波不匀率的数值,随着纱条截面中平均纤维根数减少而增大。即纱条在各工序牵伸后不断变细的同时，其不匀率数值也愈来愈大。

减小牵伸波的有效方法，是在牵伸区中加装纤维控制元件，如胶圈、轻质胶辊、压力棒、控制导管等，以增加牵伸区内的附加摩擦力界强度，有效地控制浮游纤维的运动，减少牵伸后输出纱条中的纤维移距偏差，使纱条截面趋于均匀。

八、稳定细纱牵伸力的措施

1. 调整粗纱捻度

牵伸力大时，可适当减小粗纱捻度，使纤维间的紧密度降低，减小快速纤维从慢速纤维中抽出时的滑移阻力，降低牵伸力。这是我们实际生产中解决细纱"硬头"的有效措施之一。

2. 调整后区牵伸倍数

在细纱后区牵伸选择时，要根据所纺纱的用途，一般机织用纱后牵伸倍数为 1.2 ~ 1.5 倍。针织纱后牵伸倍数为 1.02 ~ 1.20 倍。当出现牵伸力大而不稳定时，可提高后区牵伸倍数。这样可增加后区对粗纱的解捻能力，从而降低前区牵伸力。

3. 调整前罗拉加压

牵伸力大时，可适当增加前罗拉加压，使握持力增大以克服牵伸力的增大。

4. 调整钳口隔距

钳口隔距小有利于增强摩擦力界，使对纤维的控制力增强，有利于条干均匀，但钳口最小不能小于上下胶圈厚度之和。另外，钳口隔距要根据所纺纱条的特数来选择。实践证明，选用适当偏小的钳口隔距有利于提高条干水平，但当牵伸力大而不稳定时，可增大钳口隔距来解决。

5. 采用低硬度的胶辊

胶辊硬度低时，其横向对纤维的握持力好，有利于对纤维的包围，同时纵向握持力也均匀而稳定，并且使浮游区缩短，成纱质量好。但胶辊硬度低时易产生缠绕。

第三节　细纱机牵伸工艺

一、细纱机的牵伸工艺配置

细纱工艺一般为"两大三小"的原则，即大加压，大细纱捻系数；小后区牵伸倍数，小浮游区长度，小胶圈钳口。

为了使纤维不在罗拉钳口下打滑，应使钳口握持力恒大于牵伸力，当牵伸力与握持力不相适应时，应增加胶辊加压以增大握持力，或增大罗拉握持距以减小牵伸力。后牵伸区应采用较小的牵伸倍数，较大的罗拉握持距和适当的粗纱捻系数。前牵伸区承担较大的牵伸负担,应采用合理的摩擦力界,使纤维变速点分布向前钳口集中。

1. 牵伸工艺

(1)总牵伸。细纱机的总牵伸倍数在50倍以内,常在40倍以下范围选择,一般中特纱为一英支(英制支数)一倍,细特纱小于支数,粗特纱大于支数。

(2)牵伸分配。三罗拉长短胶圈牵伸,因后牵伸区为简单罗拉牵伸,故后区牵伸倍数应偏小掌握,一般应小于1.5倍,机织纱时偏大掌握,针织纱时,偏小掌握。V形牵伸的后牵伸区为曲线牵伸,对纤维的运动控制较好,故后区牵伸倍数较三罗拉长短胶圈牵伸时大些,但也应在2倍以下。前牵伸区为双胶圈牵伸,对纤维的运动可进行有效的控制,所以可配置较大的牵伸倍数。

(3)罗拉隔距。前区(主牵伸区)握持距的同粗纱,也等于胶圈架长度加浮游区长度,浮游区长度控制在12~15mm,纺棉、纺细特纱时纺偏小为宜,纺化纤时可偏大掌握。胶圈钳口的原始隔距应根据纺纱的品种选择。确定罗拉握持距时考虑的因素:纤维长度、喂入粗纱定量、粗纱捻系数、车间温湿度等。

$$罗拉握持距 \approx 罗拉中心距 = 棉纤维的品质长度 + 11 \sim 15mm$$

(4)自由区长度a。上销或下销前缘到前钳口的距离,即为自由区长度a。

①a对牵伸的影响。a小时,胶圈钳口对纤维的控制能力强,纤维变速点向前钳口集中,有利于成纱条干均匀;a过小,牵伸力太大,易出硬头。

②选择依据。根据纤维长度、整齐度选择α大小。

a. 纯棉:$a = 11 \sim 14mm$。

b. 棉型化纤:$a = 12 \sim 16mm$。

c. 中长化纤:$a = 14 \sim 18mm$。

③调整方法:改变罗拉隔距。

(5)胶圈钳口隔距d。在没有纱条通过时,胶圈钳口处上销与下销间的距离即为胶圈钳口隔距d。

①d对牵伸的影响。增大d则降低钳口压力,牵伸减小;反之,减小d则增大钳口压力,牵伸力增加。生产中,适当缩小胶圈隔距,正确使用弹性活络钳口,有利于稳定钳口对纱条的控制。纤维变速稳定,成纱条干好。

②d的确定。根据细纱特数的大小而定(表1-3),一般为2.5~4.5mm。

表1-3 纺纱特数与钳口隔距d的关系

纺纱特数	钳口隔距d(mm)	纺纱特数	钳口隔距d(mm)
<9	2.5~3	20~30	3~4
9~19	2.5~3.5	>30	3~4.5

(6)后区牵伸倍数。有两类工艺路线可供选择。

第一类工艺路线:后区牵伸倍数较小,在1.02~1.5倍;它以可分为针织纱工艺路线(牵伸在1.02~1.2倍)和机织纱工艺路线(牵伸在1.2~1.5倍)。此类工艺适用于一般情况。

第二类工艺路线:后区牵伸倍数较大,在2~3倍。此类工艺适用于粗纱的均匀度很好、纤维整齐度好、总牵伸倍数大、细纱质量无特殊要求情况。

(7)胶辊加压。在机型一定时,细纱机的罗拉加压主要根据牵伸形式、罗拉速度、罗拉握持距、牵伸倍数、须条定量而定。罗拉速度快、隔距小、定量重时重加压,反之则轻。一般采用重、轻、重的加压量配置,前罗拉的加压量最大,其次是后罗拉,中罗拉最小。另外,胶辊加压量还要考虑纤维长度、牵伸形式、纤维种类等因素。纤维种类与加压量的关系见表1-4。

表1-4　纤维种类与加压量的关系　　　　　　　　　　　　单位:N/双锭

纤维	前胶辊	中罗拉	后罗拉
棉	100~150	60~100	60~140
棉型化纤	140~180	100~140	100~180

2. 粗纱捻系数对细纱机后区牵伸的影响

(1)后牵伸区中粗纱捻回的变化。捻度的变化与变细规律基本相似,自后钳口到中钳口有捻回损失;随着后牵伸倍数的增大,捻回损失增大。

(2)捻回重分布。当后区牵伸倍数超过1.5及粗纱捻系数较大时,纱条上的捻回会向中钳口较细的纱条上移动,使靠近中钳口纱条上的捻回增多,靠近后钳口纱条上的捻回减少。这种现象称为捻回重分布现象。

(3)捻回重分布现象使中部的摩擦力界下降,纱条变松,纤维提前变速,对成纱条干不利。

(4)粗纱捻回的利用。为了利用粗纱捻回产生的附加摩擦力界,有效的控制纤维的运动,粗纱的捻系数必须与后区的牵伸倍数很好地配合。后牵伸倍数在1.5倍以下时,后牵伸倍数小,则粗纱捻系数小;后牵伸倍数大,则粗纱捻系数大。它们之间的关系见表1-5。

表1-5　后牵伸倍数与粗纱捻系数的关系

后牵伸倍数	粗纱捻系数	后牵伸倍数	粗纱捻系数
1.25~1.36	95~105	1.36~1.50	100~110

二、细纱机牵伸装置的类型

三罗拉长短胶圈牵伸,前牵伸区为长短胶圈牵伸,后牵伸区为简单罗拉牵伸;V形牵伸的前牵伸区同三罗拉,后牵伸区为曲线牵伸,故后区对纤维的运动控制较三罗拉好。

细纱机常用的牵伸形式有SKF牵伸、V形牵伸、R2P牵伸、HP牵伸。

第四节　细纱机加捻

一、加捻原理

加捻是使纤维成为纱线的必要手段,加捻的目的是将纤维条或长丝束捻合成具有一定物理机械性质和不同结构形态的单纱或股线。

加捻的实质是使纱条加捻后纤维发生倾斜,产生向心压力,使纱条获得最佳的强度、伸长、弹性、柔性、光泽和手感等性质,使成纱的结构形态多样化。

捻回效应分为真捻效应和假捻效应。

1. 加捻的一般概念

(1)加捻指须条围绕轴心回转的过程。

(2)捻回。锭翼转动一周,侧孔到前罗拉段纱条获得一个捻回。

(3)捻回角。纱条加捻后表面纤维发生倾斜,表面纤维与纱条轴线的夹角,称为捻回角。

(4)捻向。指对须条加捻的方向,可分为 S 捻与 Z 捻。

2. 加捻程度的度量

(1)捻度 T。纱条单位长度上的捻回数,称为捻度,单位有捻/10cm 和捻/m,特数制下用捻/10cm。其计算公式为:

$$T = \frac{n}{v}$$

式中:n——锭子转速,r/min;

　　v——前罗拉输出速度,10cm/min。

捻度可以用来衡量特数相同纱线的加捻程度,而不能用来衡量特数不同纱线的加捻程度,应用上有明显的局限性。如捻度相同时,粗特纱的加捻程度大,细特纱的加捻程度小。

(2)捻回角。从加捻实质看,最能反映加捻程度的是捻回角。如果纱条特数相同,即纱线直径不变,则捻回角随捻度的改变而改变;如果纱条捻度相同,则捻回角又随纱条特数的改变而改变。由于捻回角不易测量,为了便于测量,则用捻系数(物理意义相同)来表示纱线的加捻程度。

(3)捻系数 α_t。根据纱线特数计算捻度的系数,捻系数与纱线捻度 T 成正比,与特数的开方也成正比,计算公式:

$$\alpha_t = T \sqrt{Tt}$$

式中:Tt——纱条特数;

　　T——纱线捻度。

捻系数是反映纱条加捻程度的一个物理量,没有单位。

（4）捻幅。单位长度的纱线加捻时,截面上任意一点在该截面上相对运动的弧度,称为捻幅。捻幅是用来研究股线结构以及讨论捻度与股线物理机械性质的关系。

二、细纱机捻度分布

细纱机是靠钢丝圈回转对纱条进行加捻的,纱条一端由前罗拉握持,另一端由钢丝圈带动绕其本身轴线自转。钢丝圈回转一周,使前罗拉钳口到钢丝圈的一段纱条上获得捻回;钢丝圈以下的细纱只绕锭子中心线公转,不绕本身轴线自转,没有加捻。

环锭细纱机的加捻与卷绕是同时进行的,正常卷绕如果不计纱条加捻时所产生的长度变化,则同一时间内输出长度等于卷绕长度。

1. 加捻区的捻度分布

加捻区的捻度分布的特征为:$T_{气圈段} > T_{卷绕段} > T_{纺纱段}$

由于在捻回传递过程中存在的导纱钩的捻陷和钢丝圈的阻捻,使的各段捻度不同,阻捻使气圈段增捻,捻陷使纺纱段减捻。

纺纱段的捻度也是呈某种分布,靠近前罗拉钳口处的捻度最小称为弱捻区或加捻三角区;贴在前罗拉表面的包围弧没有捻度,称为无捻区。设法增加弱捻区与无捻区的捻度,是细纱机工艺参数合理调整的主要内容。

2. 一落纱过程中的捻度变化

卷绕直径相同时,纱条捻度随气圈高度的减小而升高,满纱部位的捻度较小纱多。在钢领板一次运程内,卷绕大直径时的纱条捻度较卷绕小直径时少。一落纱过程中,纺纱段和气圈段的捻度变化规律是一致的。

3. 影响纺纱段捻度的工艺因素

影响纺纱段捻度的工艺因素有纺纱段长度、导纱角、前罗拉包围弧、气圈高度。

（1）纺纱段长度。纺小纱时比纺大纱时纺纱段长度大,纺纱段长度大,对导纱钩的包围弧虽小,但弱捻在纺纱段停留时间长,易造成上部断头。

（2）导纱角。随纺纱段长度的减小而减小,故大纱时,导纱钩的捻陷严重,从而影响捻度传递效率。

（3）前罗拉包围弧。随导纱角的增大而增大,故小纱时前罗拉对纱条的包围角大,即包围弧长,则加捻三角区的无捻区长度增加,前钳口处的捻度小。

（4）气圈高度。纺小纱时气圈高度大于纺大纱的气圈高度,气圈凸性大,捻陷严重,纺纱段捻度小。

4. 细纱捻度与其物理力学性质的关系

（1）捻度、强力及伸长的关系。捻度升高,强力和伸长均增大。但当捻度大于临界捻度值时,强力和伸长均下降。

（2）捻度与弹性的关系。捻度升高,弹性升高,弹性高,纱线耐疲劳。但当捻度大于临界捻度时,弹性降低。

(3)捻度与光泽、手感的关系。捻度增加,则捻回角增加,光泽差;反之光泽好。捻度增加,手感较坚硬;反之手感柔软。但捻度过小,纱易发毛,手感松软,光泽也不一定好。

(4)捻度与捻缩的关系。捻度增加,捻缩增加,影响纱的特数。

(5)纱线捻向与织物风格的关系。不同捻向的经纬纱一般在斜纹织物上采用较多,以得到清晰的纹路及柔软的手感。此外,由于纤维倾向不同而引起的反光方向不同,使织物表面呈明暗反映(闪光效应)。

三、细纱捻系数和捻向的选择

1. 细纱捻系数选择

细纱捻系数根据产品用途及细纱的质量要求而定,捻系数越大,细纱捻度越大,细纱强力越高,细纱断头越少,但手感发硬,细纱产量越低。例如经纱与纬纱:经纱因在织造过程中承受张力与摩擦,强力要求高,捻系数需大些;纬纱在织造过程中承受张力较小,过大的数易出现纬缩疵点,捻系数应小些。一般同特数相比,经纱比纬纱高10% ~ 15%;针织用纱的捻系数低于机织用纱,一般与纬纱的捻系数接近。因为一般针织物要柔软。细纱的越细时,则捻系数应偏小。因纱细时,纤维根数少,强力低。一般特数制捻系数在330 ~ 400。

2. 细纱捻向的选择

细纱一般选用Z捻。在化纤混纺时,为了使织获得不同的风格,常使用不同的捻向。股线一般采用反向加捻,即采用ZZS捻向。

3. 捻缩率

$$捻缩率 = \frac{前罗拉输出须条长度 - 加捻后成纱长度}{前罗拉输出须条长度}$$

影响捻缩率的因素很多,主要的有捻系数、号数、纤维性质。捻缩率与捻系数的关系(示例)见表1 - 6。

表1 - 6　捻缩率与捻系数的关系(示例)

特数制捻系数	285	295	304	309	314	323	333	342	352
英制捻系数	3.00	3.10	3.20	3.25	3.30	3.40	3.50	3.60	3.70
捻缩率(%)	1.84	1.87	1.90	1.92	1.94	2.00	2.08	2.16	2.26
特数制捻系数	357	361	371	380	390	399	404	409	418
英制捻系数	3.75	3.80	3.90	4.00	4.10	4.20	4.25	4.30	4.40
捻缩率(%)	2.31	2.37	2.49	2.61	2.74	2.90	2.98	3.17	3.28
特数制捻系数	428	437	447	451	456	466	475		
英制捻系数	4.45	4.60	4.70	4.75	4.80	4.90	5.00		
捻缩率(%)	3.54	3.97	4.55	4.90	5.41	6.70	8.71		

4. 细纱捻系数应用举例

（1）常用细纱捻系数见表1－7。

表1－7　常用细纱捻系数

棉纱品种	细纱特数（英制支数）	经纱	纬纱
梳棉织布用纱	8～11（70～51）	330～340	300～370
	12～30（50～19）	320～410	290～360
	32～192（18～3）	310～400	280～350
精梳织布用纱	4～5（150～111）	330～400	300～350
	6～15（110～37）	320～390	290～340
	16～36（36～16）	310～380	280～330
梳棉织布、针织、起绒用纱	16～30（60～19）	≤330	
	32～88（18～7）	≤320	
	96～192（6～3）	≤310	
精梳织布、针织、起绒用纱	14～26（43～16）	≤310	
涤棉混纺纱	单纱织物用纱	362～410	
	股线织物用纱	324～362	
	针织内衣用纱	305～334	
	经编织物用纱	382～400	

（2）针织用纱捻系数见表1－8。

表1-8　针织用纱捻系数

品种	针织起绒	针织起绒	棉毛衫	棉毛衫	汗布
特数(英支)	96(6)	58(10)	18(32)	J18(J32)	14(42)
实际捻系数	290	315	315	307	330

(3)常用织布用纱捻系数见表1-9。

表1-9　常用织布用纱捻系数

品种	实际捻系数		品　种	实际捻系数	
	经纱	纬纱		经纱	纬纱
48/58(12×10)纱卡	365	303	J14.5/J14.5 精梳府绸(J40×J40)	321	302
29/58(12×10)绒坯	322	294	14.5/14.5 巴厘纱布(40×40)	393	393
28/28(21×21)纱卡	335	307	11/11 巴厘纱布(55×55)	285	385
25/28(23×21)市布	332	315	J10/J10 精梳细布(J60×J60)	314	298
19.5/16(30×36)细布	330	313	J7.5/J7.5 精梳工艺布(J80×J80)	300	306
14.5/14.5(40×40)府绸	330	295	27(21.5 帘子布用纱)	315	

(4)涤棉(65/35)混纺纱的一般捻系数和捻度见表1-10。

表1-10　涤棉(65/35)混纺纱的一般捻系数和捻度

特数	26.5	24.5	21.5	19.5	18.4	17.3	16.3	14.7	14.0	13.0	11.8
英制支数	22	24	28	30	32	34	36	40	42	45	50
特数制捻系数	345	344	342	341	341	341	340	336	335	333	342
英制捻系数	3.62	3.61	3.59	3.58	3.58	3.58	3.57	3.53	3.52	3.50	3.59
特数制捻度(捻/10cm)	67	70	75	77	80	82	84	88	90	92.5	100
英制捻度(捻/英寸)	17.0	17.7	19.0	19.6	20.3	20.9	21.4	22.3	22.8	23.5	25.4

(5)涤纶混纺机织用纱捻系数见表1-11。

表1-11　涤纶混纺机织用纱捻系数

品种	涤粘混纺			涤、黏、强力醋酸纤维混纺
	细　布	华春纺纬纱	卡　其	卡　其
特数 (英制支数)	13、14、15T.W (44、42、40T.W)	13W (44W)	13×2T 28×2W (44/2T, 21/2W)	13×2T 28×2W (44/2T,21/2W)
特数制捻系数 (英制捻系数)	314~333			
	(3.3~3.5)			

第五节　细纱卷绕及其成形机构

一、细纱卷绕

1. 卷绕方式

短动程圆锥形交叉卷绕形式,如图 1 - 7 所示。截头圆锥形的大直径即管身的最大直径 d_{max}（比钢领直径约小 3mm）；小直径 d_0 就是筒管的直径；每层纱的绕纱高度为 h，一级为 46mm；管纱成形角 $\gamma/2$ 为 12.5° ~ 14°。圆锥形卷绕的优点是细纱易于从圆锥形表面上退绕。其缺点是退绕时直径变化较为剧烈,在退绕速度较大时易脱圈；搬运储运时如被污染,油纱分散影响细纱的长度较长。

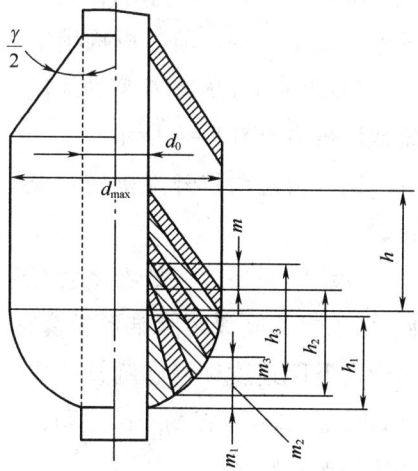

图 1 - 7　细纱管圆锥形交叉卷绕

2. 卷绕要求

卷绕紧密,层次分清,不相纠缠,后工序轴向退绕时不脱圈,并便于运输和贮存等。

3. 卷绕过程

细纱卷绕过程分两步完成:先完成管底卷绕,然后进行管身卷绕。

（1）管底卷绕。在纱管底部卷绕时,为了增加管纱的容纱量,每层纱的绕纱高度和级升均较管身部分卷绕时为小。从空管卷绕开始,绕纱高度和级升由小逐层增大,直至管底卷绕完成,才转为常数,进行管身的卷绕,即 $h_1 < h_2 < h_3 < \cdots < h_n = h$；$m_1 < m_2 < m_3 < \cdots < m_n = m$。

（2）管身卷绕。为了层次分清,不相互纠缠,防止退绕时脱圈,一般向上卷绕时绕得密些,称为绕纱层；向下卷绕时绕得稀些,称为束缚层(此种成形凸轮为正装)。这样在两层密绕的纱层间有一层稀绕的纱层隔开。

4. 卷绕过程对各部件运动要求

（1）升降牙决定钢领板一升降所需的时间,也即决定卷绕密度,升降牙愈大,钢领板升降速度愈快,卷绕密度愈小。

（2）撑头牙决定钢领板每一升降卷绕层的级升。

（3）成形凸轮的升弧与降弧所对应的圆心角之比,就是钢领板上升和下降的时间比,升弧和下降弧的曲线设计是依据钢领板升降速度的变化规律。

（4）钢领板的短动程升降,一般上升慢、下降快；每次升降后应有级升；应完成管底成形。

二、卷绕成形机构及其作用

国产 FA 系列细纱机的卷绕成形机构属于牵吊式成形机构。所谓牵吊式是利用钢丝绳牵吊钢领板与导纱板升降运动。老机的卷绕成形机构是利用摆轴和摆臂杠杆机构传动钢领板和导纱板升降运动,称为摆臂式卷绕成形机构。前者机构稍复杂,后者较为简单。FA506 型细纱机卷绕成形机构如图 1 - 8 所示。

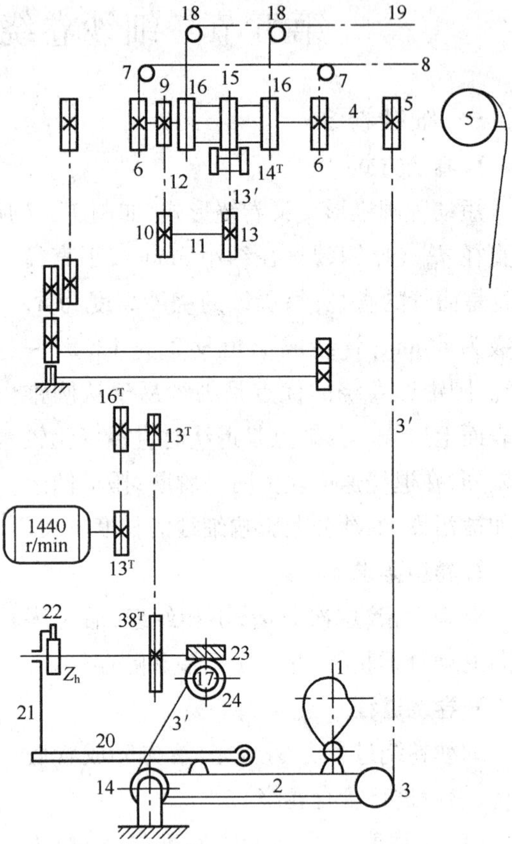

1. 钢领板短动程升降机构和成形凸轮

因卷绕同一层纱各处卷绕直径不同,为了保持等圈距圆锥形卷绕,钢领板的升降速度须与卷绕直径成反比,由成形凸轮来控制一次短动程升降中的速度变化。

传动过程如图 1 - 8 所示:成形凸轮 1 → 成形摆臂 2 → 左端轮 3 → 链条 3′ → 链轮 5 → 上分配轴 4(正反往复) → 牵吊轮 6 → 牵吊滑轮 7 → 牵吊带 8 → 左右钢领板做短动程升降。

图 1 - 8　FA506 型细纱机卷绕成形机构

当成形凸轮与转子的接触从小半径转向大半径时,钢领板上升;由大半径转向小半径时,钢领板下降。成形凸轮每一回转,钢领板升降一次。成形凸轮升弧和降弧对应的圆心角之比,就是钢领板升降的时间比。钢领板升降时间与升降速度成反比,即钢领板上升慢、时间长时,凸轮升弧对应的圆心角大,钢领板下降快、时间短时,凸轮降弧对应的圆心角小。如果钢领板上升与下降的速比为 1:3,则成形凸轮升弧对应的圆心角为 270°,降弧对应的圆心角为 90°。

2. 导纱板短动程升降机构

传动过程如图 1 - 8 所示:链轮 9 → 链条 12 → 链轮 10 → 下分配轴 11 → 链轮 13 → 链条 13′ → 链轮 15 → 牵吊轮 16 → 牵吊滑轮 18 → 升降拉杆 19 → 导纱板作短动程的升降运动。

3. 钢领板和导纱板的逐层级升机构

钢领板和导纱板的级升运动是由级升轮 Z(又称成形锯齿轮或撑头牙)控制的,传动过程如图 1－8 所示:成形摆臂 2 上升→小摆臂 20 上升→推杆 21 上升→撑爪 22 推动撑头牙 Z。

成形摆臂 2 下降使撑爪在撑头牙上滑过;当成形摆臂 2 向下摆动时,撑爪 22 就在撑头牙上滑过,所以在成形摆臂 2 升降摆动中,撑头牙做间歇转动,通过蜗杆 23、蜗轮 24 传动卷绕链轮 17 间歇转动一个角度,再通过链条 3′、链轮 14 和 3,使链轮 5 间歇转动一个角度,于是就在钢领板、导纱板的短动程升降运动中产生逐层级升运动。显然,每次链条缩短的长度或钢领板的升距取决于撑头牙的齿数和撑爪每次撑过的齿数。撑头牙的齿数和撑爪每次撑过的齿数,应根据所纺细纱的线密度和钢领直径加以选择或据其进行调节。

4. 管底成形机构

FA 系列细纱机的管底成形采用凸钉式,如图 1－8 所示。在链轮 5 上装有管底成形凸钉,在凸钉处,链轮 5 的半径较大。当卷绕管底时,与凸钉接触的链条 3′,随成形摆臂 2 上下运动同样距离。由于链轮 5 的转动半径较大,而使上分配轴 4、吊轮 6 做较小的往复转动,结果使钢领板升降动程较卷绕管身时为小。当链条 3′逐层缩短、链轮 5 间歇转动使凸钉脱离与链条接触时,钢领板的每次升降动程和级升才达到正常,完成管底成形。

5. 钢领板、导纱板重量平衡机构

钢领板、导纱板重量平衡机构的作用是:平衡钢领板和导纱板的升降重量,以抵消大部分升降负荷,减轻成形凸轮所受的作用力。FA 系列细纱机设计中用牵吊式结构,用弹簧扭杆取代了笨重的重锤平衡,如图 1－9 所示。

在上分配轴的右端固装链轮 1,通过车头垂直链条拖动平衡凸轮 2,在平衡凸轮同轴固装有小轮 3,小轮 3 通过链条与扇形板 4 相连,扇形板固装在弹性扭杆 5 的端部,扭杆另一端固定不转。由于扭杆的扭转而产生扭转力,使扇形板 4 与小轮 3 间链条、平衡凸轮 2 上的垂直链条产生一定拉力,对钢领板 6、导纱板 7 等部分重量起到平衡作用,从而减轻成形凸轮 8 所受的作用力。从能量转换的原理来分析,当钢领板和导纱板等部件下降时,扭杆的扭角增加,即钢领板和导纱板等部件的位能转化为扭杆的扭转变形能。这样就能减轻车头垂直链条的拉力,从而减轻转子对成形凸轮的压力。当钢领板和导纱板等部件上升时,扭杆的扭角逐渐减小,也就是扭杆所储蓄的弹性位能逐渐释放出来,帮助钢领板等部件上升,即扭杆的变形能转换为钢领板等部件的位能。这同样减轻了车头垂直链条的拉力,从而减轻了成形凸轮对转子的压力。但是,平衡机构并不需要,也不应该全部平衡掉钢领板等整套升降部件的总重量,只需平衡部分重量,否则,下降时链条过分松弛,必然使钢领板产生严重的打顿现象,影响成形。弹性扭杆平衡既减轻了机器重量,又能使机身内部简洁,因此在国产新型细纱机上均得到采用。在 FA506 型、FA507 型等细纱机上采用双扭杆平衡。

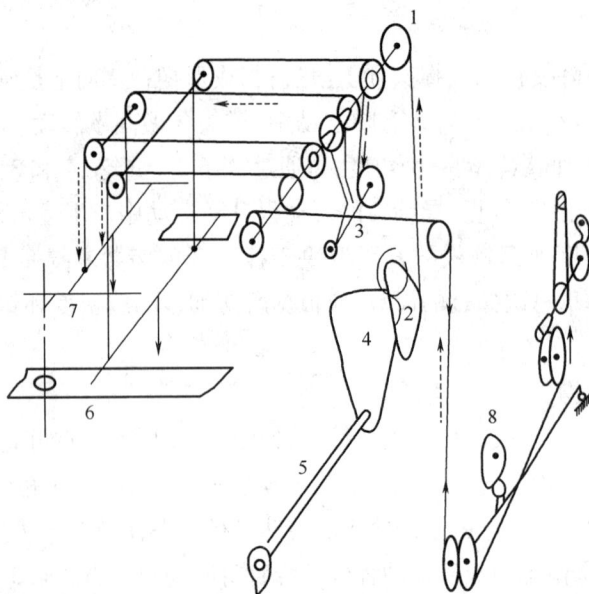

图 1-9　扭杆平衡式升降运动

1—链轮　2—平衡凸轮　3—小轮　4—扇形板　5—扭杆　6—钢领板　7—导纱板　8—成形凸轮

第六节　纺专器材对成纱质量的影响

一、牵伸元件

(一)牵伸罗拉

牵伸罗拉是牵伸机构的重要部件,与上罗拉组成罗拉钳口,握持纱条进行牵伸。牵伸罗拉的沟槽齿形、表面光洁度,扭转刚度、弯曲刚度、制造精度、安装精度、材质以及淬火工艺等均影响到对纤维的有效握持,从而进一步影响到牵伸不匀的程度。

罗拉材料一般采用 20 号钢渗碳淬硬或 45 号钢高频淬硬,表面硬度在 HRC78 以上。罗拉齿形分沟槽罗拉和滚花罗拉两种,滚花罗拉用于传动中下胶圈,沟槽罗拉的节距有等节距和不等节距两种。

在日常生产中,由罗拉不良造成的机械波分布在波谱图 7~8cm 处,并且机械波的波峰与所纺纱的线密度有关。在纺纱条件完全相同的条件下,纺细特纱比纺中特纱波谱图的波峰总的来讲有增大的倾向。如果要防止罗拉产生机械波,改善成纱条干,需全面提高罗拉的整体精度(主要为前罗拉),才能根治罗拉引发的机械波。近几年,在生产中使用的新型牵伸罗拉、无机械波罗拉,能大幅度降低由罗拉造成的机械波,整修率也大幅度下降,提高了成纱质量。

(二)罗拉滚针轴承

目前细纱机罗拉轴承采用 LZ 系列罗拉滚针轴承,如图 1 – 10 所示,规格尺寸见表 1 – 12。

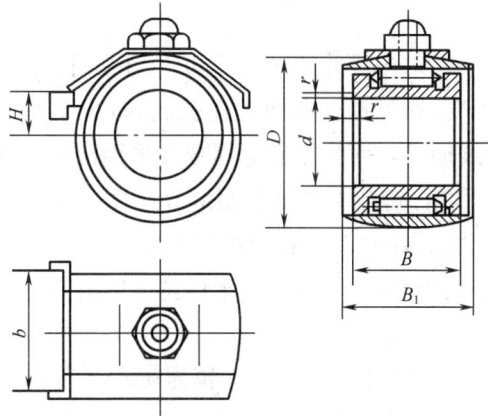

图 1 – 10　LZ 系列罗拉滚针轴承

表 1 – 12　LZ 系列罗拉滚针轴承尺寸　　　　　　　　　　单位:mm

轴承代号	尺寸							
	d	D	B	B_1	b_1	H	$\phi \times l \times n$	罗拉座宽
LZ – 2822	16.5	28	19	22	22	10	$2 \times 9 \times 16$	22
LZ – 3224	19	32	20	23	24	11	$2 \times 10 \times 18$	24
LZ – 3624	21	36	22	25	24	11	$2.5 \times 14 \times 18$	24
LZ – 14.5	14.5	28	19	23	22	8	$2.5 \times 10 \times 14$	22
LZ – 16.5	16.5	30	19	23	22	8.5	$2.5 \times 10 \times 14$	22
LZ – 19	19	36	22	26	25	10	$3 \times 14 \times 14$	25
LZ – 22	22	42	23	27	25	12	$3.5 \times 14 \times 14$	—

注　ϕ—滚针直径　l—滚针长度　n—滚针数量。

(三)胶圈控制元件

胶圈销的作用是固定胶圈位置,将上下胶圈引至前钳口处,使两者组成的钳口有效握持浮游纤维运动。目前细纱机均采用三罗拉长短胶圈牵伸形式,弹性钳口由弹簧摆动上销和固定曲面下销组成。

1. 曲面阶梯下销

其作用是支持下胶圈并引导使其稳定回转,同时使之处于工艺要求的位置,两种曲面阶梯下销的规格尺寸见表 1-13。

表 1-13   两种曲面阶梯下销的规格尺寸

下 销	工作宽度	曲面宽度	平面部分宽度	平面部分厚度	下销最高点上托高度
原用	23.8	15.8	8	3.1	1.5
新型	23.8	23.8	6	2.1	2.5

从原用下销和新型下销结构尺寸的对比可知,在下销下沉深度和工作倾角不便的情况下,保证工作宽度不变,通过加长曲面工作弧度,减少平面宽度,使上下胶圈的工作面形成更为缓和的曲线通道。而为了避免因减少平面部分宽度后,使该处拱形弹性层不能发挥胶圈的弹性作用,新型下销将平面部分厚度减小到 2.1mm,使其下销最高上托高度增加,这样不但能更好的发挥胶圈本身的弹性作用,而且能进一步改变下销的前倾角度,从而是浮游区距离缩小,更有利于浮游纤维的控制。

2. 弹性摆动上销

其作用是支持上胶圈处于一定的位置,上销尾端钩形部分卡于小铁辊的轴芯上,可绕小铁辊轴芯在一定范围内上下摆动。当通过的纱条粗细不匀时,其钳口可自行调节,上销在片簧的作用下给钳口处胶圈曲面上施以一定的起始压力,片簧材料为优质锰钢,避免销子反复上下摆动时,产生塑性变形。

新型的尼龙上销,通过增大上销长度(即上销尾端钩形中心到调节板前缘的最小距离)进一步缩短浮游区长度,能更好地控制浮游纤维,提高成纱条干。例如采用6840型前浮游区长度为 5mm 左右,明显的缩短了浮游区长度,加强了对浮游纤维的有效控制,使纤维的变速点尽量集中且靠近前钳口,移距偏差小,牵伸不匀率减低,成纱质量高。

新型尼龙上销有以下优点。

(1)通过改变工作角度,来改变和稳定上胶圈中部压力。

(2)尼龙上销胶圈的调节板也采用弹性支持,对其钳口的波动有微调作用,较铁板上销更能进一步加强对浮游纤维的握持控制。

(3)调节板表面采用了"磨砂"工艺技术,使上胶圈运转灵活而平稳,能延长胶圈的使用寿命。

总之,不论是尼龙上销还是金属上销,它的纺纱性能均取决于上销的材质(材质强度要高,并不易变形)和弹簧元件的性能的优劣,以及上销规格是否合理,是否有利于控制纤维。

(四)摇架

目前细纱机加压方式采用弹簧摇架加压和气动加压,弹簧摇架加压的摇架型号为YJ2—142A 或 YJ—142C。

摇架的作用是有效的握持牵伸过程中的须条,加强对纤维运动的控制,使牵伸顺利进行,防止滑溜,以顺利提高成纱条干均匀度的目的。

弹簧压力的持久性、稳定性以及可靠性都直接影响加压效果。

弹簧加压形式应当进一步改进提高钳口握持线的平行度,提高钳口浮游区距离的稳定性,及提高圈簧弹性的持久性。

国外 HP、RZP、INA—V、RZV 等牵伸加压形式都较先进,形成了重加压紧隔距,强控制的牵伸加压体系。

(五)胶辊

胶辊是纺纱的重要牵伸部件,在纺纱过程中起着至关重要的作用,因此,胶辊的应用水平也逐年提高。胶辊的质量及使用性能的好坏,对成纱条干、纱疵、成纱强力、断头率等本身的寿命影响甚大,因此,在依靠技术进步和应用先进的纺专器材提高产品质量的今天就显得尤为重要。

胶辊最早是用小牛皮、小羊皮、软木和白呢材料制成,俗称皮辊。胶辊主要是从 20 世纪 60 年代末逐步推广使用,主要材料为耐油的丁腈橡胶,因此叫丁腈胶辊,加以抗静电剂等各种配方,使它具有弹性好、握持力强、耐磨、耐油,抗绕耐光化,纺纱质量好,使用寿命长等特点。

胶辊发展到今天,已经生产出中弹、软弹和不处理等系列胶辊,可以根据纺纱原料、工艺和质量的要求选择使用。

合理应用好的胶辊,不断选用新型优质胶辊及其配套的表面处理技术和设备,提高纺纱质量是胶辊间的主要任务。

1. 胶辊的类型与特点

(1)以邵氏硬度分类。分为高弹性低硬度胶辊(A63~A72),中弹性中硬度胶辊(A73~A82),低弹性高硬度胶辊(A83 以上者)。

使用高弹性低硬度胶辊能显著改善牵伸罗拉钳口的握持特性,对改善成纱条干、降低纱疵均有显著效果,纺制不同品种纱时应严格选择适宜的细纱胶辊硬度。纺纯棉品种,宜选用高弹性低硬度胶辊(A65~A72);纺涤和涤棉混纺品种,选择中弹性中硬度胶辊(A75~A80),例如纯棉品种 C14.5 用硬度为 A72 的 NFR445 型铝衬胶辊,表面涂料处理,或者硬度为 A65 的不处理胶辊(WRC965 型或 NFR888 型);纺涤棉品种用硬度为 A80 的 WRC836 型双层胶辊或 NFR434 型双层铝衬胶辊,或者硬度为 A75 的 WRC975 型铝衬不处理胶辊,或者表面涂料处理和 A72 的 NFR445 铝衬胶辊,通过试验和实践,是提高成纱质量、改善成纱条干行之有效的措施。

(2)按结构形式分,分为双层胶辊和铝衬胶辊两种。

①双层小套差胶辊。双层胶辊顾名思义就是由两层橡胶制成,内层为 1.2~1.5mm 厚的骨架层,硬度为 A70~A90 的中软度硬质橡胶制成,外层采用相对软的橡胶,硬度

为使用厂具体决定。双层小套差胶辊的制作套差为 0.5~1.5mm,使用最多的是 1mm。生产用双层胶辊的厂家产品有无锡二橡胶厂生产的 WRC836 型细纱胶辊、965 型细纱胶辊、WRC975 型粗纱胶辊、D851242 型并条胶辊;江苏如东纺织橡胶厂生产的 NFR434型、445 型、888(878)型细纱胶辊、NFR423 型、粗纱、并条、精梳牵伸胶辊,天津靖隆纺织橡胶厂生产的 TC87-5 型并条胶辊。

双层小套差胶辊的特点:其应力作用较小(和单层胶辊对比),使外层的胶辊在纺纱过程中保持弹性,制作相对简单,不需要黏合剂,对轴承表面的清洁要求相对较低些。与铝衬胶辊比较,在套制工艺精度方面要求可低些,而且比较经济。胶辊壁厚在5mm 以上,其硬度正常(ϕ29mm 左右)弹性好,能发挥软胶辊的纺纱特性,因此一般都将其用在前道。壁厚在 4.5mm(ϕ25mm)以下,其表面硬度虽能达到设计要求,但因弹性不足而易变形,一般都把它用在后道。

②铝衬套胶辊。铝衬胶管由合金铝管表面涂胶黏剂覆套丁腈胶管,然后经硫化而成,制成后利用铝金属的延展性与轴承芯壳紧配合,过盈套差为 0.04~0.08mm,套装成轴承胶辊。

铝衬套胶辊的特点是其内层应力不传递给外层,不产生压力和应变。在运转中不易产生变形、龟裂和老化,表面硬度变化缓慢,有利于成纱质量。同时,由于铝衬胶辊采用了金属衬层,具有优良的抗压强度。铝衬胶辊这种结构是目前纺纱用胶辊中心较理想的一种胶辊,由于它的结构特点,只要胶辊轴承合格,从理论上讲可以消除由于胶辊不良造成的机械波,它和无机械波罗拉配合可以完全消除前区机械波的产生,国外进口的细纱胶辊全部都是铝衬胶辊,现用铝衬胶辊型号有 NFR434、NFR445、WRC965、WRC975。

2. 胶辊的表面处理

(1)漆酚生漆涂料处理,也就是常说的大漆胶辊,主要原料是生漆和耐炭黑(也叫松烟)进行一定配比的混合后涂于胶辊表面,形成一种硬壳,现已淘汰,它最大的特点就是耐磨,使用周期长,抗静电性能好,不易黏附油污、棉蜡;缺点是成纱质量差,条干不均匀,对人体伤害比较大。

(2)酸处理是采用化工原料硫酸(H_2SO_4)、硝酸(HNO_3)、重酸钾($K_2Cr_2O_7$)按一定比例进行配比后,对胶辊胶圈进行处理,使胶辊表面电离化,增加导电性,硫酸又可起到常温补充的硫化作用,使胶辊表面层的网状结构互紧密圆整。重酸钾的分子体积大,还可起到填充作用,是胶辊表面的细孔得到填充使其为平整光滑,形成一种玻璃状薄膜。我厂在早期对胶辊胶圈都进行过酸处理,目前只对梳棉剥棉胶圈进行酸处理。配方如下:硝酸银 30g,水 2500g,硫 2500g,硝酸 1250g,重酸钾 360g。

(3)新型涂料处理。新型涂料又称化学涂料。新型涂料的种类比较多,但其主要化学成分都大同小异,属于高分子合成产物,新型涂料对胶辊表面有一定渗透性,是化学物质作用与胶辊表面的一种物理效应,能有效地解决各类胶辊的表面处理问题,亦是目前对胶辊表面处理得比较理想的化学涂料。

我国研制的新型涂料有 NRC、DF – 7816、QCR – 3、T813 – T815、TX、WL – 86 – Ⅱ、RC – 1、RC – Ⅱ、AL 等都是各厂自定的编号,这些涂料基本上是按 A、B 两组进行配比使用,均不同程度的取得了良好的试纺效果。

例如,采用荆州大明化工实业有限公司生产的 RF – 97 无色涂料,根据不同胶辊的纺纱用途进行不同配比:纺涤棉 45 英支以下和棉 40 英支直接纬,涂料配比为 A∶B = 1∶2;纺涤棉 60 英支以上用不处理,涂料配比为 A∶B = 1∶10;纺涤棉 45 英支纬纱用不处理胶辊,涂料配比为 A∶B = 1∶5;并条、粗纱、粗疏、条卷、并卷胶辊,涂料配比为 A∶B = 1∶2;F1268 型精梳机分离胶辊,涂料配比为 A∶B = 1∶4。

以上的配比有时要根据季节适当变化,如冬季涂料配比大,室温低,浓度大了上涂料不匀要适当放大配比,如 A∶B = 1∶2,要放大到 1∶2.5。

新型涂料的特点如下。

①涂料中含有多种极强性树脂基,与丁腈橡胶中的腈基高联固化成薄膜,由于具有渗透性,形成良好的分子链,使涂料富有韧性、抗冲击性、抗弯曲、抗弹性疲劳,耐磨性好,耐油、耐酸碱、耐氧等特性。

②有利于降低干 CV 值,涂层薄磨微结晶状,可增加胶辊与纤维间的摩擦系数,提高对纤维的握持力。

③具有良好的抗绕性,车间生活好做,试纺性强,胶辊使用寿命长。涂料中含有抗静电剂、吸湿剂、滑爽剂等,使缚涂后的胶辊表面滑爽,硬度与弹性适中。

④涂料具有良好的相溶性和使用性能,不但适用于棉纺等各种类型各种硬度的胶辊,还适用于毛纺,对各种纺纱原料都有较好的适应性。

⑤不受季节和条件的限制,工艺简单,操作方便,对设备无特殊要求,可按质量和抗绕的要求进行配比。

⑥表面有飘浮物、沉淀物,要严格过滤使用。

⑦涂料中有毒,有刺激味,对人体有害。

(4)紫外线光照处理,紫外线属于光波范畴,光波本质上属于电磁波,紫外线的波长范围为 1 ~ 380nm,其能量随波长不同而不同,紫外线的波长越短,其光子能量越大,且易被吸收。

丁腈胶辊的表面通过紫外线照射处理后,用光量力能量来激发电子运动,已改为橡胶分子的空间网状结构和分子的排列结构,增加大分子链的内能,表现为胶辊的弹性好,而橡胶大分子吸收紫外线能量后运动加剧,分子间的距离缩短,致使胶辊表面分子紧密,胶辊中极性基因和电解质配合剂的分子更加靠近,增加了消除外来静电的能力。因此,紫外线光照胶辊由于弹性和抗绕性得到改善,故使成纱条干均匀度得到显著改善。

3. 胶辊状态不良造成的纱疵的特征和原因

胶辊质量对成纱质量有直接的影响,胶辊质量不良会造成条干不匀,形成粗节、细节、竹节等纱疵,车间生活难做,增加了值车工的负担。

(1)规律性的粗节。

①特征。粗节的重量均为原纱重量的 1.5 倍以上,直径比原纱大,片段较长,且有规律性。

②原因。末道并条的中后道胶辊加压不良或失效,末道并条胶辊表面不良,偏心或中凹,轴承套筒缺油,粗纱、细纱后道胶辊加压偏轻或失效,胶管游出脱壳,粗纱须条跑偏等。

(2)规律性条干为匀。

①特征。成纱条干呈周期不匀,其周期长度为经纱前列胶辊的周长;粗纱前列胶辊的周长与细纱总牵伸倍数之和,末道并条主牵伸区胶辊的周长与粗、细纱总牵伸倍数之和。

②原因。细纱前道胶辊偏心,粗纱、细纱、前道铝衬套胶辊的铝合金壳与丁腈胶管壳脱开;并条、粗纱、细纱前道胶辊导纱动程内有气泡,缺胶,胶辊表面嵌入硬物或严重伤痕与凹陷。双层胶辊的内外层交接处有气泡,粘结有间隙、位移和脱壳等。变形偏心的胶辊在运行过程中造成牵伸区纤维运动的不稳定性,使纱条条干周期性变化而形成粗节和细节,影响成纱质量。

(3)无规律性条干不匀。

①特征。粗节、细节、成纱毛糙。

②原因。细纱前道胶辊缠绕严重,造成同档胶辊邻纱失压;胶辊中凹严重;胶辊的轴承与保持架磨灭;胶辊回转不灵活;胶辊表面老化、龟裂,不光滑;后道胶辊加压不良、失压等。

(4)竹节纱。

①特征。竹节纱的重量均为原纱重量的 2~3 倍,长度为 2~3cm,形态不一。

②原因。中铁辊严重缺油;细纱前道胶辊涂料及涂层不均匀;前道胶辊回转不灵活打顿;前道胶辊软且直径过大,同档胶辊直径差异过大;纱条通过前道胶辊的边缘而是单边等。

(5)断头明显增加。胶辊缺油,保持架磨损而回转不灵活,胶辊表面有伤痕,伤痕的切口方向与纱条方向相反等。

(六)胶圈

胶圈同胶辊一样是纺纱的重要牵伸部件,在纺纱过程中起着至关重要的作用。胶圈的质量及使用性能的好坏,同样对成纱条干、纱疵、成纱强力、断头率等本身的寿命影响甚大,因此,在依靠技术进步和应用先进的纺专器材提高产品质量的今天就显得尤为重要。

胶圈最早是用小牛皮、小羊皮、软木和白呢材料制成,俗称皮圈。其主要材料为耐油的丁腈橡胶,因此叫丁腈胶圈。加以抗静电剂等各种配方,使它具有弹性好、握持力强、耐磨、耐油,抗绕耐光化,纺纱质量好,使用寿命长等特点,可以根据纺纱原料、工艺和质量的要求选择使用。

1. 胶圈的结构类型

(1)按纺纱工艺分为:粗纱机和细纱机的上胶圈和下胶圈两种。

(2)按胶圈内外层工艺结构类型分为:

①光面胶圈(也叫平光圈),是目前使用最为广泛用量最大的一种胶圈。

②内花纹胶圈,内层为不规则花纹状,外层为平面,我厂也用过,目前还有一些厂家在使用,但量很少。

③内外花纹胶圈,内外层均为不规则花纹状,虽从20世纪90年代中期研制,但至今仍未推广。

2. 胶圈的质量要求

(1)胶圈表面质量。要求胶圈表光洁,没有缺胶、露线、脱层、荷叶边、粗纹及水布纹、凹陷、粉点等问题;同批色泽要一致,不允许表面有异物杂质。

(2)胶圈内在质量。胶圈应具有一定的抗拉强度,伸长率表面要求小而均匀,耐磨、耐油、耐污染、耐老化、防龟裂。此外,胶圈还应有良好的抗静电性能和吸湿性能,具有适当的摩擦系数,柔软而富有弹性。

为便于生产管理和质量跟踪,保证胶圈质量符合要求,胶圈出厂前要做好标识,如厂名、商标、内径、宽度、厚度、生产日期等。

3. 胶圈的纺纱机理与应用技术

(1)胶圈改善成纱条干均匀度的机理。双胶圈牵伸的上下胶圈工作面,同纱条直接接触,产生一定的摩擦力界,阻止纤维过早的变速。在胶圈销处组成一个既柔和,又有一定压力的胶圈钳口,它既能控制短纤维运动,又能使前罗拉铅口握持的纤维顺利地抽出。因为纤维变速点的平均位置离前罗拉钳口最近,离散度小,峰度最高,且其分布对时间的波动性亦最小,故有较大的牵伸能力。

对双胶圈牵伸而论,胶圈运转稳定性和弹性的提高,更有利于稳定胶圈钳口压力,能很好地握持纤维,并加强了胶圈对浮游纤维的控制作用,保证纤维的顺利变速,从而达到降低成纱条干 CV 值,减少粗细节、硬头和竹节等纱疵的目的。

(2)胶圈的应用技术和性能要求。

①胶圈表面应有适当的摩擦系数,丁腈胶圈表面的摩擦系数在0.30左右比较理想,上胶圈的摩擦系数应略大于下胶圈。下胶圈内表面的摩擦系数决定了摩擦力的大

小。丁腈胶圈的内表面必须具有适宜的摩擦系数,而外表面的摩擦系数尽量要小。若丁腈胶圈外表面的摩擦系数较大,会增加静电使胶圈表面发涩,致使纱条表面纤维散乱呈毛茸状,且飞花增多,产生缠绕与积花现象,黏附的纤维在牵伸时被须条带走,形成粗节;胶圈内表面的摩擦系数太大时,胶圈通过销子处会产生很大的摩擦阻力,致使胶圈产生颤动或振动,上下胶圈的间隙发生变化,造成牵伸须条粗细不一,影响成纱的条干均匀度。胶圈内表面的黏附纤维,会慢慢延伸到胶圈的外层表面,则将造成突发性纱疵。因此,理想的胶圈,其内表面在胶圈销的固定表面上既能作自由滑动,无颤动或振动现象,又有适宜的摩擦系数,能被中下罗拉带动,并能克服被下胶圈带动的摩擦力等。

②胶圈的弹性和硬度,纺纱工艺要求胶圈具有良好的弹性和适当的硬度,否则会造成钳口压力的波动剧增,从而影响成纱条干的均匀度。实践证明,胶圈弹性应采用"上圈高,下圈低,外层高,内层低"的配制方法;胶圈的硬度应采用"上圈软,下圈硬,外层软,内层硬"的配置方法。在加压下,双胶圈牵伸的胶圈外层有较好的弹性和较低的硬度,使须条表面被包围状态较好,胶圈钳口处的密合性好,横向摩擦力界分布均匀,有利于对纤维的握持控制和延长胶圈的使用寿命。胶圈内层要求偏硬,但切忌在受压下产生蠕动变形或塑性变形,以免削弱胶圈在导纱动程内的弹性与握持力,要求内层有较高的硬度和耐磨性能。为适应牵伸特性及正常生产的要求,减少耗损下胶圈比上胶圈要偏硬些。

(3)胶圈的尺寸。丁腈胶圈内径应按"上圈略松,下圈偏紧"的原则掌握。胶圈内径过松,造成须条在牵伸过程中呈波浪形前进,起伏较剧烈,使上下胶圈不能贴紧或打滑,削弱了对纤维的握持控制,致使条干均匀度恶化。若胶圈内径配合过紧,则胶圈运转处于绷紧状态,造成阻力大,回转不灵活,易滑溜并引起抖动、停顿,中罗拉扭曲变形,从而造成竹节纱或出硬头,使成纱的粗节粗而短,黑板条干阴影淡而多等弊病,严重影响成纱质量。丁腈胶圈周长的选择,以保证胶圈回转灵活,而又尽可能减少胶圈下凹现象,以利于握持控制纤维为前提。

丁腈胶圈的宽度一般比胶圈架(或上销架)窄 0.75 ~ 1.0mm 为好。若胶圈宽度太窄,胶圈架两边缘容易嵌入飞花,影响胶圈的正常回转。若胶圈的宽度太宽,则胶圈在运转中同胶圈架易碰撞摩擦,造成胶圈回转不灵、打顿、胶圈架抖动等弊病。太窄或太宽都易造成成纱质量的恶化。

丁腈胶圈厚度应按"上圈薄,下圈厚"进行配置使用以充分发挥丁腈胶圈的弹性作用,有利于摩擦力界的均匀分布。

胶圈钳口是由一对丁腈胶圈与上下销子组合而成,无论固定钳口还是弹性钳口,胶圈厚度都是决定其钳口隔距(或销子开口)的参数之一,要求胶圈的磨砺质量极为严格,以保证胶圈厚度均匀一致。

丁腈胶圈的厚度一般由机械钳口决定后,根据纺纱工艺要求使上下丁腈胶圈搭配上车。上、下丁腈胶圈的总厚度差异范围应控制在 2mm 左右;上胶圈差异范围为 0.85 ~ 0.90mm,下胶圈差异范围为 0.90 ~ 1.20mm,同台差异控制在 0.05mm 以内,同只胶圈差异控制在 0.03mm 以内为好。

4. 不良胶圈造成的纱疵及解决办法

(1)不良胶圈造成的纱疵特征及原因。不良胶圈一般指胶圈内径超差、中凹、表面伤痕,内层断裂或帘子强力线断裂,外层表面老化龟裂,胶圈内外层与中间强力层不能"三位一体",胶圈的内外层不滑爽,有杂质或疵点夹入等。

(2)不良胶圈造成纱疵的特征及原因见表 1 – 14。

表 1 – 14 不良胶圈造成纱疵的种类和原因

纱疵类型	纱疵特征	造成的原因
条干不匀	粗细不匀成纱外表毛茸、长度不等而且较短	胶圈表面老化龟裂不光洁,产生静电而绕花 胶圈跑偏 胶圈严重外伤,内层发粘、打顿 胶圈帘子强力线断裂而胶圈外表未断 胶圈外层不光滑爽燥而缠绕纤维 胶圈厚度过薄
竹节纱	长度在 2 ~ 3cm 之间,形状却粗细不一	粗、细纱小铁辊严重干油、轴承磨损或杂物卡死,回转不灵活 胶圈内层不滑爽,造成吊圈 细纱胶圈内径过紧,回转不灵活、打顿或振动 上胶圈破损,无下胶圈纺纱 胶圈内径过松或呈喇叭形状纺纱 胶圈厚薄不匀

(3)不良胶圈的处理方法。

①胶圈内径超过允许公差限度,应坚决剔除,严禁使用。

②对中凹不严重的胶圈,采用磨砺的办法控制在要求的规格范围内,经表面处理后可继续上车使用。

③对内外层不滑爽而摩擦系数过大、易黏附纤维的丁腈胶圈,重新进行表面处理,使其达到光滑爽燥的要求。

④对于过厚的丁腈胶圈,要重新进行搭配,使上下胶圈的厚度必须符合工艺设计要求。

5. 胶圈的保养

丁腈胶圈在运转使用一段时间后,就会出现表面毛糙、起槽、断裂破损,以及胶圈表面沉积棉蜡、糖分、油脂黏附等现象,导致胶圈表面摩擦系数增大,影响胶圈的正常运转,还会造成纱疵和断头增加。

为确保成纱质量及正常生产,使丁腈胶圈处于良好状态,必须按照周期对丁腈胶圈进行调换和保养。使丁腈胶圈的弹性得到恢复,防止运转疲劳造成胶圈的早期龟裂,达到正常生产、延长使用寿命和降低生产成本之目的。

胶圈的调换周期,一般要结合揩车、大小平车的周期,并要根据所纺品种和产品质量要求来确定。根据企业的实践经验,三个月为一个调换周期,上圈使用 2 个周期后进行报废,下圈使用三个周期后进行报废。

二、加捻卷绕元件

1. 钢丝圈

钢丝圈是环锭细纱机关键性的纺专器材之一,它直接影响纱线的捻度、卷绕密度及断头、毛羽、棉球等,使用好的钢丝圈对于提升纱线的质量档次、提高成纱质量,减少回花、降低成本、压缩用工具有显著的效益。

(1)对钢丝圈的要求。根据钢丝圈受力情况与运动状况及实际应用经验的分析,要使钢丝圈在纺纱过程中纱线断头少、毛羽少,并能适应高速纺纱,延长钢丝圈的使用寿命,在工艺要求上钢丝圈必须满足以下要求。

①钢丝圈的几何形状与钢领跑道截面几何形状要正确配合,钢丝圈尺寸及开口大小要与钢领跑道尺寸匹配,并具有良好的滑行性能,以保证钢丝圈在钢领上运转相对平衡,不得有突变的撞击振动,这对减少钢丝圈及纱线意外断头十分重要。

②钢丝圈的重心要偏低,以求运转平衡,倾角小,以保证有宽畅的光滑的纱线通道,钢丝圈表面不积聚飞花,并防止通道交叉割断而造成断头高的现象。

③钢丝圈与钢领接触点的位置要高,以扩大和钢领的接触面,减少接触压强,以保证钢丝圈在上车时走熟期短,在运转时磨损小,并具有良好的散热性,达到减少纱线棉球以及延长钢丝圈使用寿命。

④钢丝圈的硬度要适中,钢丝圈的硬度要比钢领硬度低 HRC4 左右,并富有弹性不易变形,以保证钢丝圈既能正常纺纱,又能使换钢丝圈人员在更换钢丝圈时轻便自如。

⑤钢丝圈与钢领应有适当的摩擦力,以控制纺纱强力,气圈圈绕强力,维持正常的气圈形态和保持良好的管纱成形。

(2)钢丝圈的发展方向。实现高速、增大卷装、控制断头、减少毛羽、延长寿命、节约用工;提高硬度、加大接触面积、降低接触压强,降低温升(散热性好)等,从而提高钢丝圈的临界纺纱线速度。

新型钢丝圈国产的有重庆纺织专件厂开发的 BC6 系列钢丝圈、国外的有瑞士立达公司应用的 ORBIT 系列钢丝圈、德国 TEC 公司研制的陶瓷钢丝圈、瑞士 BRACKER 公司研制的滚动钢丝圈。

国产钢丝圈在锭速 15000 ~ 18000r/min 使用寿命为 7 天,镀氟钢丝圈最多使用 1 个月,国外钢丝圈都在 1 个月以上,德国 TEC 公司生产的陶瓷钢丝圈可使用 105 天,因此提高稳定期时间是延长钢丝圈寿命的关键。

2. 钢领

钢领的作用是支撑钢丝圈,是钢丝圈的回转轨道。

(1)对钢领的要求。

①钢领截面(特别是内跑道)的几何形状应适合钢丝圈的高速回转。

②跑道表面应有较高的硬度和耐磨性能,使用寿命长。

③跑道表面应进行适当处理,使钢丝圈和钢领间具有均匀而稳定的摩擦系数,有利于控制张力和气圈形状。

④国内棉纺用钢领内径一般小于或等于 45mm,圆整度不大于 0.25mm,平整度小于 0.15mm。

(2)钢领的品种。

①PG 型系列平面钢领。其又分为 PG1 型、PG2 型普通钢领和 PG1/2 型高速钢领几种。此系列钢领专供环锭细纱机和捻线机使用,适纺棉、化纤或棉与化纤混纺产品。PG 型钢领的内跑道由多段圆弧相接而成,钢丝圈运行稳定,抗楔性能较好,纱线通道宽畅。由于内跑道较深,颈壁薄,因此运行时钢丝圈不易楔住,不会产生突变张力。

②ZM 型系列锥面钢领。ZM 型系列锥面钢领适用于钢丝圈线速度 36m/s 以上的纺纱工艺。ZM 型钢领的主要性能是内跑道设计成特殊的倾斜形,钢丝圈运行时自由度大,且增加了和钢领之间的接触面积,因此压强降低,磨损减小,散热性能较好。适合纺速度较高的中特、细特纱。常用的锥面钢领有 ZM6 型、ZM9 型、ZM20 型等。

(3)钢领的发展方向。新型钢领国产的有重庆纺织专件厂开发的 BC6 系列锥面钢领,国外的有瑞士立达公司应用 ORBIT 系列钢领、德国 TEC 公司研制的陶瓷钢领、瑞士 BRACKER 公司研制的滚动钢领。

国产钢领的材质、加工精度、制作工艺、热处理与国外相比较存在着一定的差异,尤其使用寿命差距较大。国产钢领一般使用 6 ~ 12 个月,新研制的国产钢领最多使用 3 年,而国外钢领可使用 5 ~ 8 年,有的可达到 10 年。

3. 锭子

锭子是加捻机构中的重要机件之一。随着细纱机单位产量的提高,锭速在 14000 ~ 18000r/min,国外最高锭速可达 25000r/min 左右。因此要求锭子震动小,运转平稳,功率小,磨损小,结构简单。为此,旧式刚性支撑锭子已被弹性支撑锭子取代。棉纺弹性支撑高速锭子又分为两种形式:一种是 D12 系列锭子(锭盘直径 $\phi24mm$),它采用分离型弹性下支撑锭胆,称分离式弹性支撑高速锭子;另一种是 D32 系列锭子(锭盘直径 $\phi22mm$),采用连接型弹性下支撑锭胆,称连接式弹性支撑高速锭子。

(1)锭子的组成。锭子由锭杆、锭盘、锭胆,锭脚和锭钩等机件组成。锭盘与锭杆固装为一体,由锭带传动。锭杆以锭胆为支撑而高速回转。

(2)高速锭子的特性。新型高速锭子具有很多特点,其重要特点之一是上支撑(上轴承)固定在上支撑座内与锭杆紧密配合;下支撑是弹性支撑。

上支撑固定的作用是:锭子高速回转时阻力小,振幅小;减少锭子歪斜,降低断头,因上支撑部位接近锭带,锭子受锭带张力作用时不易歪斜,有利于保持锭子中心、钢领中心、导纱钩中心的同心,从而减少张力突变,降低断头;减少磨损,磨损的原因是相对摩擦和磨粒磨损。由于上支撑固定,使相对摩擦及磨粒磨损少,因此使锭子磨损减少,锭子油污物减少,用电也减少。实践证明,使用分离式锭子后,葫芦状的磨损就此消失。

下支撑采用弹性支撑的作用是:下支撑是弹性体,有自定中心作用,吸震圈簧能吸收震动。当锭杆振动时,下支撑偏离中心位置,中心套管压向吸震圈簧的壁上,由于弹性变形,弹簧圈各层间的油受挤压,使油的黏性阻尼消耗锭子的震动能量,产生吸震作用。

(3)锭子的振动特性。锭子振动是一种自然现象。锭子振幅达到最大值时的速度称为临界速度,在临界速度附近,振幅最大。所以选择锭速时应避免在临界速度附近。高速锭子的工作速度在两个临界速度之间,能减少振幅,实现细纱高产。新型高速锭子由于结构上做了改进,与普通锭子相比,临界速度大大提高,第一临界速度在 5000 ~ 7000r/min,第二临界速度在 25000r/min 左右,比普通锭子的第二临界速度 15000r/min 大大提高。

(4)国产锭子存在的问题。是使用寿命短,耗能高,振动噪声大,解决的途径是采用小锭盘、双弹性支撑面锭子和锭改进子材质等。中心问题如何在减震基础上延长锭子使用寿命,适应我国环锭细纱机向高速进展新形式的要求。国外锭子的转速达 3000r/min,噪声比国内普通锭子低 6% ~7%,耗能低,使用寿命达 10 年以上。这种锭子直径为 18.5mm,上轴承直径为 6.8mm,对降低由锭带和锭盘引起的能耗及噪声十分有利。

第二章　装配原理

第一节　零件立体定位及装配基准的选择

一、零部件的立体定位

装配工作的对象主要是零部件,当装配机器时,要考虑每一零件各个方向(前后、上下、左右方向,有时还有任意角度方向)的装配要求,这就是立体概念在装配过程中的运用。

画零件图时,按照画机械图的规定,有时需要画三视图,如画主视图、俯视图和左侧视图,有些零件有带倾斜角度的部位。因此,在必要时还得顺着角度画局部视图。这种从各个方向表达零件结构的画法,是在制图过程中运用立体概念来确定零件结构的方法。

现以装配 FA506 型细纱机主轴为例来说明如何运用立体概念。装配主轴时由车头向车尾方向依次将两只主轴假轴承工具放入相邻的两只主轴轴承座内,并将标准轴工具穿入假轴承,根据细纱机升降动程选用主轴定位工具,在靠近中墙板处的龙筋上平校主轴的高低和进出位置。在平校过程中要做到主轴既与龙筋顶面平行,还要与龙筋内侧面平行,两者要兼顾调整最后还要复校一遍。主轴不仅要看高低位置还要做水平状态,同时进出位置也必须符合要求,一个方向做不好,两轴承座就可能出现不同心,主轴会别劲而出现转动不灵活,产生机架震动、机件不正常磨损和机台负荷重等一系列问题。上述各方向校正后,手动标准轴应转动灵活,在复校一遍主轴高低、进出位置,使主轴最灵活为止。

运用立体概念平校零件各个方向的相关位置时,可使用相应的工具、定规。下面举一些相应的例子加以说明。

(1)水平作业。用水平尺平校车面水平、平校滚盘轴(主轴)水平。

(2)角度作业(包括成 90°的垂直作业)。用角度水平尺平校前后罗拉倾斜角度;用罗拉座直角尺校正罗拉座侧面和前罗拉的垂直关系。

(3)铅直作业(即与水平面垂直的作业)。用框式水平仪校墙板垂直度、校正钢领板和导纱板升降立柱的垂直度。

(4)平行作业。用钢领板高低定位工具校正钢领板顶面与龙筋顶面间距一致,相互平行;用隔距定规校正摇架支杆与前罗拉的间距,保持摇架支杆与罗拉的平行。

(5)同心度作业。用锭子中心定位规校锭子和钢领同心;用标准轴、假轴承(即假培林)平校车头内外滚盘轴承座、平校主轴轴承座,使其内外同心。

(6)定距离作业。用钢丝圈清洁器定位规调整清洁器与钢领跑道外缘间距离(即清洁器隔距),使其符合纺纱工艺要求;用前中、前后罗拉隔距定规校正前中、前后罗拉隔距;用锭带盘轴颈圈间距定规确定颈圈开档。

二、装配基准的选择

为了使零件装配位置准确,需要选择比较合理的基准定位对象,作为装配定位的根据,这个对象就叫做装配基准。当作基准使用的零部件,叫做基准零部件。基准的常用形式有点、线、面三种。例如,叶子板挂线锤,锭子头就是基准点;龙筋边线和前罗拉高低线,都是基准线;靠近墙板处放置工具、定规的车面顶面,是基准面。

选择基准位置时,一般要考虑下列因素。

(1)尽量选用零件制造精度(包括尺寸公差、表面形状和表面位置偏差的允差、表面光洁度)较高的部位,作为平装的基准。例如,罗拉制造时的沟槽部分直径公差、径向跳动量比光面部分小,表面光洁度比光面部分高,因此在检查罗拉弯曲和罗拉隔距时,都以沟槽部分为基准。

(2)基准部位尽量靠近装配调节点。例如,平车面时放直尺搁座的基准面,应尽量放在靠近墙板处的外侧车面上,可以减少调节龙筋高度产生的附加误差。

(3)尽量重复使用同一基准,排除零件表面形状偏差。例如,在平装时,常在车面上放置调整车面长距离水平的直尺搁座、调整车面短距离水平的水平尺,托罗拉高低线的托线的托线圆辊。调节龙筋高度的龙筋高度定规等工具、定规;而车面顶面存在着程度不同的长度方向的弯曲和宽度方向的扭曲。把这些工具、定规放在同一位置,就可以避免因车面扭弯带来的附加误差。

(4)选择基准时还应考虑平装操作的方便。

(5)尽量和机械制造厂零件加工、预装配的基准部分一致起来。例如,机械厂对车面和龙筋连接的方法,1291型细纱机车面、龙筋采用拉接法(即将相邻的车面、龙筋拉紧连接,以车面、龙筋端面为基准):FA系列细纱机的车面、龙筋一般采用搭接法(即以定位销为基准)。我们在安装细纱机时,在车面、龙筋接缝间隙不超过的情况下,就没有必要采用拉接法,以免多费工时。

第二节　装配误差产生及控制

一、装配误差及其产生原因

零部件的安装位置不可能绝对准确,与装配规格和工艺要求所需要的理想位置相比,一般总会有一定差异,这种差异就叫装配误差。提高平装质量的一个主要方面,就是要减少装配误差。装配误差产生的主要原因有零件误差、工具(量具)误差、操作误差等三个方面。

1. 零件误差

零件误差包括零件的制造误差和使用磨损变形后的附加误差。制造和修理零件时,如在零件上钻孔,孔的位置不可能一点不偏;又如加工一定直径的轴,不可能加工成的轴每根都丝毫不差。这种"偏"和"差",就是零件的制造误差。机械厂对零件的尺寸、表面形状和表面位置,规定一定范围的允许误差(简称"公差"),标在制造图上。

(1)尺寸公差,如罗拉直径、罗拉每节长度、钢领板长度、钢领内径、胶辊外径的公差等。

(2)形状公差,如龙筋顶面的平面度、钢领的圆度、下销棒的直线度等。

(3)位置公差,如摇架体侧面对握持管的垂直度、罗拉接头导孔对沟槽表面的同轴(同心)度,上胶辊之间或上胶辊与罗拉之间的平行度等。

凡在公差范围内的零件,都算合格,可见合格件也还存在着误差。零件经过长期使用后,磨损、变形,使零件超过制造公差,就会产生附加误差。

2. 工具(量具)误差

它包括各种工具、定规和量具等的制造、修理误差,以及使用磨损、变形后的附加误差。例如,罗拉弓丝杠和弯钩的垂直度及两弯钩间的同轴度;罗拉座直角尺的垂直度、长直尺的直线度和平行度、两只直尺搁座的高度差等定规误差;罗拉颈卡板钳口尺寸、游标卡量爪量距与刻度读数之间的误差,百分表指示的不稳定性等量具误差。因此工具、定规与量具和零件一样,存在着尺寸、表面形状和表面位置等方面的误差。

3. 操作误差

操作误差包括操作技术和操作条件等因素产生的误差。

(1)操作技术误差。它包括手感松紧、冷热、震动等的精度,目光判断的精度,操作技巧的熟练程度等因素。例如,用同一定规查同一罗拉隔距,手感松紧不一;用同一游标卡尺量同一零件的同一方向,判断尺寸尾数不一样。用同一游标卡尺量同一前罗拉沟槽,手压紧或不压紧前罗拉,读数会不一样。

(2)操作条件误差。它包括工作地温湿度的时差和地差,光线的射向和强弱,空气的流向和风压,以及操作时人体的位置等条件。例如,车间温度波动,会使水平尺水泡变位;光线强弱会影响视线,对看线效果不一样,车间空气流动,会使丝线偏弯;看车面横跨水平时,水平尺放在粗纱架下方,使肉眼只能斜着看水平尺,不易看准。

当充分弄清以上原因在每一个零件、每一件工具和每一项操作存在一定的误差以后,就可以在主观上能动地减少和消除这些误差,使维修质量得到保证。

二、装配误差的控制

怎样控制装配误差呢？只要具备前节所述的产生误差原因的知识，同时加强对零件和工具的检验和修理，不断提高技术水平，采用合理的操作方法，创造良好的操作条件，就可以使装配误差控制在合理的允差范围内。除此以外，还可以采用下列方法减少装配误差。

1. 减少中转环节，降低累计误差

细纱机的墙板和车面，是根据头墙板内侧线和机台中心线安装的，因此头墙板和车面是全机安装的基准。车面又是前罗拉（包括罗拉座）和龙筋的安装基准。而前罗拉和龙筋，又分别是牵伸部分和卷捻部分平装的基准。因此把头墙板和车面叫做基准组件，前罗拉和龙筋叫做第一级基准分组件。同样道理，后罗拉、锭带盘轴、钢领板等一些零部件，叫做第二级基准分组件。依此类推，还有第三级、第四级……基准分组件。运用这些概念，可以有助于制订合理的维修平装方法和顺序。

由此知道，每经过一级基准组件、分组件的传递，就多一道装配误差值。两个和两个以上的装配误差值，就是累计装配误差值。装配基准的传递级数愈多，累计装配误差值就愈大；反过来，装配基准的传递级数愈少，累计装配误差值就愈小。以调整前后罗拉隔距为例，可以有两种方法：一是先校前中罗拉隔距，再校中后罗拉隔距，这种装配方法，对后罗拉而言是经过两级传递。另一种是使用前后罗拉隔距定规直接校前后罗拉隔距，只经过一级传递。显然后者比前者少一级传递，装配误差就较小。

2. 掌握误差变化规律，消除系统误差

装配误差有偶然误差和系统误差两大类。误差值随机波动，时大时小的，叫偶然误差；误差值比较稳定，有一定规律的，叫系统误差。

一般可以事先掌握系统误差的数值，以便在装配中消除这一误差值。例如，有一把游标卡尺的内径量爪磨灭了 0.02mm，使每一个读数虚大了 0.02mm，可以把目测的读数主动减去 0.02mm，就会得到更为真实的读数。又如一水平尺水泡不准，经过定位调头检查，发现水泡向右偏一格表示水平状态，那么在看水平时，可故意让水泡向右偏一格，使零件达到水平状态。

3. 采用互借冲销的方法，减少装配误差

头墙板、龙筋、钢领板等铸件发生扭曲变形时，由于矫形不便，只能检查多点铅直度或水平度，使平装后的读数正反方向的最大值相等，或使正反方向的最大值相减后的差值不大于公差，这种方法就叫互借。

当一种作业的装配基准的传递次数较多时，可有意识让正值、负值交替出现，使正负值得到冲销。例如，使用长直尺平装机架时，规定直尺的头尾（用色标记规定）方向不变和水平尺的水泡只允许倒向一侧，如图 2-1（a）所示，直尺头方向和水泡倒向全部指向细纱机的右侧。如果将图 2-1（a）曲折前进的四跨（这里把看一次长直尺叫成

"一跨"),拉成一直线,如图 2 – 1(b),就可以清楚地看到第 1、第 3 跨的头和水泡指向车头端,而第 2、第 4 跨的头和水泡指向车尾端,从而使直尺和水平尺存在的偏差得到冲销的机会,使累计误差值最小。这种方法就叫冲销。

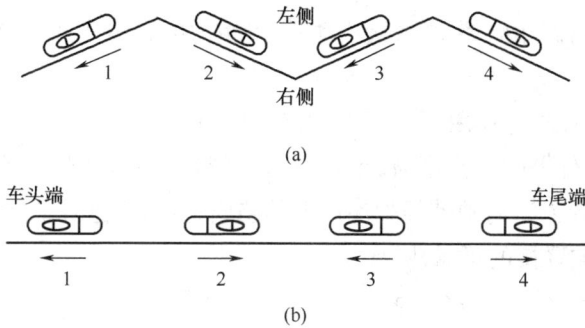

图 2 – 1　采用互借冲销法平机架

4. 利用调节环,减少累计误差

为了控制累计误差不超过允差,还可以把其中一个环节的尺寸、形状或位置加以改变。这个可以改变的环节,叫做"调节环"。一般常用锉、焊、垫的方法,或用可以调节的零件,使调节环改变尺寸、形状或位置。例如,由于各节罗拉联接后产生累计误差,有时会出现若干节罗拉轴向位置不正确,使罗拉轴承与罗拉座位置或前中后罗拉表面沟槽中心相互不对照。此时,可采用补偿垫圈调节各列罗拉局部轴向位置,确保罗拉轴承与罗拉座位置相符,使三列罗拉沟槽中心相互对照。

5. 选择装配,减少装配误差

通过对零件的选择,使零件装配符合要求,叫做选择装配。例如,滚盘使用的紧定套,在上车前要选择紧定套大端露出滚盘端面 3mm 以上,达不到 3mm 时,另选紧定套,一直换到超过 3mm 为止;又如把胶辊直径分成几档,使同台胶辊直径一致;再如用定规挑选摇架弹簧,事先对弹簧的压力进行分类,再经选配弹簧装配同台车,使在同一摇架工作高度情况下的摇架压力达到工艺要求。这些方法都属于选择装配的范围。选择紧定套配合滚盘的方法叫"直接选配法";胶辊直径分档使用的方法叫"分组装配法",弹簧先分类、后选配的方法叫"复合选配法"。

第三节　变形走动的受力类型及防止与补偿

一、产生变形走动的受力类型

零件受到力的作用,使它的外形发生变化,叫做变形;使零件和零件之间相关位置发生变化,叫做走动。

作用于细纱机零件上的力,如重力、弹力、内应力、传动力等是造成零件变形和走动的根源。

1. 重力

重力就是地球对物体的引力。例如,车面在两中墙板间受重力的影响,下垂弯曲变形;罗拉隔距走动,是由于滑座联接松动后,受重力的影响,沿罗拉座倾角下滑。

2. 弹力

弹力就是零件在外力作用下,在产生弹性变形的同时,产生的一种反作用力。平装机器时发生在机件上的反作用力,也是弹力的特殊表现。例如,摇架弹簧给予罗拉压力的反作用力(弹力),有迫使摇架座后退的趋向;扳紧螺栓对联接零件产生锁紧力,锁紧力的大小,影响联接的可靠性。

3. 内应力

内应力就是在没有外力作用的条件下,物体内部存在着的力。内应力产生的原因,一般是材料组织结构的变化、温度变化或某些机械力所引起。因此,当外界条件变化时,内应力会从一种平衡过渡到另一种新的平衡,此时零件就伴随着发生变形。例如,铸件浇铸后,由于冷凝时不均匀收缩,结果就产生内应力;钢件热处理、冷矫正也会产生内应力。这些零件随着时间的延续,往往会由于内应力的变化而产生变形。例如,头墙板、车面、龙筋、钢领板的自然变形,校直的主轴、罗拉逐渐回弯,就是这种现象。

4. 传动力

传动力就是零件之间相互传递动力过程中的一种力。例如,前胶辊由于前冲工艺,摇架施加在前胶辊上的压力对前罗拉的作用,迫使前罗拉向后靠;锭带拖动锭子,使锭脚逐渐被拉走动。

此外,还有惯性力(包括撞击力)、摩擦力、工艺阻力(即牵伸力、卷绕力等)、热应力、电磁力、操作力等,都对设备装配精度和运转可靠性有一定的影响。

二、变形走动的防止与补偿

在充分认识各种作用力以后,就可对零件的变形和走动采取措施加以防止和补偿。常用的方法有以下几种。

1. 按照工作状态进行平装

(1)受压。零件在工作时受压变形,如平装时没有压力,可预先加压,使它达到工作时的变形状态,然后加以平校。例如,在调整摇架的压力时,为了保证每一个摇架的工作压力大小一致,在调节摇架压力时,将所调节的同一侧摇架都要压下,使摇架、罗拉等部件处于工作时的变形和平衡状态,如此再校压力可保证同机台纺纱时摇架压力一致。

（2）受拉。零件在运转中收到各种力的推拉,靠向一侧或相互分开,在平装时没有推（拉）力,可用于推（拉）足,再定位。例如,平装 FA506 型细纱机连接钢领板、导纱板升降拉杆,拧紧各段拉杆连接螺钉时,为避免在纺纱运转过程中受牵引力拉杆移动头被拉开,造成钢领板与导纱板高低错位,所以在平装时,必须将拉杆向连接板两端拉足后再拧紧螺栓。

（3）不硬别、硬拉。任何零件平装时不要硬别、硬拉,以免在零件内部产生内应力而造成走动。例如,FA506 型细纱机车头第一段主轴,由于其长度最长,一根轴通过三只轴承,如果三只轴承不同心会使主轴别弯,运转时产生震动。为不产生内应力,平装过程一定要有主次、技巧。三只轴承中以两端为主要,中间起托持作用,平装时用两个假轴承装入车头墙板内的第一只轴承座和第一中墙板上的第三只轴承座,穿入标准轴,用主轴定位专用工具进行平校。在第一、三轴承座平校完后,穿上主轴,装上第二只轴承、轴承座及托梁,调整第二轴承座及托梁上的螺钉,手转主轴达到灵活,如不灵活,就要略松轴承座螺栓,左右轻敲轴承座,到手转主轴灵活为止,使主轴消除别劲。

（4）热膨胀。例如 FA506 型细纱机滚盘主轴上的各轴承,除车尾一只外,都装在轴承座内腔中间,两侧都留余隙,以便主轴运转发热伸长后,轴承可以轴向游动,不致别住。

（5）"死规格","活鉴定"。例如,尽管平装时我们已校过钢领板、锭子、导纱钩的同心度（这是"死规格"）,但开车后各种零件分别向各个方向靠实,三者的同心度有可能降低。因此,我们在纺纱时,有必要做"活气圈",对三者的同心度重新检查、校正（这就是"活鉴定"）。"死规格"和"活鉴定"之间存在着辩证的关系。再如影响成纱条干的因素很多,主要有胶辊不圆、表面处理不均匀、导纱过程内有损伤、大小头、胶辊内部材质不匀有气泡、胶辊轴承间隙大、轴承内部有损伤等,一定按胶辊制作技术条件对胶辊各项目进行检查,这就是"死规格"。这都是在胶辊没有加压的静态条件下进行的鉴定。上车后在加压条件下回转时,用手去感受胶辊的表面状态,这就是做胶辊的"活鉴定"。当逐步掌握影响胶辊表面的粗糙度及其均匀性、充分压圆后的圆整度、胶辊内部材质的均匀性以及胶辊轴承的最大间隙限度等主要因素并加以控制,就有可能事先控制胶辊影响成纱条干的不利因素,不一定台台上车必做"活鉴定"。但作为一项质量把关的措施,进行周期性的"活鉴定"也是非常必要的。

2. 保持零件之间的正确联接和接触良好

（1）正确装配螺纹联接。装配螺纹联接件的主要技术要求是,达到规定的锁紧力;对一组螺栓的联接来说,还要有均匀的锁紧力。为了获得规定的锁紧力,就要使用长度合适的扳手,一般扳手长度不大于螺杆直径的 15 倍;要熟练掌握扳力（经验证明,细纱锭脚螺母的扳动力矩为 40～90N·m,差异很大）,使扳力恰当;当旋紧一组螺栓（如吸棉风扇端盖）时,要按对角、错开、对称的原则,安排扳紧的顺序,对每个螺栓分两到三次旋紧,求得均匀的锁紧力,以免一次旋紧或依次旋紧,引起零件的变形,发现螺母(或螺栓头)端面与零件不密接(即不平)时,要及时替换。

此外,滚动轴承紧定套螺母的旋入方向,一般要和轴的转向相反,使螺母在转动中愈转愈紧。

(2)接触面要密接平服。接触面要尽可能锉平;有三根筋接触的零件,三根筋要锉平(如做不到时,中间一根筋可略微低一点),使旋紧螺栓后,三根筋全面平衡接触;平键和键槽两侧面要密贴紧配,防止走动。

三、矫正变形零件,剔除变形部位

(1)各种钢件弯曲变形超过允差时,可设法校直。如用罗拉弓校直罗拉,用撬杠校直锭杆。

(2)当铸件矫形有困难时,采用锉、垫的方法,达到平装的要求。例如,对头墙板、车面、龙筋等大型铸件,采取垫平的方法;对钢领板、轴承座等小型铸件,采取锉、焊的方法。锉、垫的结果,使零件的水平度、铅直度各点互借后达到要求。对变形严重的铸件,还可以进行切削加工。

(3)零件的变形部位,不能用作基准,可另找辅助基准。如车面中部扭曲,只有靠中墙板处的车面可作基准,但它离各罗拉座较远,不能作为前罗拉高度的基准使用。可在车面基准面上,放托线圆辊并拉丝线,由丝线决定前罗拉高度。这丝线就是辅助基准。

(4)从变形零件上,寻找合理基准。例如,平装细纱机主轴时,标准轴径向跳动量在公差范围内是允许的,但终究还是有弯曲量,依靠它来做轴承座的高低、进出,怎样可以更精确呢?可以主动找出标准轴弯曲的最高、最低点,然后在高、低点的中间,定一中点,这一点的径向跳动量接近于零,依靠这一点看水平、做水平,就误差最小而比较准确。

第四节　安装前的准备

一、机座应具备的条件

安装机器的地坪基准,叫做机座。细纱机的机座必须具有足够的耐久性,否则将影响机械安装规格,导致纺纱质量降低。

FA系列细纱机采用单独吸棉,集体排风。做地坪时,应先做好地下排风道,并在排风道盖板上按设计要求配置钢筋,以保证足够的强度,对机座必须做到坚实、平整、光洁,才能保证机器的使用正常,运转稳定。

1. 坚实

机座地坪不但要求能承受细纱机的全部重量(6～7吨),并在日常的运转过程中,机械震动时机座能保持相对的稳定和足够的耐久性。日久后,地基不应有明显的沉落,尤其是不均衡的沉落,以及裂缝等现象。机座结构一般是在素土均匀夯实(密度达1.6吨/m³以上)后,用三七灰土或砖渣三合土,再以混凝土作基础层(细纱机如安装在楼上时,采用钢筋混凝土),面层用水泥纱浆抹面。

2. 平整

细纱机的机身较长,一般均在15m以上,新型细纱机达到了50m以上,为了保证机器水平和多机台的外观整齐要求,防止车脚木板厚薄差异超过规定范围,机座表面差异不能相差太大,一般要求机座地坪的标高差异是:一台细纱机各点的最大差异<5~8mm,相邻机台之间差异<3mm,除标高差异要求外,各车脚处的局部机座比较平整,以保证车脚木板与地面的密接平稳。

3. 光洁

细纱机在运转过程中,飞花、尘屑不断散落,为改善劳动工人的劳动条件,要求机座表面尽量抹光,便于清扫地面。土建竣工后,应细致复查机座质量,手感、目视检查地面光洁程度,检查高低差异是否超过规定;同时用铁棒垂直轻敲地面,听声响判断有无起壳现象;以铁钉划地面,观察面层强度是否够,对发现的问题及时加以解决。

二、弹线

细纱机安装前,要按照机台排列图,在安装现场的地面上,标出机器的安装位置,这就是弹线。弹线是一项细致的工作,关系到安装质量和施工进度。因此,要求弹的线的位置正确,线段清晰,操作时认真细致。

弹线必须与土建施工相配合,根据机器的结构要求,预留孔位置,预埋地脚螺栓位置,地下排风道口、电线管道等要求进行。

1. 弹线次数

细纱机的弹线分三次或四次进行。

第一次弹线:目的是确定地下排风道风口位置,FA系列细纱机吸风部分的设计采用地下排风,在土建施工前须按机器排列图和地脚图,进行弹线,保证排风口与车尾底板的孔位置一致。

第二次弹线:是在三七灰土后砖渣三合土的基层上进行,楼层现浇板可在混凝土模板上,按机器排列图,地脚图弹出车头、车尾预留孔,钉好地脚螺栓孔,固定电线管道口的位置,对这些预留孔的位置必须保证准确无误。

第三次弹线:是在混凝土上进行,目的是便于土建部门做机座抹面,不另作机座抹面的可省去这次弹线。

第四次弹线:是在机座地坪上弹出中心线,车头内侧线,并对预留孔位置进行复查修正,保证机台安装质量。

弹线要按同一基准进行,以减少误差。大平车时,如遇机台中心线模糊不清,可根据预埋的中心线永久标记,或邻台中心弹线。

2. 弹线前的准备

(1)弹线前,要仔细审核机器排列图、地脚图,核算、校对弹线时需要的有关尺寸,发现问题时应及时与有关部门协商解决。

(2)准备弹线工具与材料有钢卷尺(30m,2m 各一把),钢直尺、直角尺、线锤、榔头、引线板、墨斗、镜子、绕线板、长弦线(50m 以上;1.2/m 左右),丝绒(墨斗线,0.3g/m 左右)。墨斗、酒精(气温低时加入墨汁中防冻)。划针、红蓝铅笔、粉笔等。

(3)根据排列图和地脚图上有关尺寸。凡是反复使用多次的,可用特制长杆,上面刻好标记,这样可减少读尺差错,并可提高工作效率。

3. 弹线的步骤和方法

(1)修正柱网中心。机器的排列位置是根据柱网中心线确定。柱网中心由于土建施工的误差,行、列的柱子中心不一定在一直线上。因此,弹线前必须将全车间的柱子中心。进行一次校正,修正柱网中心。其方法是根据测量的柱子中心,量出一定距离至柱外做出标记,拉一根长弦线取多数点连成一直线,反量到各柱子上作好标记,作为修正后的柱网中心。

(2)修正排列尺寸。上述修正柱网中心,解决了基准的平直和平行问题,但柱子实际上仍然存在着进出偏差。细纱机是狭长机台,为了保证操作或落纱机能顺利通过,如靠近柱子的车弄实际尺寸过小,机台排列尺寸就要适应的进行修正,使整个排列即使在柱子进出误差最大的柱网内,机台与柱子表面间也保证了有足够的距离,同时又能兼顾整个车间排列的整齐。

(3)弹机台中心线。机台中心线是根据修正后的柱网中心线为依据,按照修正后的排列尺寸和各机台的排列中心弹出来的。为了减少一次传递误差,尽量将基准线弹在中心线位置上。再用尺量或定长杆,按照设计尺寸作出与第一台中心线等距两点,弹出墨线得出第二台中心线,用相同的方法依次弹出其余各机台中心线。需要注意的是,每根基准线一般分出 20 根中心线,但不宜超过 20 根。这是因为分出过多,误差较大。弹机台中心线的方法还有垂直法、切线法多种。

(4)弹车头内侧线。此线的弹法有多种,最常见的有下列两种。

①垂直等分法。在基准线或中心线上量出车头内侧线位置 O 点,取 $AO = BO$,分别以 A 点、B 点为圆心,大于 AO 或 BO 的长为半径作弧交于 C、D 两点,连接 C、D 两点,即为所得到的车头内侧线,如图 2-2 所示。

②利用"勾股定理"的直角尺法。即"三、四、五"法,在基准线或中心线上量出车头内侧线的定点 O。在中心线上,从 O 点量四个单位长度得到 A 点(每个单位长度自行决定),以 O 点为圆心,取三个单位长度为半径划弧,再以 A 点为圆心,取五个

单位长度为半径划弧,两弧相交 B 点,连接 OB 两点并延长即为所得到的车头内侧线,如图 2 - 3 所示。

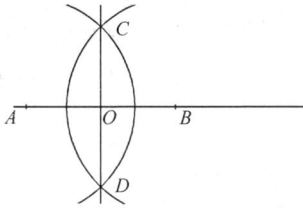

图 2 - 2　垂直等分法弹车头内侧线

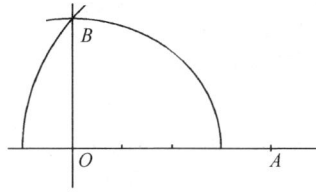

图 2 - 3　直角尺法弹车头内侧线

第五节　细纱机安装维修工具

一、常用工具

细纱机维修(含揩车)常用工具规格及用途见表 2 - 1。揩车使用的主要工具有呆板手、螺丝刀、毛刷、铜刷、罗拉搁架(又称托脚)、竹捻杆、油盒、存纱盒、胶辊盘子、中上罗拉(又称小铁棍)盘子、上销盘子、黄油枪、锭子油壶、挡油布、揩车用花包布等。

表 2 - 1　细纱机维修(含揩车)常用工具规格及用途

图号	名称(俗称)	件号、规格	数量	用途及注意事项
1	罗拉搁架	TXG5 - 00	18 个	钩放在车面上,暂时搁放整列罗拉,便于进行换胶圈、修换罗拉座及滑块等工作,要求均匀摆放
2	罗拉镶拆器	XG15	2 个	拧紧或松卸罗拉
3	罗拉校直器	XG - 19 - 0025、TXG18	各 2 个	校直罗拉各部弯曲,有两种规格,按罗拉直径选用
4	罗拉角尺	TXG10 - R、TXG10 - L	各 2 个	校罗拉座与前罗拉保持垂直,角尺分左、右
5	19 套筒扳手(俗称 T 形套筒扳手)	XG43 - 19 - 00、XG43 - 18 - 00	2 套	拧紧车头内齿轮轴承座螺栓,有 18、19 两种,常用 19mm 规格
6	17 套筒扳(俗称烟筒扳)	XG30 - 16 - 00、XG30 - 17 - 00、XG28N - 18、XG28N - 19	2 套	拧紧机架、罗拉座、主轴等部位螺栓,有 16 ~ 19 四种规格,常用 17mm 规格

图号	名称(俗称)	件号、规格	数量	用途及注意事项
7	罗拉滑座扳手	TXG52-16、TXG52-17	2把	拧紧罗拉座,用于头罗拉有四种规格,用于中罗拉有两种规格,其形状近似
8	锭脚螺母扳手	TXG7、XG32	2把	拧紧锭脚螺母,有两种规格,根据锭子型号选用
9	套筒扳	TXG83-00	2把	拧紧边线架螺丝
10	钢领锭子同心规	XG26-D-D1202×35、XG26-D1203×38、42、45、XG26-D1206×35、38、40	6个	按锭子规格选用,套在锭杆上,校正锭子与钢领同心
11	锭子水平仪		6个	套在锭杆上,较顶杆垂直度
12	T形扳手	TXG37-00	2把	拧紧固定摇架位置的方头螺钉
13	钩形锭子扳手	XG33	6把	保持锭座与锭脚螺母扳手配合,拧紧或松懈螺母
14	钢领板定位规	XG25N-27×37、42、45,XG25N-28×37、42、45	各2套	以龙筋孔为基准,校正钢领板纵向和横向位置,有两种规格,按龙筋孔径、钢领板孔径选用
15	轴用弹簧挡圈钳	6英寸	2把	装卸轴用弹簧挡圈
16	孔用弹簧挡圈钳	6英寸	2把	装卸孔用弹簧挡圈
17	综刷		7把	清洁机身各部位
18	圆形毛刷		6把	清洁锭座、锭钩部位
19	锭子油壶		6个	补充锭脚润滑油
20	铁锥		6把	拆胶辊铁芯轴承的密封帽
21	高压黄油枪	FU205	2把	通过油嘴加注润滑脂
22	钢领板导纱板高度规	XG24.00		再升降横杆处平校钢领板、导纱板高低位置
23	钢丝圈清洁器定位规	XG27-PG×35、38、42、45,XG27-PG1/2×35、38、42、45		根据纲领规格选用
24	导纱板扳手	XG31.00		拧紧导纱板固定螺栓(俗称丁字扳手、叶子板扳手)
25	小线锤			校正导纱板钩(虾米螺丝)中心与锭尖同心

续表

图号	名称(俗称)	件号、规格	数量	用途及注意事项
26	前罗拉段拆卸卡	XG22.25.00	2个	再拆卸前罗拉头段时阻止前罗拉二段向车尾方向移动
27	调压扳手	YG2-142.G0300	4个	YG2-142摇架用,调节摇架前加压块选定压力档
28	摇架高度校调螺钉扳手	TF18-G0800	4个	TF18B-118摇架用,调节摇架体相对下罗拉角度
29	T形六角扳手		6个	拧紧滚盘固定螺栓
30	滚盘定位规	XG36-485×27 XG36-485×28	各2个	以龙筋锭孔为基准校正滚盘位置,以龙筋孔径分有两种规格
31	摇架支杆定位工具	TXG17.00	2个	以前罗拉为基准矫正要加杆位置,按摇架型号确定此间距离
32	上罗拉隔距规(胶辊隔距规)	TXG44.00	2个	YG2-142牵伸使用,按工艺要求定前、中、后上罗拉中心间距
33	罗拉隔距规	TXG134	2个	按工艺要求定前、中、后罗拉中心距
34	φ12铜棒		2根	间接敲打零件校正位置,防止损伤零件
35	φ20铜棒		2根	间接敲打零件校正位置,防止损伤零件
36	铜榔头	0.91kg	1把	敲击加工面机件
37	铁榔头	0.91kg	1把	敲击一般机件
38	锯弓		1只	
39	钢丝钳(尖嘴)	250mm(150mm、200mm)	各1把	
40	锉刀	10英寸、12英寸	各1把	
41	草根刷		6把	刷罗拉表面,防止污垢沉积
42	喇叭油壶		1只	加油用
43	存纱盒		6只	暂时存放车上的管纱
44	胶辊盘		6只	放置胶辊用
45	捻辊		7根	捻主轴、联轴器、锭带盘及重锤、车头车尾等深处的死花污物的清洁
46	套钢丝圈用铜扦(竹扦)	自制	6根	换钢丝圈时用
47	钢丝刷	自制(用梳棉弹性针布座)	6把	刷车头罗拉

图号	名称（俗称）	件号、规格	数量	用途及注意事项
48	撬钢丝圈片	自制（用旧簧片做）	6个	换钢丝圈时用
49	钢丝圈盒	自备	6只	存放调换用钢丝圈
50	挡油布	自备	6段	揩扫车肚花和刷锭子带时用，防止飞花影响邻车生产
51	油盒	大小	各1只	盛机油、油脂和锭子油

二、专用工具

细纱机安装与维修专用工具的规格及用途见表2-2。

表2-2 FA506型细纱机专用工具的规格及用途

序号	代号	名称	数量	用途说明
1	TXG2、TXG14	ϕ28(32)罗拉标准轴	各2	校罗拉座高低、进出和罗拉水平
2	TXG4	拆罗拉轴承工具	2	拆罗拉上的罗拉轴承
3	TXG9	头尾立柱定位规	4	装在龙筋上定头、尾立柱纵向位置
4	TXG25	前罗拉距机梁定位规	2	校头、尾罗拉座进出位置
5	TXG26-1	滑轮座定位工具（左）	2	定钢领板、导纱板滑轮座高低、进出
6	TXG26-R	滑轮座定位工具（右）	2	定钢领板、导纱板滑轮座高低、进出
7	TXG27、TXG28	ϕ28(32)前罗拉假轴承	2	定ϕ28(32)前罗拉头轴承座高低、进出
8	TXG29	装罗拉轴承工具	2	套罗拉轴承到罗拉上
9	TXG32	主轴尾段假轴承	2	定主轴尾轴承座（一）、（二）高低
10	TXG33	车面龙筋拉马	2	拼紧机梁、龙筋接缝
11	TXG46-200、205、180	机梁断面工具	2	确定龙筋等断面位置
12	TXG48	机梁中心定位规		机梁中心对准地坪弹线
13	TXG49-110	主轴定位规	1	定主轴、张力架轴高低及横向
14	XG4N-1600	直尺	1	校机梁纵向水平
15	XG13-95	前罗拉边线架	2	校正中部罗拉座进出
16	XG14	前罗拉边线规	2	校正中部罗拉座进出
17	XG39-340、365、385	龙筋高低定规	2	定龙筋高低
18	XG42-185	摇架支杆对前罗拉规	2	定摇架支杆位置
19	XG46	平尺搁铁（高）	2	大平车时校机梁水平
20	XG47	千斤顶	8	搁置龙筋
21	XG55	錾子	2	修理铸件螺栓盲孔

序号	代号	名称	数量	用途说明
22	A512 – G0100N	龙筋边线量规	1	拉右侧龙筋内沿边线
23	A512 – G5200	主轴假轴承	2	定主轴承座高低、横向位置
24	FJY1	胶辊压力测定仪	1	握持 $\phi9.5$ 用假胶辊校验胶辊压力
25	VC442 – G1101	标准主轴	1	定主轴承座高低、横向位置
26	LAB – 25、LAB – 27	罗拉安装扳手	4	$\phi25$、$\phi27$ 罗拉用罗拉镶接拼紧

第三章　细纱机拆装

第一节　细纱机修理工作法

一、细纱机大修理工作法

细纱机在生产过程中经过一定时间的生产运转后,必然会导致机械部件的磨损、走动、腐蚀、变形甚至损坏,从而影响机械效能的发挥,影响产品质量和产量。因此必须进行修理、调整、恢复其使用性能。

经过修理后的机器应做到平、准、稳、光、直,并符合工艺要求,达到提高产品质量、产量、降低消耗和安全生产的目的。

1. 组织分工

修理队是一个整体,应做到既有明确分工,又要团结协作,技术上相互帮助,工作上相互配合,确保修理质量和进度。修理队的基本成员人数为六人,各人主要分工见表 3 - 1。

表 3 - 1　组织分工

分工	分工内容
队长 1 号	负责全队的领导工作,并对计划的完成和修理质量负直接责任。贯彻执行修理工作法,安全操作规程和设备管理制度。做好修理前后的访问工作和开车后的检修工作等
1 号、2 号	负责机架及牵伸部分
3 号	负责车头、牵伸部分齿轮、车尾传动轴、成形部分及锭子
4 号	负责滚盘、牵伸部分齿轮、主轴及轴承座,吸棉箱、吸棉总风管、粗纱架(包括车顶板)及锭子
5 号、6 号	负责卷捻部分(包括锭子),锭带盘部分

2. 工作范围

(1)拆车。拆车前必须做好充分准备工作,其拆车范围、除下列规定不拆的机件外,其余机件应全部拆除。

(2)通常不拆的机件有机架(车头、车尾、中墙板、机梁、龙筋)及车尾传动轴等。

(3)经检查良好而不需拆除的机件有粗纱架、吸棉总风管、吸棉箱、罗拉座,牵伸墙板、落纱机轨道、牵吊滑轮,牵吊连杆、扭杆、导纱板升降杆、上下轴承座,锭带盘轴等。

(4)揩检与专件修理。

（5）平装工作。

（6）检查、校正工作。

（7）试车和开车检修工作。

3. 大修理时与有关部门的联系

各有关部门应根据修理的需要，按时、按质、按量密切配合，以保证修理工作的顺利进行。

（1）机修、修缮及电气部门。罗拉、滚盘、主轴及其他机件的修理及校正；车头、车尾底板凿浇水泥及机件涂漆；电耗测定、电气部分修理及校正的主要内容有电气线路、电动机、按钮、指示灯、行程开关、电磁吸铁及其他附属电气装置等。

（2）专业修理部门。专业修理部门应对拆车后送出的有关专业修理的机件及时整修配套。

（3）试验部门。试验部门应按进度要求，对大修理机台的工艺考核项目按时进行测定（包括返工测定）。在终交前，应将测定数据交修理队，作为修理机台评级的依据。

（4）运转班及保养。修理前，修理队应把修理的车号和停车时间，隔日通知运转班，以便运转班做好粗纱搬移及关车准备工作。同时，修理队应主动访问征求机台存在的问题，以便在修理中校正。修理完毕，应及时与运转班联系做好开车准备工作。开车后，应主动访问了解该机台运转情况。

4. 大修理拆车前准备

（1）拆车前的检查。在拆车前，修理队应广泛征求保养及运转班的意见，进行调查研究，做到心中有数，并应对下列机件进行预检。

①1 号、2 号检查墙板有无裂缝，车头、车尾底板水泥有否损裂，地脚螺丝是否松动或滑丝。

②3 号检查车头齿轮运转有无异响或振动，成形装置运转是否正常，皮带盘是否振动、损坏、偏斜。

③4 号检查滚盘，主轴轴承有无振动发热，吸棉笛管及吸棉总风管有无破损、漏风，粗纱架车顶板是否损坏弯曲。

④5 号、6 号检查导纱板角铁是否损坏变形，导纱钩是否磨灭起槽。

（2）工作场地布置。工作场地布置（工具、容器、车辆等）应做到合理、方便与安全，避免等待、窝工，减少空程往返，提高工作效率。按分工要求，各自将清洁工具、揩擦工具、机件容器、运输车辆等按拆车顺序、分工及工作需要布置在一定的地点（牵伸部分的容器和车辆由 5 号、6 号负责准备，其他部分的容器、车辆按分工各自负责准备）。

5. 大修理拆车

为了缩短拆车时间，拆车工作除应按合理分工协作配合外，拆车顺序还要掌握自上而下、由外而内的原则。

（1）拆车中的检查。拆车时应对下列各项机部件及时进行分解检查，以便要修理的部件能及早送出修理。

①揩清罗拉及罗拉轴承，目视手感轴承外环内孔是否磨损，保持器有无变形磨损和滚针是否缺损，内环滚道有无磨损（对轴承出现红油者，尤需严格检查）。

②用专用卡规（图3-1）检查罗拉沟槽的磨灭情况，同时检查罗拉沟槽有无外伤。

③检查罗拉座是否磨损。

④检查主轴、滚盘有无磨损变形，各芯轴、齿轮有无磨灭，链条是否磨损和伸长。

⑤检查牵吊带、牵吊滑轮和转手是否磨损。

⑥检查导纱板升降杆和上下轴承座的配合是否正常。

⑦检查锭带盘轴磨损情况。

⑧检查自动机构及制动器部件是否磨损。

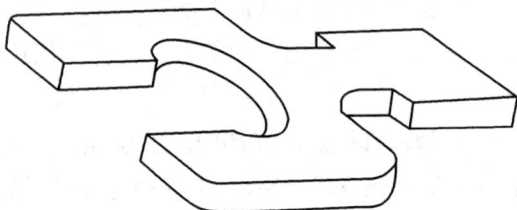

图3-1　专用卡规

（2）大修理拆车顺序见表3-2。

表3-2　大修理拆车顺序表

顺序 \ 内容 \ 分工	1号、2号	3号	4号	5号、6号	各号站位及路线
1	收上绒辊	拆牵伸部分齿轮及横动装置	拆牵伸部分齿轮及横动装置	收上绒辊	←2号、6号　1号、5号→
2	摇架卸压			掀起摇架	2号、6号→　←1号、5号
3	收上销			收前后胶辊	←2号、6号　1号、5号→
4	卸收吸棉笛管		拆计长表	收隔纱板	2号、6号→　←1号、5号
5	卸下胶圈收下销			卸下胶圈收下销	←2号、6号　1号、5号→
6	卸导纱喇叭口扁铁	拆车头齿轮及成形部分	检查吸棉箱和卸皮带盘	卸导纱喇叭口扁铁	2号、6号→　→1号、5号
7	松摇架螺丝			松摇架支杆和导纱板角铁座螺丝	←2号、6号　1号、5号→
8	拆摇架及摇架支杆，同时装上备件摇架				2号、6号、4号　8号、1号、5号

内容　顺序　\分工	1号、2号	3号	4号	5号、6号	⊠ 各号站位及路线
9	抬中罗拉				1~6号
10	收下胶圈	继续拆车头齿轮及成形部分	继续拆吸棉箱及卸皮带盘	收下胶圈	3号、4号
11	抬放中后罗拉及导纱板角铁				1~6号
12	拆张力架及轴	拔锭子			←6号←4号　3号→5号→
13	继续拆张力架及轴	理锭带拆锭脚		刷锭脚龙筋花衣、拆锭脚、收锭脚	6号→4号→　←3号←5号
14				拆导纱扳	←6号、5号→
15	拆前罗拉	松滚盘紧、定套螺母		升降杆拆卸锭带盘架	
16		拆主轴及车尾传动轴		运送拆下的牵伸部件	6号→5号→
17	送罗拉	继续拆车头齿轮及成形部分	配合8号	运送拆下的牵伸部件	

6. 大修理揩、检与专件修理项目

在拆车中,对上述拆卸后的机件按分工进行详细检查,如磨损变形超限时,应修理或调换,还需对下列机件进行揩、擦、洗和修理。

(1)需要揩、擦的机件。

①机梁、短机梁和龙筋表面,车头墙板。

②导纱板升降杆和导纱板角铁,各种滚动轴承、滑动轴承及锭带盘轴承。

③刷清前罗拉、中罗拉、后罗拉的沟槽。

④锭带盘轴。

⑤机梁、龙筋、导纱板角铁表面等机件揩擦后应涂亮油。

(2)需要修理的机件。

①罗拉、主轴、摇架、滚盘。

②上销、下销和集棉器。

③胶辊、胶圈、中上铁辊。

④吸棉笛管、各类绒辊。

⑤张力架及轴。

⑥导纱板、升降杆。

⑦钢领板、钢领。

⑧锭子、锭脚、锭带盘等。

7. 大修理平装顺序

平装过程中,修理队必须随时掌握工作过程,认真执行工作法,严格掌握机配件的磨损变形限度及装配允许限度,执行修理标准,提高修理质量,注意安全生产。修理队各号的平装顺序见表3-3。

表3-3　各号的平装顺序表

序号	1号、2号	3号	4号	5号、6号
1	准备工具	准备工具	准备工具	准备工具
2	预检机架及牵伸部分	预检车头及成形部分	预检滚盘,吸棉风管,吸棉箱和纱架部分	拆车及拆车后检查
3	拆车及拆车后检查	拆车及拆车后检查	拆车及拆车后检查	擦机梁,涂亮油
4	擦机梁,涂亮油	拆洗车头及成形部分	拆卸滚盘	清洁车肚飞花
5	初平机架	拆洗车头及成形部分	平修期内机台四周清洁	拆锭带盘,拆钢领
6	精平机架	平装成形部分	拆洗主轴轴承及轴承座	锭带盘轴擦锈
7		车头部分轴承清洗加油	主轴轴承座定位	清洁、检查牵吊带及滑轮
8		平装分配轴	平装分配轴(协助3号)	拆检转子
9		车尾传动轴定位	车尾传动轴定位,装滚盘、套锭带	清洁锭带盘
10	平装前、后罗拉	平装车尾传动轴	平装车尾传动轴(协助3号)	平装锭带盘轴
11		平装主轴(协助4号)	平装主轴	装锭带盘及架子
12		平装制动器	平装滚盘	装转子
13		平装车头部分齿轮及横动装置	校装棉箱	平装钢领板、平装钢领座
14	平装中、后罗拉	装锭子锭脚,拉锭带并开车校正	装锭子锭脚,拉锭带并开车校正	装锭子锭脚,拉锭带并开车校正
15		平装牵伸部分的齿轮	平装牵伸部分齿轮及横动装置	装钢领,校清洁器,导纱板升降杆

序号	1号、2号	3号	4号	5号、6号
16	复查罗拉部分	校正水平锭子翻正锭带	装锭子锭脚,拉锭带并开车校正	装锭子锭脚,拉锭带并开车校正
17	刷揩罗拉	敲活锭子吊线锤	敲活锭子吊线锤	敲活锭子吊线锤
18	平装牵伸部分	平装罗拉头轴承座	平装粗纱架及托锭	平装隔纱板,装牵伸部分
19	平装吸棉笛管计长表、校正摇架压力	校正成形与平衡扭杆	装自动打擦板及清洁带	校正落纱机上下轨道位置
20	试车、检查复校牵伸部分	试车、校正自动机构	试车、复校滚盘位置	试车、复校锭带滚盘位置
21	装粗纱	装粗纱	装粗纱	装粗纱
22	接交、生头开车并检修	接交、生头开车并检修	接交、生头开车并检修	接交、生头开车并检修

注　本工作法中,所提各机件纵向位置,指机台的长度方向;横向位置,指机台的宽度方向。

二、细纱机小修理工作法

细纱机在运转生产过程中,受到摩擦和振动,使部分机件产生不同程度的磨损、变形或走动,故必须定期进行小修理。其任务就是修正部分机件的磨损和走动,校正平直,恢复和提高机械性能,做到工艺上车合格,使机器经常处于良好状态,以达到优质、高产、低耗、安全生产和延长机器使用寿命的目的。

1. 组织分工

小修理工作的成员,组织分工与大修理相同。

2. 工作范围

(1)机架部分。检查、校正车脚及时。

(2)牵伸部分。

①检查罗拉沟槽损伤、罗拉轴承磨损,超限者应予调换。

②检查、修理罗拉偏心、校正悬空、颈弯、中弯。

③校正罗拉隔距。

④校正前罗拉至摇架支杆隔距。

⑤刷、揩、清罗拉,罗拉轴承加油。

⑥校正下销前沿、平台、曲面高低位置。

⑦校正导纱喇叭口位置及横动装置。

⑧清洁计长表并加油。

⑨检查、校正张力架扭簧及调节盘位置。

⑩校正摇架体三档加压杆位置。

⑪装牵伸部分。

⑫校正摇架高度。

⑬校正吸棉笛管位置。

（3）车头、滚盘及成形部分。

①车头齿轮、牵伸齿轮、成形齿轮和芯轴,轴承分解揩清,检查磨损并修正。

②拆洗成形链条及分配轴加油。

③检查车头及牵伸部分各变换齿轮。

④平装车头及成形部分。

⑤检查、调换滚盘主轴轴承并加润滑油(拆装周期企业自订)。

⑥校正前、中、后罗拉头轴承座位置。

⑦检查并修正制动器部分。

⑧检查滚盘表面损伤与显著摆动,超限者应予调换。

⑨检查校正滚盘主轴振动。

⑩检查校正主电动机,车尾传动轴与皮带轮中心对齐。

⑪检查修理吸棉箱漏风。

（4）卷捻部分。

①检查、修正牵吊带磨损,牵吊带在拉杆上的位置。

②检查转子磨损。

③检查、修正导纱板升降杆上下轴承座磨损,并校正升降杆垂直水平、升降灵活。

④校正钢领板高低位置,校正钢领板前后、左右位置。

⑤校正导纱板角铁高低位置。

⑥调换钢领(结合周期)。校正钢丝圈清洁器隔距。

⑦冲洗锭脚并注换新油。

⑧检查、修正锭钩失效。

⑨锭带盘轴承加润滑油。

⑩检查、校正锭带盘重锤刻度。

⑪整理锭带、校正锭带盘位置及翻正锭带。

⑫检查、调换摇头锭子。

⑬校正锭子水平并敲活锭子。

⑭校正导纱板高低和灵活。检查调换磨损的导纱钩,校正导纱钩位置,修正导纱钩松动。

⑮检查校正隔纱板进出及左右位置。

⑯检查、校正落纱机上下轨道位置。

（5）纱架部分。

①清洁粗纱托。

②校正粗纱托座歪斜。

③检查粗纱托缺损。

④检查并校正导纱杆位置。

（6）自动机构的校正。

①检查、校正各行程开关撞块的位置是否正常。

②检查、校正撑牙吸铁（电磁铁）与制动器吸铁（电磁铁）的作用。

③校正成形凸轮上撞块与行程开关的作用位置。

④校正卷绕轮轴上撞块与行程开关的作用位置。

⑤校正分配轴上撞块与行程开关的作用位置。

⑥校正钢领板平衡。

（7）电气部分。

①检查、修正有关部件缺损、松动及失效情况。

②检查、修正有关电气线路的安全情况。

③检查、修正有关安全装置。

（8）其他。

①清洁各类油眼并逐个注油。

②检查、校正各种螺丝松动,调修缺损混用机件。

③做好修理前后的访问和开车后的检修工作。

④修理完毕后,检点工具,收清机件,扫清工地,填写好修理接交报告单。

3. 小修理拆车前准备

（1）在未拆车前应广泛征求运转使用方面意见,做好调查研究工作。

（2）合理布置工具和容器。

（3）准备好轮换备件。

（4）做好下列预检工作。

①1号、2号:检查中墙板底座悬空,罗拉偏心晃动。

②3号:检查车头各齿轮运转情况。

③4号:检查主轴、滚盘、轴承运转情况及吸棉部分破损漏风。

④5号、6号:检查钢领板及导纱板升降杆顿挫。

4. 小修理拆车

小修理拆车顺序及分工见表3-4。

表3-4 小修理拆车顺序及分工表

内容顺序 分工	1号、2号	3号	4号	5号、6号	⊠ 各号站位及路线
1	拿上绒辊	关煞车头、摇下钢领板	切断电源、拆计长表	拿上绒辊	←2号、6号 3号、4号 1号、5号→
2	摇架卸压			落纱、掀起摇船	2号、6号→ ←1号、5号
3	盘粗纱	拆牵伸部分齿轮		盘粗纱	←2号、6号 1号、5号→
4	收上销(集棉器)			收前后胶辊	2号、6号→ ←1号、5号
5	卸收吸棉笛管	拆车头齿轮及成形部分	拆吸棉箱及皮带盘	收隔纱板	←2号、6号 1号、5号→
6	卸下胶圈及下销		拆车头齿轮及成形部分 (协助3号)	卸下胶圈及下销	2号、6号→ ←1号、5号
7	卸导纱喇叭口扁铁			卸导纱喇叭口扁铁	←2号、1号→
8	放罗拉搁架			放罗拉搁架	←6号、5号→
9	抬下前罗拉、中罗拉、后罗拉				1~6号
10	揩洗罗拉轴承	继续拆车头齿轮及成形部分		调换下胶圈	2号、6号→ ←1号、5号
11	抬上前罗拉、中罗拉、后罗拉			抬上前罗拉、中罗拉、后罗拉、收罗拉搁架	1~6号
12	扎好安全带子	清洗芯轴、轴承加油	清洁总风管	抹锭子回丝,拔锭子	←6号 5号→

5. 小修理平装顺序(表3-5)

表3-5 小修理平装顺序表

序号	1号、2号	3号	4号	5号、6号
1	准备工具	准备工具	准备工具	准备工具
2	预检	预检	预检	预检
3	拆车	拆车	拆车	拆车

续表

序号	1号、2号	3号	4号	5号、6号
4	校正前罗拉悬空,颈弯及靠山	清洗各齿轮芯轴及轴承	检查修理吸棉总风管、吸棉箱漏风及滤网破损	检查调换磨损的牵吊带、转子,卸钢丝圈
5	校正罗拉隔距	拆洗成形链条及分配轴加油	清洁及平装粗纱托座	检查修正导纱板升降杆上下轴承座磨损,并校正升降杆垂直水平、升降灵活
6	校正前罗拉至摇架支杆隔距	平装车头齿轮及成形部分	检查调换主轴轴承,并加油	校正钢领板高低、前后、左右位置
7	校正中、后罗拉悬空,颈弯及靠山			校导纱板角铁及导纱板高低位置
8	用百分表查校前中罗拉弯曲及偏心	平装牵伸部分齿轮	检查主轴联轴器及滚盘	调换钢领,校正钢丝圈清洁隔距
9	复查罗拉,刷清罗拉及罗拉轴承加油	校正制动器部分	平装牵伸部分齿轮	冲洗锭脚并注换新油
10	校正下销前沿平台曲面的高低位置	平装前、中、后罗拉头轴承座位置	平装前、中、后罗拉头轴承座位置	锭带盘轴承加油,校正锭带盘重锤刻度
11	校正导纱喇叭口位置	检查修正锭钩失效,调换摇头锭子	检查修正锭钩失效,调换摇头锭子	检查修正锭钩失效,调换摇头锭子
12	校正张力架扭簧及调节盘位置	平装锭子	平装锭子	平装锭子
13	校正摇架体三档加压杆位置	校正导纱板灵活,敲活锭子,校正导纱钩位置	校正导纱板灵活,敲活锭子,校正导纱钩位置	校正导纱板灵活,敲活锭子,校正导纱钩位置
14	装牵伸部分	校正自动机构	校正自动机构	装牵伸部分
15	校正摇架高度(压力)			翻正锭带,校正隔纱板进出及左右位置
16	校正吸棉笛管	校正吸棉笛管	校正吸棉笛管	校正落纱机上下轨道位置,揩清钢领
17	试车、开车检修	试车、开车检修	试车、开车检修	试车、开车检修

第二节　平装机架

机架是细纱机的基础部件,平装力求正确稳固。通过对细纱机机架的平装,了解FA系列细纱机的基本原理,懂得细纱机机架安装的基本知识,掌握"直尺副"、"个"字形平装机架的操作要点,学会在平装时控制误差的理论,熟练使用通用工具和专用工具,达到提高操作技能和技术素质的目的。

一、平装方法

1. 竖立机架和初平

第一步,将车头、中墙板、机梁、龙筋等机件,按左、右和头、中、尾对号顺次放入安装位置,左件和右件的命名是指观察者面对车头,装在观察者左手侧的机件为左件,右手侧的为右件,序号边上有"L"符号者即为左件,"R"符号为右件,机架、车头出厂前经过组装钻好定位销孔,因此,机号不得颠倒,如图3-2所示。

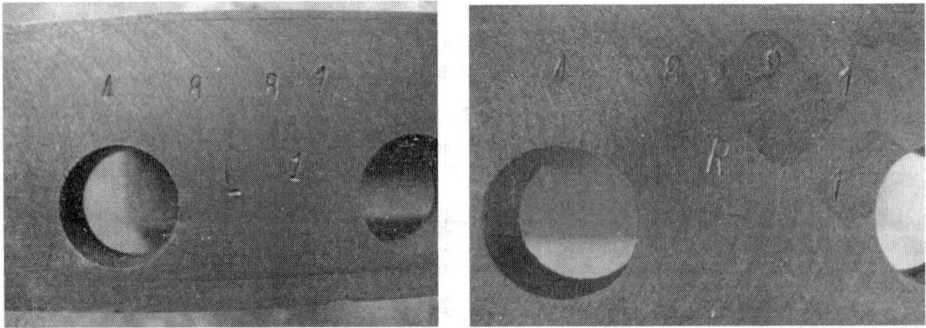

图3-2　机梁的左右件

按放中墙板时将其机面头尾方向不得颠倒,龙筋角接座着地,即扶起中墙板时,其龙筋角接座朝车尾方向。

第二步,按照车间机台排列图,车头车尾内侧线、中心线的位置,将车头车尾移入安装位置。校正车头安装位置,使二墙板的后加工面对准地面车头垂直基础线(车头内侧线),二墙板的中心对准地面上的中心线,在底板上装四个方头半圆端紧定螺钉(下垫有四个圆垫铁),在二墙板顶面放上水平仪,通过调节螺钉平校头墙板两处前罗拉头轴承安装面的垂直度和短机面的水平;校正车尾安装位置,车尾墙板的前加工面对准地面车尾垂直基础线(车尾内侧线)然后在底板下塞入斜面垫铁,全机台平校完后浇注水泥定位,如图3-3所示。

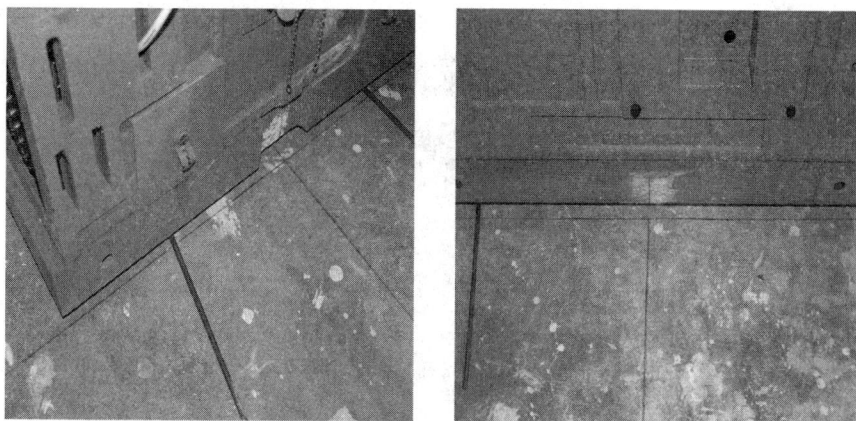

图3-3 细纱机车头车尾定位

第三步,自车头往车尾,在每块中墙板的安装位置上放好垫铁和车脚木板,揩除或磨碴中墙板、机梁、龙筋等机件各连接安装面的污垢、毛刺,卸下套在中墙板上供连接用的螺栓、螺母、垫圈。按装配示意图,在机梁头段、尾段的顶面上,画一根中墙板长向位置的尺寸线,以便后工序首、尾中墙板长向定位(头段尺寸是距车头方向、尾段尺寸距车尾方向)。

第四步,从车头往车尾需三人或五人合作,左右侧同时进行竖立机架和初平。具体做法是,扶起第一、第二两块中墙板先联接机梁后联接龙筋,再依次扶起第三、第四块中墙板,联接上第二、第三块机梁和第二块龙筋。这样依次扶起其余的各中墙板。联接上机梁、龙筋,联接时注意其长向紧挨、顶面和外顶面要平齐。装龙筋合龙筋联接时,先用锥销对准定位销孔后稍紧螺栓,各联接点的螺栓一般紧七、八成,以便后工序的平校。

第五步,中墙板横向位置用"机架中心线锤架"专用工具定位,用铜榔头轻轻敲击中墙板底脚,使线锤中心与地平上的机台中心线一致,如图3-4所示。

第六步,中墙板长向位置和机梁横向位置用机梁与中墙板定位规定位,做法是将工具放在机梁顶面上的接缝处,使工具的A面紧靠机梁前侧面,目视工具B面与机梁接缝处一致,工具的C面紧靠车身墙板表面,如图3-5所示。

对于第一块和最后一块中墙板的纵向位置,按机梁顶面上的画线或龙筋定位销孔作为定位依据,当两者矛盾影响中墙板垂直时放弃顶面画线,仅依据龙筋上定位销孔,校正墙板垂直。机梁的高度以机梁头段安装在二墙板顶面的高度为基准。

第七步,机梁的顶面长向水平。可在机梁顶面的各中墙板处,或靠近中墙板与机梁连接螺丝处,用"直尺副"呈"个"字形,分别调节中墙板机脚处调节螺钉,平校车面水平。操作方法依据附录"直尺副"、"个"字形的操作要点进行,如图3-6所示。

图 3 - 4   中墙板横向定位

图 3 - 5   中墙板纵向位置定位

图 3-6 直尺副组成

第八步,龙筋顶面距机梁顶面的高度用龙筋高度规专用工具定位,两边同时进行,此高度按升降动程而定 1205mm 升降动程为 360mm,1180mm 升降动程为 335mm,高度不符合标准值公差范围,可适应调节龙筋高低。一般机器出厂前已经组装过,机梁基本水平。龙筋到机梁顶面高度一致时,单根龙筋的纵向水平也应基本水平,如图 3-7 所示。

图 3-7 龙筋顶面与机梁顶面高度定位

第九步,中墙板垂直度确定。中墙板的不垂直度应不大于 2000∶1,可用框式水平仪和塞尺测量。若达不到标准公差范围,可用铜榔头轻轻敲击机架机脚处进行校正。

　　第十步,上述竖立、初平机梁、中墙板、龙筋的相对位置、水平或铅垂过程中,各项要求互借装配,左右侧同时进行,并随时检查、调整"机架中心线锤架"的线锤中心与地平中心线一致。

　　第十一步,进一步敲准首尾龙筋的横向位置,机台右侧(滚盘一侧)的首尾龙筋内侧拉"边线",如图3-8所示。以此为基准校正其余龙筋的横向位置,校正后边线保留,以备平装主轴时用,如图3-9所示。

图3-8　拉龙筋边线

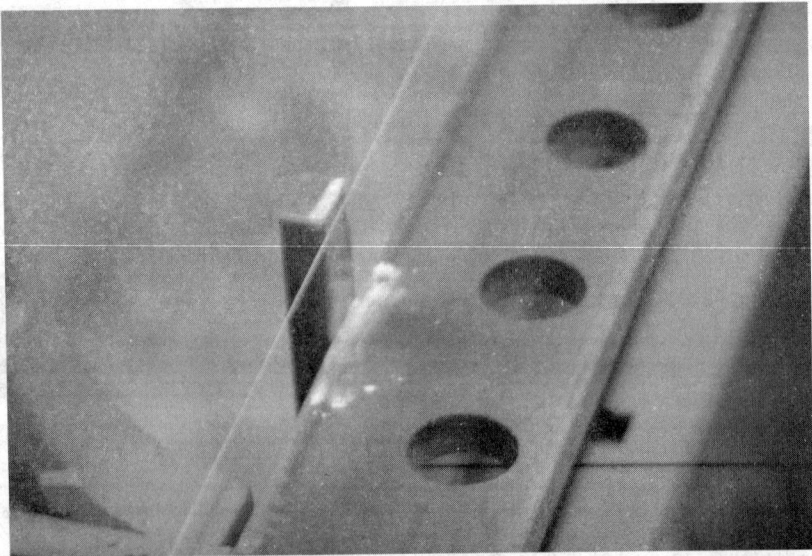

图3-9　龙筋横向定位

2. 精平机架

第一步,在车头小车面处,复校车头横向、纵向水平。

第二步,从机台第一块中墙板依次复查各中墙板的垂直度。

第三步,以车头小车面右侧的机梁顶面为基准,用"直尺副"、"个"字形平校方法,从头到尾通过调节中墙板底脚调节螺钉,精平机架。

第四步,在各中墙板处复校龙筋顶面的横向水平,同时复校机梁、龙筋到中墙板的横向距离。

第五步,以上四步精平同时进行,互相兼顾,机架中心线、龙筋边线要认真检查,在机脚垫铁不悬空,与地面接触要好,紧足紧固螺丝,最后在车头、车尾底板下垫入斜面垫铁并糊上水泥,精平才算结束。垫铁露出部分和塞入部分,糊水泥尺寸按装配要求进行。

二、平装机架行业标准

平装机架行业标准见表 3 – 6。

表 3 – 6 平装机架行业标准

项次	检查项目	允许限度(mm)	扣分
1	机架中心线相差	1.50	0.5/处
2	机架个字形长向水平	0.05	0.5/处
3	机架个字形横向水平	0.04	0.5/处
4	机面龙筋接头不平齐(手感)	不允许	0.5/处
5	机面与龙筋高低差	+0.08　　−0	0.5/处
6	龙筋互借水平	±0.05	0.5/处
7	小车面纵横向水平	+0.05　　−0.04	0.5/处
8	龙筋内侧进出线相差	+0.02　　−0	0.5/处
9	车头墙板垂直度(互借)	±0.15	1/处
10	车尾地盘纵向水平	±0.50	1/处
11	车尾地盘横向水平以车为准差	不允许	1/处

第三节 平装主轴

主轴是全机转动的主要部件,平校时要求装配合理,配合良好,达到运转平稳,无振动,异响发热,动力传递可靠,降低能耗的目的。

一、确定主轴的位置

1. 主轴高低位置

以龙筋顶面为基准,主轴上表面到龙筋的顶面距离,即为主轴高低位置。根据工艺设计断面尺寸,用主轴定位规定位,如图 3-10 所示。

$$H = M - N - R$$

式中:H——龙筋顶面到主轴上表面的距离;

M——龙筋顶面到地面高度;

N——主轴中心到地面高度;

R——主轴半径。

根据工艺设计断面尺寸,求得 A513 型细纱机主轴高低位置为 130mm,FA506 型细纱机主轴高低位置为 110mm。

2. 主轴横向位置

以右侧龙筋内侧面拉边线为基准,主轴外侧面到龙筋内侧面的距离,根据工艺设计断面尺寸,用主轴定位规定位,如图 3-10 所示。

$$L = A - B - R$$

式中:L——龙筋内侧面到主轴外侧面的距离;

A——龙筋内侧到机台中心距;

B——主轴中心到机台中心距;

R——主轴半径。

根据工艺设计断面尺寸,求得 A513 型细纱机主轴横向位置为 200mm,FA506 型细纱机主轴横向位置为 255mm。

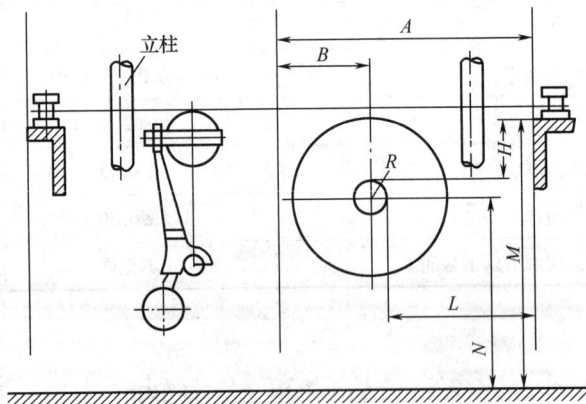

图 3-10 主轴高低横向位置示意图

二、平装主轴

以精平机架留下来的龙筋内侧边线及龙筋上表面,作为主轴高低及横向位置的基准线,用主轴定位规由 3 号手协同 4 号手在机台右侧分步完成,进行平校,如图 3 – 11 所示。

图 3 – 11　主轴定位

第一步,平校车尾第二根主轴的轴承座,由于细纱机主电动机位于车尾,因此主轴轴承座的平装需从车尾向车头方向依次进行。将主轴轴承座初步装在距车尾第二块和第三块中墙板上,把标准轴和假培林穿入两个轴承座之间。主轴定位规横放在龙筋顶面上,并尽量放在靠近中墙板的地方,下面与标准轴上表面相切,上面靠紧龙筋内侧,装好假培林。旋转标准轴用塞尺检查标准轴与假培林六面悬空,达到手感回转灵活、进出轻快。同时用 0.05mm 塞尺检查标准轴的高低位置和进出位置,并复查主轴定位规与标准轴及龙筋内侧的隔距。

第二步,平装车尾第一个轴承座及车中车头各轴承座。首先将车尾、车中和车头各轴承座初步固定在各块中强板上;然后以第二块中墙板上的轴承座为基准,向车尾方向用标准轴和假培林及定位规平校车尾第一个轴承座;最后以第三块中墙板上的轴承座为基准,向车头方向用标准轴和假培林及定位规平校车中及车头各轴承座,并将主轴轴承座紧固到各中墙板上。

第三步,装主轴,待全车主轴轴承座平校完后,将滚盘、轴承和轴承盖套在主轴上,车头第一根主轴还要套上制动器,每节主轴上还要套入相应数量的锭带。两人配合将主轴抬到合适的位置,并挂在定位钩上,在车尾第一第二根主轴装完毕后,由 4 号手配合 3 号手,用水平仪校正车尾底板的横向水平,其允许限度为 0.06mm,然后以车尾第一根主轴为基准,校正车尾传动轴与主轴的同心及水平。校正同心度可将同轴度规放置在主轴和车尾传动轴的上方,用塞尺检查四点。如两轴前后不平齐,可移动车尾传动轴轴承座的横向位置,随后将同轴度规旋转 90°,再测四点,用 0.05mm 的塞尺检查,如两轴高低不平齐时,可调节车尾底板三个 M16 螺丝。用框式水平仪检查校正车尾传动轴的纵向水平,其允许限度为 0.04mm。在平装车尾传动轴时,要同时兼看车尾传动轴的纵向水平及车尾底板横向水平。在校正好车尾传动轴的位置和车尾底板水平之后,垫入斜面垫铁,再将底板用水泥浇好固定,如图 3 - 12 所示。然后依次调整好车中各轴承与轴承座之间的位置,用专用工具紧固轴承铜螺母,然用扳手紧固轴承盖螺丝,最后装好联轴器,注意联轴器的四个螺钉相对安装方向,并保持轴与轴之间 0.5 ~ 1mm 的间隙。最后将车中和车头处各主轴装好,依次联接好联轴器。

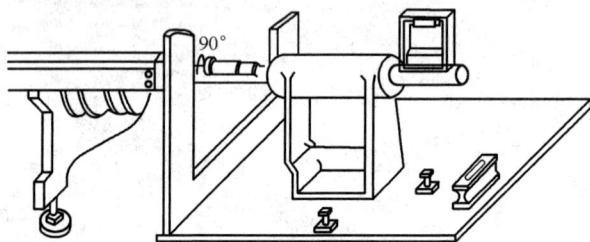

图 3 - 12　车尾主轴定位

三、平装滚盘

在平装主轴时,滚盘已经套入主轴,注意紧定套螺母的方向应朝向车尾,以防止主轴回转时滚盘自动松开。滚盘的纵向定位,要求滚盘纵向宽度(轴向)中心与锭盘(俗称锭鼓)的边缘相切,由 4 号手对滚盘进行定位,将滚盘定位规上的两塞销,插入右侧头段龙筋的第 1 孔和第 2 孔,确定车头第 1 只滚盘的位置,其余类推。滚盘位置确定后,用滚盘紧定套螺母专用扳手紧固螺母。为了保证紧固滚盘紧定套螺母的自锁和动平衡,将滚盘紧定套的开口对准滚盘上的红直铆钉。

四、平装制动器

制动器是细纱快速制动的控制部件,要提高制动效果必须认真进行平装。制动座的平装要求做到与制动盘同心,用同轴度规的 $\phi 40mm$ 半圆孔合在主轴上将 $\phi 50mm$ 的外圆部分伸入到制动座孔内,以主轴表面为基准,旋转同轴度规,调节制动座四周间隙一致,然后固定制动座,最后合上制动盘,调节制动盘外端面至车头二墙板加工面的距离为 103mm。用塞尺检查蹄片与制动盘的间隙,要求控制在 0.16 ~ 0.40mm 之间,最后装上防护罩。

平装主轴行业标准见表 3 - 7。

表 3 - 7 平装主轴行业标准

项次	检查项目	允许限度(mm)	扣分
1	主轴水平(头中尾)	0.05	0.5/处
2	主轴高低进出差异	+0.05 -0	0.5/处
3	主轴皮带盘与电动机皮带盘侧面平齐	1.60	1/处
4	主轴弯曲	0.05	0.5/根
5	主轴不灵活	不允许	0.5/根
6	滚盘表面中心损伤	不允许	0.5/个
7	滚盘跑偏、破损	不允许	0.4/处

<h1 style="text-align:center">第四节 平装锭带盘</h1>

一、锭带盘轴位置确定

1. 锭带盘轴高低位置

锭带盘轴高低位置是指锭带盘架在垂直位置时,锭带盘顶端应与锭盘中心线在同一水平面上,如图 3 - 13 所示。

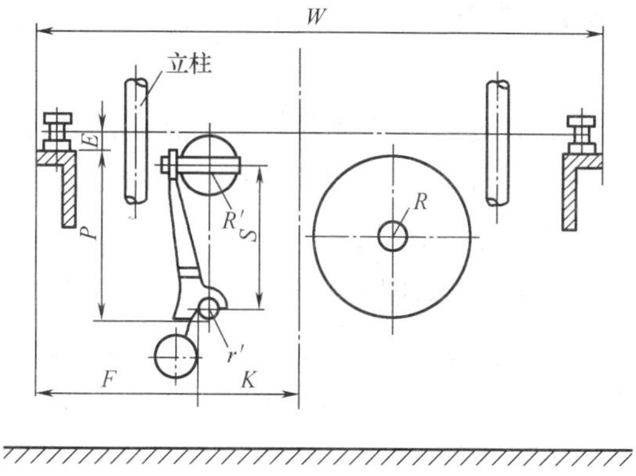

图 3 - 13 锭带盘轴高低横向位置示意图

计算公式如下:

$$P = S + R' - E + r'$$

式中:P——锭带盘轴的下表面至龙筋顶面的垂直距离;

　　S——锭带盘架高度;

　　R′——锭带盘半径;

　　E——龙筋顶面至键盘中心距;

　　r′——锭带盘轴半径。

2.锭带盘轴横向位置

锭带盘推前不碰滚盘,并保持适当间距,倒后以不碰其他机件为原则,前后摆动角度基本一致。

计算公式如下:

$$F = W/2 - K$$

式中:F——左侧龙筋外侧面至锭带盘轴外侧面距离;

　　W——龙筋宽度;

　　K——机台中心至锭带盘轴外侧面距离。

二、平装锭带盘轴

以精平机架留下来的龙筋内侧边线及龙筋上表面,作为锭带盘轴高低及横向位置的基准线,用锭带盘轴定位规由3号手协同4号手在机台左侧的锭带盘张力架轴承座处逐根校正。

三、校正锭带盘位置

锭带盘位置的校正分以下几步完成。

第一步,校正锭带盘纵向位置,即校正锭带盘轴支圈纵向位置,在校正支圈位置时,一般尺寸应按装配图的要求进行校正。

第二步,校正锭带盘横向位置,可调节锭带盘轴支圈的角度来校正。要求校正锭带盘轴重锤刻度同台一致,刻度值一般要求在不影响锭速的条件下,尽量偏小掌握。

第三步,校正锭带。为减少锭子振动,锭带外层搭头方向与锭子回转方向要一致,如图3-14所示。拉锭带时要注意锭带不能扭曲,注意中墙板、靠车尾处的锭带盘架在锭带的外侧,其他均在内侧,如图3-15所示。拉锭带一定要在锭子装上后进行,操作时首先分理好锭带,使每根分开,两人一组各在机台两侧拉好锭带,并挂在锭带盘上,或一人用铁钩拉锭带,开车后校正,锭带在锭带盘中间,两侧空隙一致。

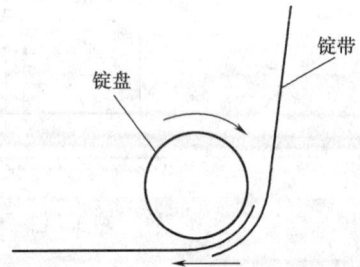

图3-14　锭带搭头方向与回转方向示意图

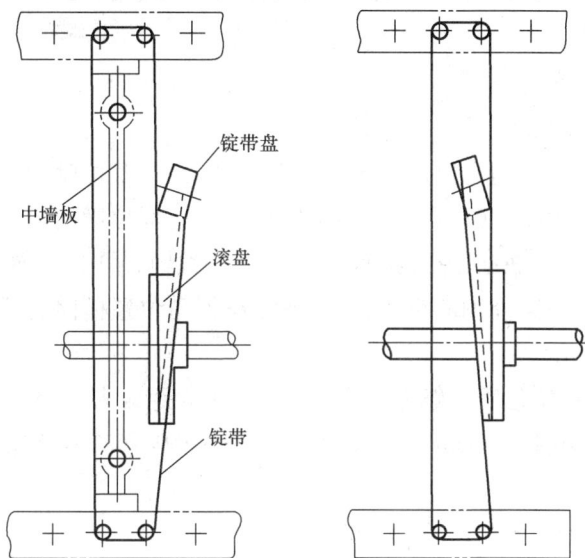

图 3 - 15　两种锭带穿法示意图

第五节　平装牵伸机构

　　罗拉是细纱机的关键牵伸部件,其质量和运行状态直接影响成纱的质量。细纱机的牵伸罗拉包括下罗拉(金属)和上罗拉(胶辊)组成。在安装维修时,胶辊做为专件由胶辊房进行保养和维护。下罗拉是由一节节的短罗拉通过螺纹连接而成的一根贯穿全机的长罗拉,由于高速运转及重加压易产生弯曲和磨损,所以保持罗拉的同心度、弯曲度就非常重要,也是细纱机平装时技术要求最高的部分。

一、平校罗拉的准备工作
1. 罗拉轴承的选配
　　每套罗拉轴承的内外环和滚针是经选配组成的,组装罗拉轴承到罗拉上必须整套装配,不得互换,否则会影响精度。罗拉轴承与罗拉颈也要进行选配,要求罗拉轴承内孔与罗拉导柱过盈配合。

2. 镶接罗拉
　　罗拉一般按大修理的周期调换,由专人校正、镶接,罗拉镶接前要清除罗拉端面与轴承镶接处的毛刺,清除导孔、导拉、螺孔、螺杆表面的油污杂质,一般的镶接要在机下,每四节分段镶接,待罗拉座就位后在罗拉搁架上整列镶接,如图 3 - 16 所示。然后用罗拉镶拆器逐节紧足罗纹接头,罗纹接头紧足力矩要求在 58.6 ~ 78.4N/m 之间。

罗拉镶拆器一定要成对使用,夹持在罗拉的沟槽或滚花的直径上。

二、平校罗拉座

1. 车头罗拉座定位

车头罗拉座定位:纵向定位按工艺设计要求,第一只罗拉座的中心到二墙板的内侧加工面165mm,如图3-16所示;横向定位是,用"前罗拉横向定位架",放在罗拉座处,紧靠机梁的前侧面,在前罗拉沟槽处表面悬挂一线锤,吊向"横向定位架"上的钢直尺,目视线锤中心到机梁外侧的距离,校正罗拉座横向位置横向位置按工艺设计要求计算,如图3-16所示。

车头罗拉座横向定位距一般为二分之两罗拉中心距减去二分之两机梁外侧距,再加上二分之前罗拉直径,即 $650/2 - 620/2 + 25/2 = (650 - 620 + 25)/2 = 27.5$(mm)。

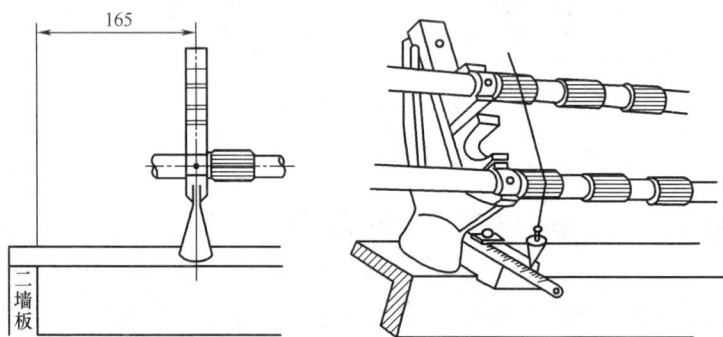

图3-16 车头罗拉座横向定位

2. 车尾罗拉座定位

车尾罗拉座的横向定位与车头罗拉座定位方法相同。纵向定位要求,是使前罗拉的罗拉轴承内外圈在罗拉座中心,目视左右间隙一致。

校正车头、尾罗拉座定位时必须同时校正罗拉座垂直,待车头车尾罗拉座定位后,必须用专业套筒扳手紧固罗拉座螺栓。

3. 车中罗拉座定位

(1)拉前罗拉边线(图3-17)。在车头、车尾装上前罗拉边线架,并在前罗拉的正前方拉前罗拉边线,其高低位置应与前罗拉中心高低一致。边线的进出位置定位,可用前罗拉边线规靠在车头、尾第一只罗拉沟槽处初定边线位置,再用边线规校正头尾各2~3只罗拉座的横向位置。同时复查、校正车头、尾第一只罗拉沟槽处的边线进出位置,兼查车头、尾罗拉轴承外圈与前罗拉滑座前靠山要密接(不允许有间隙)。在定边线位置时,只能调节边线架,不要敲击车头、尾罗拉座。

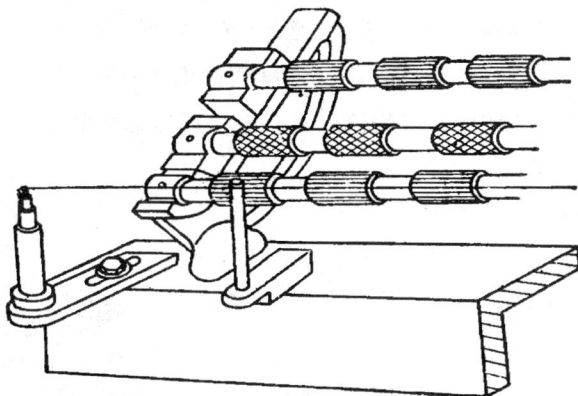

图 3 - 17　车中各罗拉座定位

（2）校正车中罗拉座位置。

第一步,校正车中罗拉座的横向位置,以罗拉边线为基准,在罗拉定向后(记号向上),先用手将前罗拉向前靠山推紧,再用前罗拉边线规放在靠近罗拉座车头方向一侧的沟槽和光面部分之间往复移动,目视定规和边线相切将罗拉座位置校正。

第二步,车中罗拉座纵向位置,同车尾罗拉座定位方法相同,同时应通过手感检测罗拉颈部的悬空情况而调整好罗拉的弯曲和罗拉座的垂直(简称为校正六面空)。

第三步,在校正罗拉座垂直时,可用罗拉座直角尺来校正,如图 3 - 18 所示。

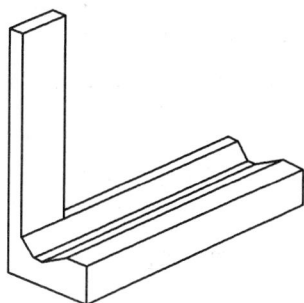

图 3 - 18　罗拉座直角尺

第四步,罗拉座的横向、纵向和垂直位置是相互影响的,所以进行校正时,三者必须反复检查。

校正车中罗拉座位置时要注意罗拉座的垂直和正六面空,这是因为罗拉座的纵横向、垂直、正六面空是相互影响的,校正时必须同时考虑,反复校正检查。

三、校直前罗拉

1. 校前罗拉颈部弯曲、悬空

在罗拉座处用手轻敲罗拉,手感检查罗拉颈部的弯曲和悬空,转动罗拉一般将转一周分四次进行(每次转 90°),一手敲罗拉另一只手的拇指、食指或中指手感罗拉的弯曲和悬空,转动罗拉一周,手感半边着实、半边悬空就是弯曲;全部手感空就是悬空;若是弯曲,找出最大的弯曲点用罗拉校直器进行校正;若是悬空,就用纸垫在罗拉座底部;若是又弯曲又悬空,就找出哪个是主要的进行处理。在校正弯空时应检查相邻的两处罗拉座进行参考,从中找出影响最大的部位首先处理,校弯时不要见弯就校,一般应先校正大弯再校正小弯,如遇弯曲较大、硬度较高而不易校直时,分几次校正,直到校直为止。在做此项工作的同时要检查边线。注意在每次校正后,必须复紧螺栓。

2. 校前罗拉中弯、偏心

将百分表的测头指在前罗拉沟槽中部转动罗拉,观察百分表上的弯曲、偏心数值,如图 3 - 19 所示若弯曲量在标准范围 0.05mm 内,就不必校正;反之,就需校正。测得中弯最高点后,可用罗拉校直器进行校正,一般在罗拉镶接处中弯较大,故先应校正。在一节罗拉上各沟槽中弯方向一致时,应选择中弯最大一处先校,如弯曲方向不一致(扭曲)时,就要仔细分段校正,先校大弯后校小弯。在校罗拉中弯后,要注意复查颈弯,以免相互影响。若前罗拉偏心超过限度时应予调换。

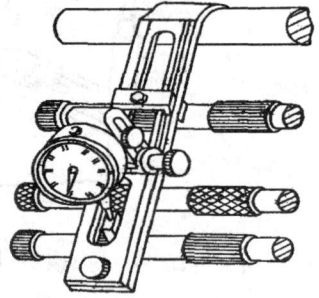

图 3 - 19　校罗拉中弯

3. 校前罗拉头中弯

整根前罗拉校完后校正罗拉头中弯,校正方法同上,当前罗拉全部校完后收去罗拉边线。

四、平装中、后罗拉

1. 校正罗拉隔距

罗拉定向后(头段前、中、后罗拉标记向上)按工艺要求,以前罗拉为基准,在靠近罗拉座车头方向处,用罗拉隔距规校正前后、前中罗拉隔距。要求是隔距规自然落下、不卡死,间隙按允差标准范围,用塞尺检查。为了避免隔距经常变动产生的误差,要求前中、前后罗拉隔距规固定分开使用,如图 3 - 20 和图 3 - 21 所示。

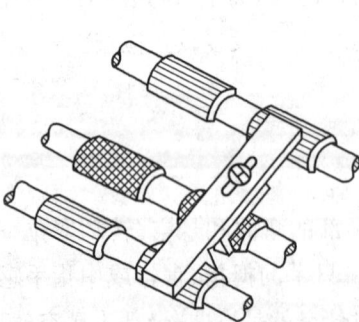

图 3 - 20　校前中罗拉隔距　　　　　图 3 - 21　校前后罗拉隔距

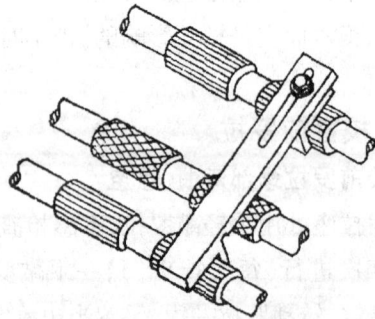

2. 校正中、后罗拉

校正中、后罗拉颈部弯、空、中弯、偏心和中、后罗拉头中弯的方法与前罗拉相同，此项工作与复校罗拉隔距同时进行。

五、平装前、中、后罗拉头

首先，将前、中、后罗拉头轴承座，装在短机梁上。然后，先校正中、后罗拉头轴承座，用手敲罗拉法，检查罗拉头与轴承座是否悬空。如果罗拉头悬空，可用调整罗拉头轴承座位置的方法进行校正。在校正时，还要查看车头第一只罗拉座处罗拉是否悬空，要求做到罗拉头与轴承座着实，同时做到中、后罗拉回转灵活。中、后罗拉轴承座装好之后，便可平装前罗拉头轴承座，将前罗拉头与前罗拉连接起来，并用扳手旋紧罗拉。然后用螺栓将前罗拉头轴承座紧固在头墙板上，在校正时可用手敲前罗拉头轴承座及车头第一只罗拉坐处检查罗拉悬空。如有悬空，可用调整头墙板上的前罗拉头轴承座位置的方法进行校正，要求做到前罗拉头无悬空。校正后紧固头墙板上的前罗拉轴承座螺栓。

六、平装车头牵伸变换齿轮

在平装牵伸传动齿轮前应先将中后罗拉过桥齿轮、摇臂、中间轴及轴承和相应的齿轮组装好。调整各齿轮的相对位置，要求做到齿轮啮合适当、端面平起。在平装车头牵伸变换齿轮时，还必须用 0.3mm 钢丝检查变换齿轮的轴与轴孔的间隙，用 0.2mm 的钢丝检查变换齿轮键与键槽的间隙，如果超过应进行调换。牵伸传动齿轮平装好之后，以前罗拉齿轮及主轴齿轮为基准，校正车头传动齿轮的啮合，细纱机的齿轮搭压一般采用二八搭法。如果齿轮搭得太紧或者太松，应调整齿轮轴承座位置进行校正。校正后紧固齿轮轴承座上的螺栓。

七、平装其他牵伸部件

1. 装下胶圈销

FA506 型细纱机的下胶圈销为曲面阶梯形断面，每 6 锭为一根，装在相邻的两只罗拉座上，下销的曲面部分离出平面部分 1.5mm，圆弧半径为 30mm，平面部分宽 8mm，总宽 23.5mm，全高 15.5mm。为了减少胶圈与下销间的摩擦阻力，有利于胶圈的稳定运转，下销表面镀以硬铬。下销工艺装配尺寸如下。

（1）进出位置：前沿到前罗拉的中心距 12mm。

（2）高低位置：平台顶面比前后罗拉表面高 1mm。

（3）曲面高低位置：比前后罗拉表面高 2.5mm。

下销的装校，将下销棒定位规放在前后罗拉沟槽上，使定位规紧靠后罗拉后侧面，调整 A、B、C 三个接触面，达到校正下销隔距高低的目的。

调整 A 面校正下销隔距,调整 B 面和 C 面校正下销高低和倾斜角,保证正常的曲面牵伸位置,如有偏差,可撑开或夹紧下销棒支架。由于一个下销棒支架左右两根下销,所以校正隔距时,罗拉座两侧同时检查,如图 3－22 所示。

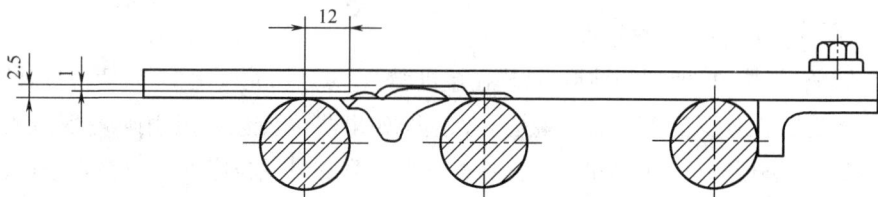

图 3－22 平校下销

2. 装加压摇架

(1)装校摇架支杆。前罗拉头道边线做完,罗拉座初步定位后,装上摇架支架。安装过早,罗拉定位不便,安装过迟;会使已做好的罗拉位置发生变化,影响罗拉平衡质量。摇架支杆与罗拉隔距,是以前罗拉为基准,用摇架支棒隔距进行校正,然后紧足联接螺钉,并复查前罗拉弯空,如图 3－23 所示。

(2)校正摇架左右位置。在摇架前后加压杆上,装上前、后胶辊,放下摇架,目视胶辊对正罗拉沟槽,左右位置确定后,将摇架紧固在支架上。

(3)校正摇架总压力。用摇架高度规测量摇架体前侧面与前加压杆之间的间隙 A,若有误差,可调节摇架上的 M8 调节螺钉,使其间隙达到一致,如图 3－24 所示。

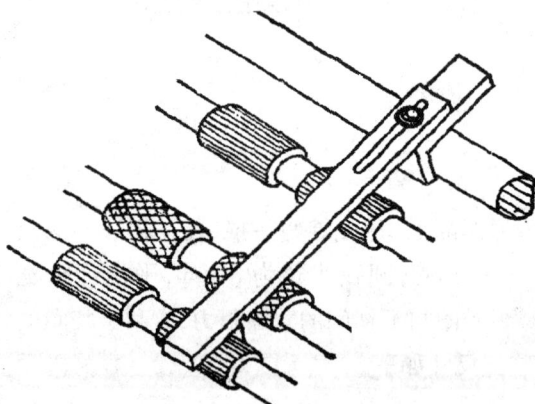

图 3－23 平校摇架支杆

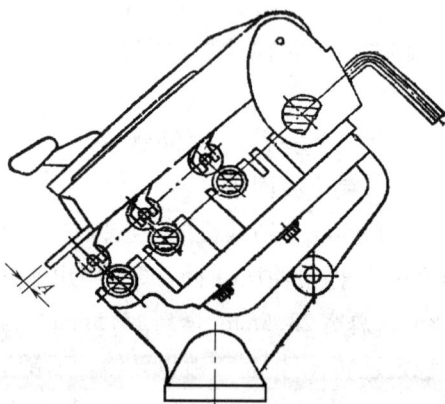

图 3－24 平校摇架总压力

(4)校正摇架前、后胶辊及中上铁辊进出位置。细纱机按工艺设计要求,前胶辊前冲 3mm,中上罗拉后冲 2mm,后罗拉对中。校正时,在车头第一摇架的前加压杆上装上胶辊,用直脚尺前截面拉沟槽部位的下面,在直角尺与前罗拉的前侧面的沟槽处垫3塞片。当胶辊的前侧面调到与直角尺相切垂直面上,将其紧固。校正中上罗拉后移和胶辊对中的方法与校正前胶辊基本一样,只是塞片垫的位置和尺寸不同,如图3－25所示。以定好位的第一只摇架上的三列上罗拉为基准,调整上罗拉隔距规,并用已调好的上罗拉隔距规,逐只校正全台摇架上的前、后胶辊和中上罗拉的位置,如图3－26所示。

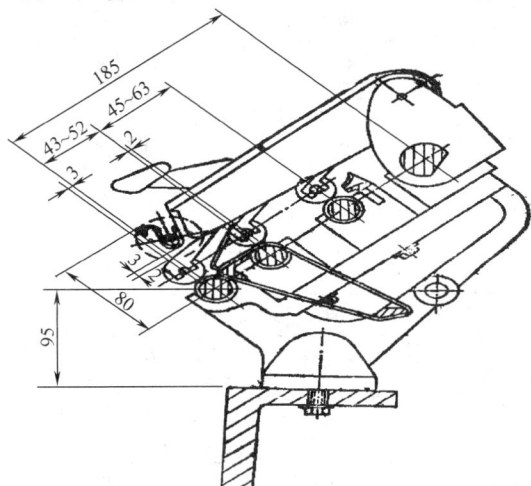

图3－25 平校摇架位置

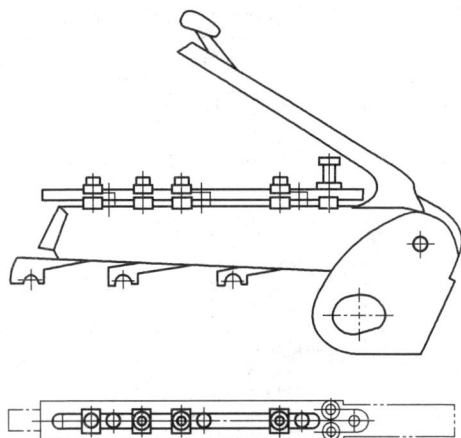

图3－26 平校上罗拉位置

校正完后,用"胶辊测力仪"或"管形弹簧秤"之类的测量力器,精校胶辊压力,使之达到工艺设计要求。

3. 校正喇叭口和导纱动程

用喇叭口定位工具,将喇叭口逐只安装在罗拉沟槽中部。导纱动程分基本动程(即齿轮偏心距)和可调动程(即连杆偏心距)两大部分,校正时按照企业自定的全动程进行,一般纺织厂规定的导纱全程的标准是$(10±1.5)$mm,边空不小于2.5mm,导纱全程计算公式是:2×齿轮偏心距+2×连杆偏心距。

4. 装校下胶圈张力架

将张力架扭簧组装在张力架轴上,要求二者无松动。张力架轴安装的位置(角度),应根据扭簧的扭力强弱,下胶圈对张力架摩擦力的大小来确定。一般是调节盘上的中间孔装上螺钉,固定在罗拉座上,要求调节盘的角度全台一致,并初校张力架左右的位置,试车时再复查。

5. 装校吸棉笛管

在以上各部件装好之后,由1号、2号手分别将吸棉笛管装上。然后通过调节笛管弹簧位置来校正吸棉笛管的高低进出位置,要求做到吸棉笛管与前罗拉的高低间距一致。其允许限度为±0.8mm,其进出位置可目视笛管吸口与前罗拉平齐。

八、平装牵伸部分行业标准

平装牵伸部分行业标准见表3－8。

表3－8 平装牵伸部分行业标准

项次	检查项目	允许限度(mm)	扣分
1	第一罗拉座中心与车头墙板距差	不允许	0.5/处
2	前罗拉高低进出定位	+0.15 －0	0.5/只
3	罗拉座与前罗拉垂直度	0.08	0.5/只
4	前罗拉中弯、颈弯	0.03	0.4/只
5	中后罗拉中弯、颈弯	0.04	0.4/只
6	罗拉不靠山敲空	不允许	0.4/只
7	罗拉隔距	+0.08 －0	0.4/只
8	罗拉窜动	不允许	0.4/处
9	前罗拉头弯曲	0.03	1/只
10	中后罗拉头弯曲	0.04	1/只
11	前罗拉头轴承磨损	不允许	1/只
12	导纱扁铁不灵活喇叭口缺损松动	不允许	0.4/只
13	摇架加压高低定位相差	不允许	0.5/只
14	上罗拉进出隔距相差歪斜	0.05	0.4/处
15	摇架开档以前罗拉表面为准	±0.08	0.4/处
16	前罗拉与摇架隔距相差	+0.08 －0	0.4/处
17	摇架偏斜、夹簧失效	不允许	1/处
18	绒辊缺少失效	不允许	0.4/只
19	前、中、后罗拉表面外伤(动程内)	不允许	1/处
20	上销弹簧失效	不允许	0.4/只
21	下销隔距	+0.08 －0	0.4/处
22	下销前上平面与工具间隙差	+0 －0.08	0.4/处
23	下销顶面与工具间隙差	+0 －0.08	0.4/处
24	下胶圈张力架弹簧失效	不允许	1/只
25	隔距块缺损、同台规格不一致	不允许	0.5/只
26	罗拉座发热	温升20℃	0.4/只
27	前罗拉晃动	不允许	0.5/处
28	吸棉笛管头破损、漏风	不允许	0.5/只

第六节 平装加捻卷绕机构

加捻卷绕机构的各部分作用正常与否,对降低细纱的断头,提高产量,起着决定性作用。因此,要做好这一部分的工作,使之在运转过程中锭子、钢领和导纱钩,在大纱、中纱和小纱都保持同心,钢领板和导纱板在升降过程中保持平稳,钢领、锭子处于良好状态。

一、平装牵吊部分

1. 平装牵吊滑轮

钢领板、导纱板的滑轮的纵向和横向位置要用滑轮定位工具校正,要求各滑轮芯与机梁侧面垂直,回转灵活,然后将其托脚固定在机梁上。

全机平装完后,将钢领板、导纱板升降拉杆的头、中、尾各段进行连接,紧固时需将拉杆向两端拉紧,避免工作时的拉开伸长,然后把牵吊带装在拉杆的位置上,牵吊带接板上有两孔的,螺栓联接一律装在第二个孔内,全台一致,便于调节,如图 3 - 27 所示。每台细纱机的牵吊带有两种规格,短的一种装在导纱杆升降横杆上,长的一种装在钢领板升降横杆上。

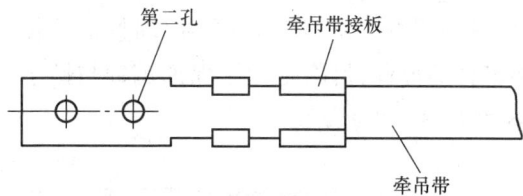

图 3 - 27 平装牵吊带

2. 校正牵吊链条位置

首先将分配轴上的各链条装到各升降拉杆上,逆时针方向旋转装在分配轴上的主牵动总链条滑轮,使其上的撞头紧靠定位螺钉,要求撞头位置基本垂直。然后使机台处于落纱状态,调整钢领板拉杆和导纱板拉杆头端到二墙板侧面的距离,如图 3 - 28 所示。也可以调整钢领板和导纱板,使钢领板顶面距龙筋顶面为 68mm,使导纱板顶面在机梁顶面为 47mm。

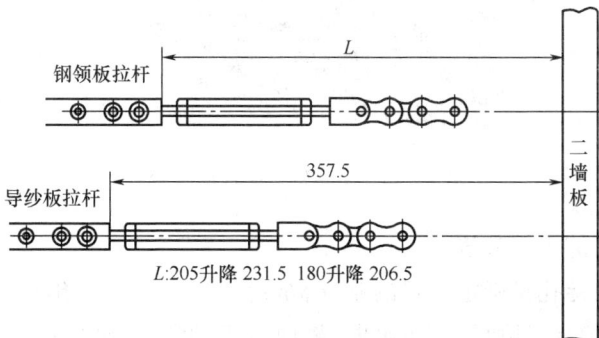

L:205升降 231.5 180升降 206.5

图 3 - 28 平装牵吊链条

二、平装钢领板

1. 平装钢领板步骤

（1）校正钢领板高低位置。将钢领板摇到一定的高度，使钢领板上表面到龙筋顶面85mm左右，使钢领板与定规上端平齐。在机台两侧用钢领板、导纱板定规两侧同时逐块平校钢领板高低一致。若两侧高低不一致，可调节牵吊带上的调节螺丝，保证两侧钢领板平齐，升降横杆水平，如图3-29所示。

（2）平装钢领板。细纱机钢领板是直接装在钢领板横杆上。升降横杆以装在横杆上的转子靠在中升降立柱上定位。将钢领板长向紧挨，横向以钢领板两侧边紧配在升降横杆上。升降横杆的纵向和横向的定位以对称为原则，并以升降立柱为升降导轨，调整钢领板升降横杆的位置，目的是为了保证钢领与锭子同心，如图3-30所示。

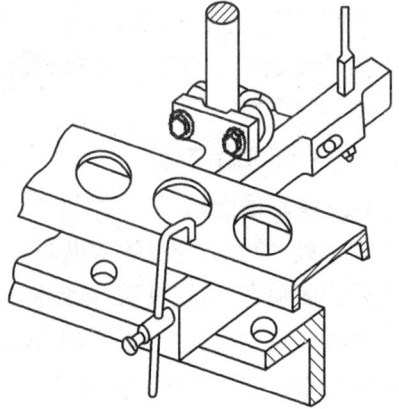

图3-29　平装钢领板高低位置

图3-30　平装钢领板横向位置

2. 钢领板位置的平校方法

龙筋顶面上的锭孔是确定位置的基准，全台两侧钢领板锭孔同心，是确定钢领纵向、横向位置的依据，细纱机钢领板纵向、横向位置的定位，是通过调整装在钢领板横杆上的三只调节转子达到的。为了减少钢领板在安装过程中的累计误差,一般应从中间一块开始,校正后再平校头、尾及车中其余的钢领板。将中间一块钢领板与横杆头上顶面的定位螺钉紧固,用二只钢领板与龙筋锭孔定位规放在左右两侧靠近立柱处,检查校正钢领板孔与锭角孔的同心。

调节转子(一)用于校正钢领板的横向位置,调节转子(二)、(三)用于校正钢领板的纵向位置。若位置偏差大两侧校正方向又矛盾时,两侧应同时互借转子的位置达到一致的要求。调节时转子的轴向外侧与立柱同一水平面上,如图 3 – 31 所示。

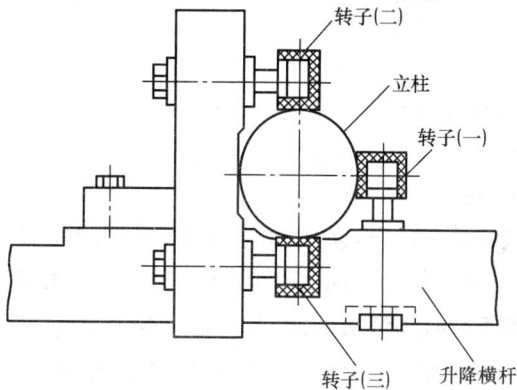

图 3 – 31　平装钢领板

校正其余钢领板的横向位置与校正车头、中、尾的横向位置方法一样。由于车头、车中、车尾三根升降横杆上两侧各装有三只调节转子,其余的两侧各装有一只调节转子,故全台纵向横向位置,靠车头、车中、车尾升降横杆定位,车中的纵向位置,只要做到相邻两块钢领板联接的端面无间隙。即车头、车中、车尾三块钢领板的定位,既要标准,又要考虑车中的纵向位置。

三、平装导纱板

1. 平装导纱板角铁

(1)校正导纱板角铁的左右位置。以车头第一只导纱板螺孔为基准,用吊线锤的方法,使其与第一只锭子中心对准。若有偏差,可校正导纱板升降杆上下轴承座的左右位置,注意两侧同时进行。

(2)校正导纱板角铁高低位置。一般是在始纺位置进行,按细纱机的工艺断面尺寸的要求,也就是机梁顶面到导纱板三角板顶面 47mm 处进行。用钢领板、导纱板高度规放在机梁顶面靠近升降横杆处,通过调节导纱板牵吊带下的调节螺钉进行平校,从头到尾逐只进行,初平后应复校,如图 3 – 32 所示。

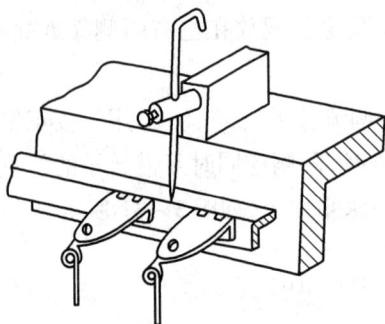

图 3 - 32　平装导纱板

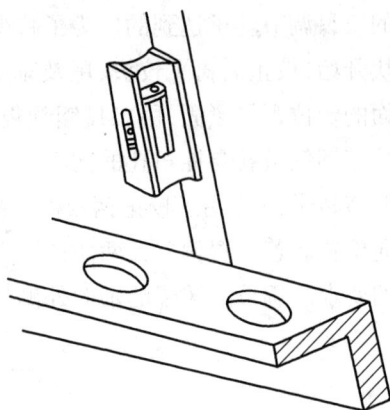

图 3 - 33　平校导纱板升降柱

2. 平校导纱板升降柱

导纱板升降柱应事先校查,安装后用水平仪检查校正垂直水平,并检查是否灵活,如图 3 - 33 所示。纱板升降柱的横向、纵向位置由导纱板三角铁座决定。升降柱侧面不应碰锭带,又不妨碍落纱时隔纱板后翻;导纱板升降柱的垂直,以上轴承座为主,下轴承座为辅,用水平仪校正垂直。若有偏差,通过移动下轴承座或锉、垫轴承座来实现。一般车头、车尾校正后,拉边线校正车中各升降柱。

3. 平校导纱板、导纱钩位置

(1)平校导纱板位置。用导纱板高度规放在机架上,定好高度规尺寸,测量导纱板外端高低,一般规定导纱板的角度为水平状,或不大于3°,超过标准用工具扳动导纱板下面两只托脚达到,要求全台导纱板平整,灵活而不松动,如图 3 - 34 所示。

(2)平校导纱钩位置。校正导纱钩的位置是在活锭子校正后进行,其方法是在拉罗拉沟槽处吊线锤,丝线通过导纱钩孔的内侧使线锤尖端对准锭尖中心,一般先校横向再校纵向位置,同时校正灵活,如图 3 - 35 所示。

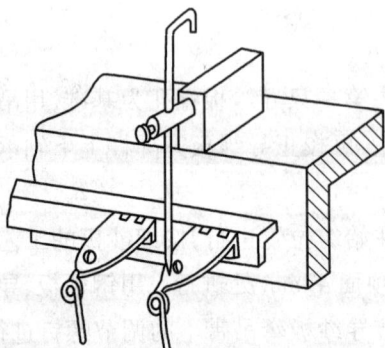

图 3 - 34　平校导纱板

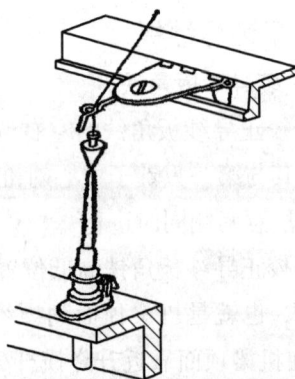

图 3 - 35　平校导纱钩

四、平装加捻卷绕其他部分

1. 平校钢领底座

传统细纱机钢领是装在钢领底座内,所以要做好钢领与锭子的同心,就需先校正钢领底座与钢领板孔的同心,装上钢领底座,将钢领座对中规下部插入到钢领板孔内,校正钢领座位置。新型细纱机的钢领底座和钢领板是一体的,故就不用单独平校。

2. 平校清洁器

钢领底座平校合格后装上钢领和钢丝圈清洁器,用清洁器定位规逐只校正清洁器隔距(图3-36)。根据品种规格的不同,清洁器定位规的直径一般为ϕ49.7、ϕ59.7、ϕ51.1、ϕ54.1、ϕ46.5、ϕ53.5、ϕ56.5 七种规格。

3. 平校隔纱板

平校隔纱板用隔纱板定位规,决定隔纱板的横向位置,用隔纱板纵向定位规,决定隔纱板的纵向位置,若有偏差,采用锉或垫的方法校正,如图3-37所示。

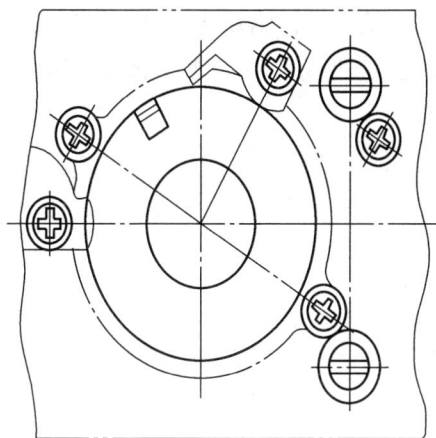

图3-36　平装清洁器

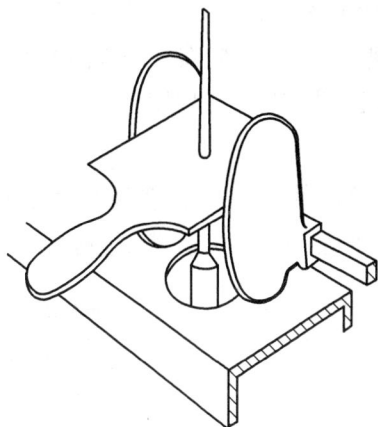

图3-37　平装隔纱板

五、平装锭子

钢领板、导纱板等平校结束后,将锭子装入龙筋孔内,稍微紧固螺母,加入锭子油,拉上锭带后逐只分步平校。

(1)将钢领板摇高至2/3管纱位置处,用锭子对中规初校锭子与钢领同心,如图3-38所示。

(2)将锭子水平仪套入锭杆,四面回转,目视水泡倾斜方向,选择倾斜度最大的方向进行借垫。校正垂直水平后,旋紧螺母,敲正锭子再目视水泡。若有倾斜再行校正,校好为止,如图3-39所示。

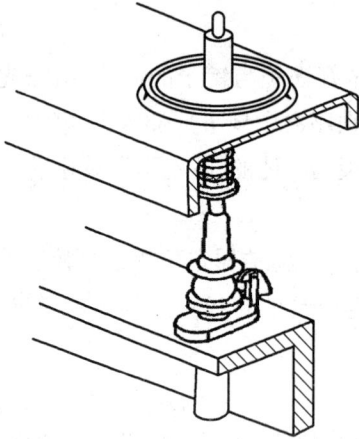

图 3 - 38 平校锭子同心   图 3 - 39 平校锭子垂直

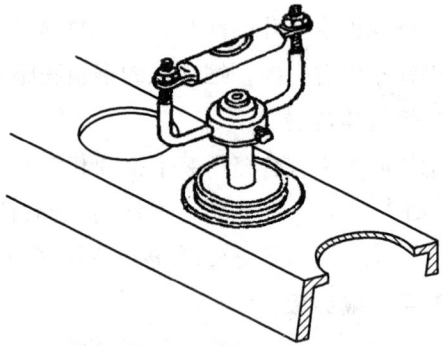

（3）校完锭子水平和初校锭子后，及时校正活锭子。将钢领锭子对中规套入锭杆，目视定规四周的间隙。若有偏差用锭子扳手敲击锭脚底部使定规与钢领内侧面的间隙一致，校完后紧固螺母。

六、平装加捻卷绕部分行业标准

平装加捻卷绕部分行业标准见表 3 - 9。

表 3 - 9   平装加捻卷绕部分行业标准

项次	检查项目	允许限度（mm）	扣分
1	钢领板高低差	0.40	0.5/处
2	钢领板接头不平齐、螺丝松动	不允许	0.5/处
3	钢领板弯弓扭曲	不允许	0.5/节
4	钢板叶子板升降牵吊带磨损	不允许	0.5/根
5	钢领起浮	不允许	0.4/个
6	钢领压板螺丝松动、变形	不允许	0.4/只
7	清洁器隔距差	不允许	0.4/只
8	叶子板三角铁接头不平齐支头螺丝松动	不允许	0.4/只
9	叶子板外端高低差	±0.08	0.4/只
10	钢领板升降顿挫	不允许	0.5/处
11	升降横杆转子损伤不灵活	不允许	0.4/只
12	导纱钩最低位置与管纱距离	不允许	1.0/台

续表

项次	检查项目		允许限度（mm）	扣分
13	导纱钩与锭子中心差		0.80	0.5/只
14	锭带盘轴高地进出差		±0.10	0.5/处
15	三角铁高低差		0.40	0.5/处
16	叶子板三角铁左右位置与龙筋眼子中心差		0.08	0.5/处
17	锭带跑偏打扭张力失效		不允许	0.5/根
18	锭带至锭带盘边缘		6～12	0.5/个
19	锭带盘刻度同台不一致		不允许	0.4/只
20	钢领钢丝圈同台规格不一致		不允许	0.4/只
21	锭带盘	进出位置	25	0.4/只
		显著跳动破裂	不允许	0.4/只
22	隔纱板前后左右差		1.60	0.4/只
23	锭子高低		±1.0	0.5/只
24	牵吊带滑轮不灵活偏铁螺丝松		不允许	0.5/只
25	钉子与钢领对中		0.4	0.5/只

第七节　平装车头传动机构

车头传动部分主要包括牵伸传动、成形传动以及车头齿轮等部件,各部分作用正常与否,对降低细纱的断头、降低噪声、提高产量,起着决定性作用。因此,要做好这一部分的平装工作,使之在运转过程中传动平稳,搭配合理。

一、平装牵伸传动

在平装罗拉头轴承座之前,首先,将前、中、后罗拉头轴承座,装在短机梁上,然后,将中后罗拉过桥齿轮摇臂、中间轴及轴承和相应的齿轮组装好。最后,将这些组装件装在牵伸墙板上,并将牵伸变换齿轮轴及相应的齿轮装上,调整各齿轮的相对位置,要求做到齿轮啮合适当、端面平起。在平装车头牵伸变换齿轮时,还必须用0.3mm钢丝检查变换齿轮的轴与轴孔的间隙,用0.2mm的钢丝检查变换齿轮键与键槽的间隙,如果超过应进行调换。

1. 平装牵伸传动墙板

用牵伸墙板定位柱,检查牵伸墙板左右两侧位置,控制牵伸墙板与头墙板的距离,横向位置居中,然后紧足牵伸墙板下端与短机梁接触的螺钉。

2. 平装前罗拉头轴承座

将前罗拉头与前罗拉连接起来,并用扳手旋紧罗拉。然后用螺栓将前罗拉头轴承座紧固在头墙板上,在校正时可用手敲前罗拉头轴承座及车头第一只罗拉坐处检查罗拉悬空。如有悬空,可用调整头墙板上的前罗拉头轴承座位置的方法进行校正,要求做到前罗拉头无悬空,旋转前罗拉使之灵活,校正后紧固头墙板上的前罗拉轴承座螺栓。

3. 平装中后罗拉头轴承座

将中后罗拉头段与中后罗拉中段镶接紧,罗拉轴承位于罗拉座中间,用手敲罗拉头,检查罗拉头与轴承座是否悬空。如果罗拉头悬空,可用调整罗拉头轴承座位置的方法进行校正。在校正时,还要察看车头第一只罗拉座处罗拉是否悬空,要求做到罗拉头与轴承座着实,车头第一只罗拉座接触良好,同时做到中后罗拉回转灵活。

二、平装车头传动齿轮

平装车头传动齿轮,要求各齿轮的相对位置做到:外侧平齐、咬合适当,回转平稳灵活,轴与轴承配合合理;同时运转时振动小,无异响,消耗小。在牵伸传动齿轮平装好之后,以前罗拉齿轮及主轴齿轮为基准,校正车头传动齿轮的啮合。细纱机的齿轮搭压一般采用二八法。如果齿轮搭得太紧或者太松,应调整齿轮轴承座位置进行校正,校正后紧固齿轮轴承座上的螺栓。其具体要求有以下几点。

1. 咬合适当

齿轮咬合过松,齿顶、齿侧间隙大运转中易产生冲击、异响和齿轮面的磨损;齿轮咬合过紧,齿顶、齿侧间隙小,易产生"咬死"现象,加快齿轮的磨灭和增加动力消耗。齿轮加工的方式,精度不同,咬合的要求也不同。纺织厂习惯采用"三七"、"二八"、"一九"咬合,其含义是齿顶隙是齿全高的"三成"、"二成"、"一成"。一般铸齿,齿形的精度低采用"三七"咬合,铣齿齿形有一定误差采用"二八"咬合,滚齿是滚齿行刀加工,齿形比较精确采用"一九"咬合。

2. 轴心平面,侧面平齐

齿轮的齿形要求同轴心平行,外侧面(齿形端面)要求平齐,一般不大于0.40mm,保证径向不晃动,运转平稳。

3. 齿轮咬合基准

车头齿轮的定位,蝴蝶牙以上的以前罗拉头齿轮为基准,蝴蝶牙以下的以主轴齿轮为基准,卷绕牙以工艺设计尺寸为基准。

三、平校升降分配轴

平装升降分配轴细纱机有上下两根分配轴,平装要求是轴承座在两墙板上高低位置一致,两端中心到短机梁的距离符合要求,分配轴转动灵活(图3-40)。

(1)平装上分配轴。按工艺设计要求,轴心距机梁顶面100mm,横向位置按导纱及牵动总链条的链盘相对机梁620mm居中。

(2)平装下分配轴。按工艺设计要求,自下分配轴轴心到上分配轴轴心距离为230mm,导纱板拨叉回转中心到上分配轴45mm。拨叉横向位置按导纱板升降总链条位于拨叉中间来调整,使其拨叉的两个叉与链条上的长销接触,以免链条单面受力,造成链条断裂。

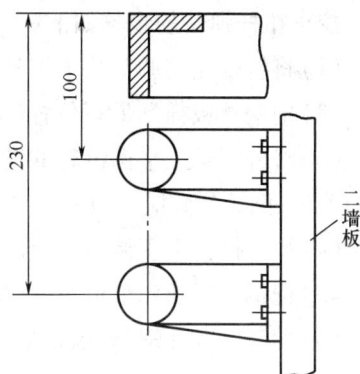

图3-40 平装升降分配轴

四、平校平衡扭杆

细纱机钢领板和导纱板的重量平衡,是采用弹性扭杆的平衡方式。其平校工作应在平校钢领板和平校导纱板之后进行,先将扭杆轴承座的位置按设计尺寸,扭杆弹簧中心至车头底板外端距离为66mm的要求,校正扭杆弹簧两端轴承座的位置,并做到两端间隙一致,扭杆不歪斜,保证重量平衡,使扇形链轮摆动时不碰二墙板,如图3-41所示。

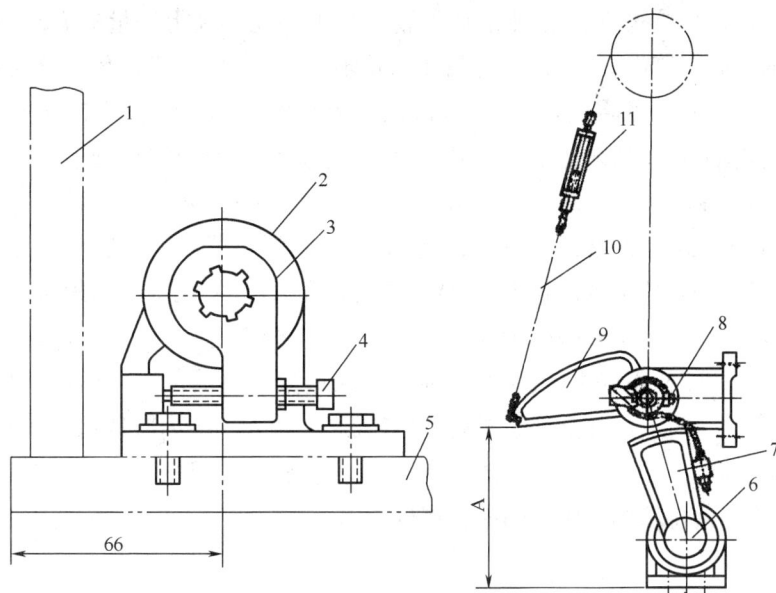

图3-41 平装扭杆弹簧

1—二墙板　2—扭杆固定端轴承座　3—平衡调节块　4—调节螺钉　5—车头底板　6—扭杆弹簧

7—扇形链轮　8—链条接头螺钉　9—平衡凸轮　10—平衡链条　11—调节螺母

校正扭杆弹簧的步骤如下。

（1）将扭杆左端调节块上螺丝退出。

（2）把钢领板摇到最高位置（满管位置）。

（3）将分配轴上平衡链轮的链条与平衡凸轮上的链条联接于倒顺牙螺母（连接螺丝约 5 牙，倒顺牙数应一致）。

（4）调节扭杆平衡调节块上的调节螺丝，使平衡调节块处于垂直状态。

（5）把钢领板摇到最低位置（即落纱位置）。

（6）调节倒顺牙螺母，校正平衡凸轮的下部至底板的距离 A，见表 3-10。

表 3-10　锭数、扭力和平衡凸轮的下部至底板的距离 A 间关系表

锭数	扭力（N）	距离 A（mm）
416	206~1274	245
400	206~1274	245
384	10~1176	240
368	10~1176	240

五、平装成形凸轮轴及减速箱

FA 系列细纱机的减速箱是用于取代 A513C 型细纱机的行星齿轮的新型减速装置，该装置不仅传动稳固而且可以减少成形凸轮打顿改善纺纱质量。在平装前由三号手将拆下机件进行检查清洗，在平装时将清洗好的凸轮轴加上适量的润滑油，然后装入调整好的偏心套筒内，同时将蜗轮装在凸轮轴上，装上套并旋紧套盖及蜗轮上的螺钉。蜗轮螺钉紧固后可将凸轮轴上的轴承、防松垫圈和螺母装在凸轮轴上并将其紧固。装上蜗轮轴承盖，加入适量的润滑油，并紧固轴承盖上的螺栓，减速箱的蜗轮部分装好之后，可将蜗杆轴装入减速箱的箱体内。蜗杆轴装好后可在套盖内加入适量的润滑油，并将其装在箱体的端面处，用扳手将套盖上的螺钉紧固。然后再将另一端的轴承盖装上，将清洗好的圆锥齿轮装在蜗杆轴上，并套入垫圈，用扳手将螺母紧固。蜗杆上的齿轮装好后，用手旋转蜗杆轴，检查蜗轮蜗杆啮合情况，要求蜗轮蜗杆啮合良好、回转灵活。减速箱校正好之后，要在箱体内注入适量的机油，然后箱体上的透气塞装上，减速箱平装、校正、加油全部完毕后，可将减速箱装入车头内减速箱的底座上，并初步将螺栓螺母旋上，然后校正两支圆锥齿轮的啮合情况，要求两支圆锥齿轮啮合良好、端面平齐，校正后将箱体底座上的四支螺母紧固。

六、平装车头检查要点及行业标准

1. 平装车头检查要点

车头组合件在出厂前由机械厂组装成套，由于长途运输，某些机件可能松动，安装

时,必须对车头里的零部件进行检查、调整,其要点如下。

(1)各轴承内的润滑脂是否充足,蜗轮减速箱内的油料的油面静止状态是否在油标中心。

(2)各轴承中心位置是否正确,轴承座的固定螺栓是否缺少、松动或规格不良。

(3)蜗轮、蜗杆咬合是否良好,伞齿轮咬合间隙是否适当。

(4)成形凸轮和小转子是否中心对称,接触良好,销、键配合如何。

(5)检查并调整升降电动机和链轮轴承座位置,使滚子链条松紧程度适当,不碰相邻机件。

(6)调节电磁铁座和离合杆座调节螺钉位置,使电磁铁动程控制在20mm,要求铁芯下限位置时,撑爪应能正常撑动棘轮,铁芯上限位置时,应确保撑爪打得开。

2. 平装车头行业标准(表3-11)

表3-11 平装车头行业标准

项次	检查项目	允许限度(mm)	扣分
1	车头各轴承轴衬磨损	不允许	0.5/处
2	成形凸轮磨损	不允许	1.0/个
3	成形链条磨损伸长(单节)	不允许	0.4/节
4	成形链条不灵活	不允许	0.4/节
5	撑头牙轴不灵活	不允许	0.5/个
6	分配轴不灵活安装不良	不允许	1.0/处
7	成形轮与转子侧面平齐	0.80	0.5/只
8	各轴衬油眼堵塞缺油	不允许	0.5/只
9	车头各轴承磨损	不允许	0.5/只
10	成形转子回转不灵与成形盘不密接	不允许	0.5/个
11	成形转子外径及转子轴衬磨灭	1.60	0.5/个
12	中后罗拉介轮托脚与罗拉垂直差	0.08	0.5/处
13	牵伸墙板垂直	0.05	0.5/处
14	各齿轮键与键槽配合不当	不允许	0.5/处
15	各轴回转不良	不允许	0.5/处
16	罗拉头轴衬与罗拉滑座高低差不平行	不允许	0.5/处
17	前罗拉头与轴衬间隙	0.05	1.0/个
18	钢领板最低位置与规定不符	不允许	1.0/处
19	叶子板提前带动级升	不允许	1.0/台

第八节 平装自动机构

细纱机的自动化程度较高,主要包括满管自停、自动降钢领板、自动关主电动机、自动适位停车、牵引电磁铁启动刹车、钢领板自动复位、开车门自停的安全装置等。这些自动化机构的控制按钮、电磁铁行程开关主要安装在车头部分。

一、自动机构的作用

在蜗轮轴上装有行程开关撞块 $1CK_1$、$1CK_2$ 及 $1CK_3$,在成形凸轮轴上装有行程开关撞块 $2CK_1$、$2CK_2$ 及 $2CK_3$,分配轴上装有行程开关撞块 3CK,如图 3－42 所示。

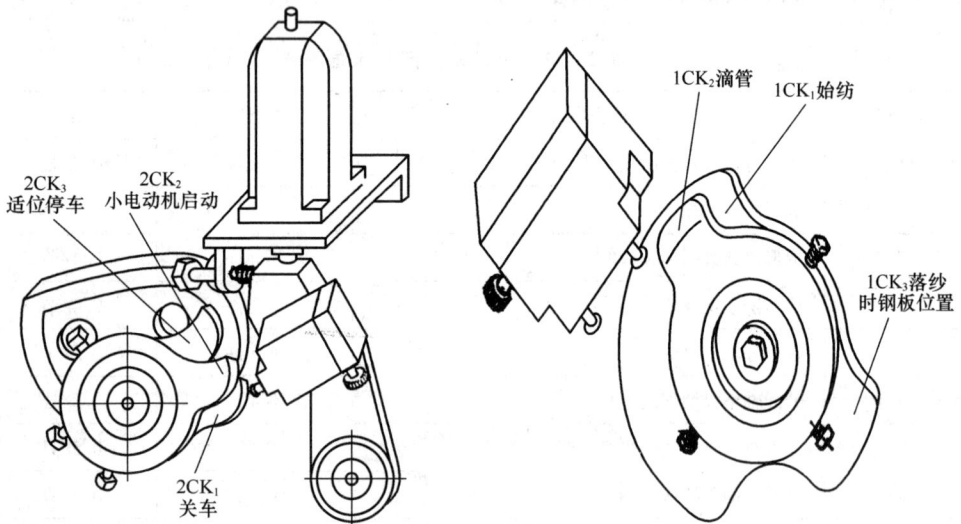

图 3－42 平装自动机构

自动机构的作用就是依靠蜗轮轴、凸轮轴及分配轴上的撞块推动行程开关而发生动作。满管时,自动机构开始动作。首先是蜗轮轴上的 $1CK_2$ 撞块,推动 $1CK_2$ 的行程开关,为主电动机停转及打开棘轮撑爪的线路接通作好准备工作;在凸轮轴上的 $2CK_1$ 撞块推动 $2CK_1$ 行程开关,主电动机断电,而当 $2CK_2$ 撞块推动 $2CK_2$ 形成开关,控制钢领板运动的小电动机通电,降钢领板;当卷绕蜗轮退绕到 $1CK_3$ 撞块推动 $1CK_3$ 行程开关时,此线路被切断,这时钢领板位于最低位置,(落纱位置)机器仍做惯性运动。待凸轮轴上 $2CK_3$ 撞块推动 $2CK_3$ 行程开关时,牵引电磁铁 2DT 线路通电,通过联接杆使制动器动作,全机停止各种动作。

由于 2CK 组合行程开关的三个小凸轮撞块装在同一个凸轮轴上,为了避免纺纱过程中不必要的冲击,将2CK组合行程开关离开工作位置。当满管信号发出时,3DT电磁铁起作用,把2CK组合行程开关推向工作位置。全机停止时,3DT磁铁释放,靠撞力将3DT组合行程开关推回原位。

二、自动机构的调整

1. 始纺位置

转动车头卷绕齿轮,使成形凸轮的最小半径与转子接触,将卷绕链轮摇到链条接头处与水平线约30°的位置。然后旋转调节螺母,调整卷绕链条的长度,使纺经纱时其钢领表面至龙筋顶面距离为75mm,纺纬纱时为90mm。此高度就是始纺位置,如图3-43所示。

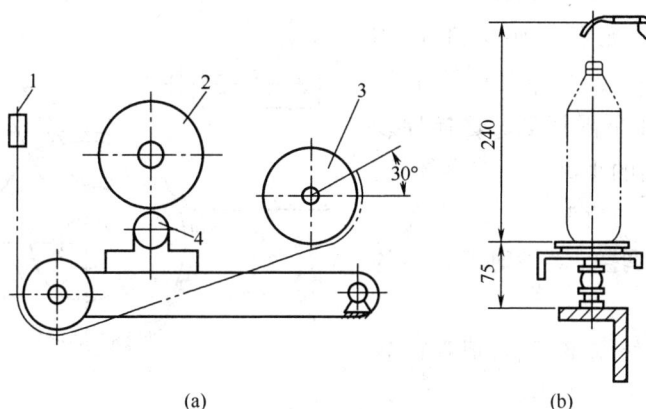

图3-43　平校始纺位置

1—调节螺母　2—成形凸轮　3—卷绕链轮　4—转子

2. 1CK₁的调整(始纺位置)

成形凸轮,卷绕链轮在所示的情况下,将卷绕轴上的$1CK_1$撞块(靠近头墙板的)逆时针旋转使其与1CK行程开关接触(以听到行程开关动作的响声为准)。固定好,调整时注意移动$1CK_1$行程开关的位置,使其推动时既能起作用,受力又较小,以提高使用寿命。

$1CK_1$行程开关动作时,钢领板升降电动机在复位阶段被切断,复位停止,钢领板处于始纺位置,此时主电动机的启动线路接触。

要说明的一点是,在实际运转中,落纱后钢领板复位终止的位置比始位置高出约36mm。这是因为上一落纱满管自动降钢领板,自动适位停车的位置是成形凸轮停在大半径刚过凸轮最大半径的缘故。

3.1CK₂ 的调整(满管位置)

转动车头卷绕齿轮使成形凸轮的最大半径与转子接触,将卷绕链轮摇到钢领板面到龙筋顶面的 280mm 或 255mm 处(即满纱位置),逆时针旋转卷绕轴上的 1CK₂ 撞块(靠车头门的)使其与 1CK₂ 行程开关接触,并固定好。

在实际中,为了防止升降系统与机梁相碰,钢领板顶面到龙筋顶面的距离比上述的尺寸小 3mm, 即 277mm 或 252mm。此时实际升降全程是 202mm、177mm、162mm、152mm。

4.2CK₃ 的调整(适位停车)

转动卷绕齿轮,使成形凸轮顺时针转过最大半径约 20mm 处与转子接触,顺时针转动凸轮轴上的 2CK₃ 撞块(靠近车头墙板的),使其与 2CK₃ 行程开关接触,并固定好。所谓自动适位停车,指是当按下停车按钮时,当凸轮转过最大半径约 20mm 处时机器停止,当再度开车时,钢领板自此位置作下降运动。这样导纱钩到钢丝圈之间的小辫子纱就会伸长,因而减少了开车的断头。

5.1CK₃ 的调整(落纱时钢领板的位置)

在 2CK₃ 撞块调整好后,成形凸轮保持上述位置不动,用手摇下钢领板,使转子与成形凸轮刚脱开时,即车头主动牵动链滑轮的撞头已紧靠钢领板定位托座上的调节螺钉,此时钢领板处于落纱位置。

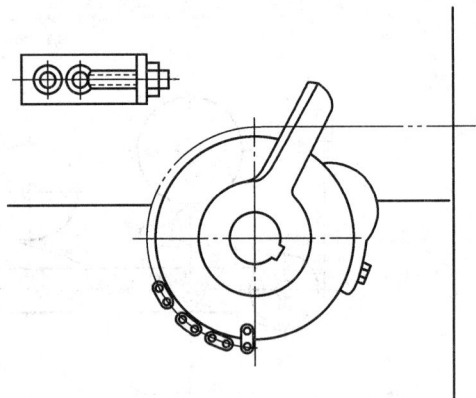

图 3 – 44 平校左侧上分配轴的撞块与调节螺丝位置

这时将 1CK₃ 撞块顺时针转动,压住 1CK₃ 触头,以压响为准,紧固好 1CK₃ 撞块上的螺丝。同时左侧上分配轴的撞块与调节螺丝正好接触,钢领板得以定位,如图 3 – 44 所示。

6.2CK₁ 和 2CK₂ 的调整(关车位置和小电动机启动位置)

将 2CK₁ 和 2CK₂ 撞块套到成形凸轮轴上,在 2CK₃ 调好的基础上,将 2CK₁ 撞块按顺时针方向超前约 50°处固定,将 2CK₂ 撞块按顺时针方向超前 2CK₃ 约 25°处固定。开车时,当机台停稳后,如果 2CK₃ 已越过触头,则 2CK₁ 应增大角度;如 2CK₃ 还未作用,即未刹车,则 2CK₁ 应减少角度。另外,2CK₂ 的调整还应根据在筒管底部所绕的包脚纱长短决定。如包脚纱太短则 2CK₂ 应提前动作,即相对 2CK₃ 的角度应大些;如包脚纱太长则 2CK₂ 应推迟动作,即相对 2CK₃ 的角度应小些。

7.3CK 的调整(保险位置)

开门自停的 3CK 行程开关装在车头门上托座,撞块装在车头门摇臂上,打开车头门时全机自动停机,这个动作无自动合适位停车。

三、平装自动机构部分行业标准

平装自动机构部分行业标准见表3－12。

表3－12 平装自动机构部分行业标准

项次	检查项目	允许限度(mm)	扣分
1	满纱位置差	不允许	4/处
2	始纺位置差	不允许	4/处
3	刹车延时差	不允许	2/处

第九节 平装纱架及其他机构

一、平装纱架

纱架是细纱机的喂入部分,如安装不良会增加粗纱意外牵伸,影响成纱质量。

1. 平装粗纱架支柱

安装粗纱架支柱时,应先将车头、车尾粗纱架托座按规定尺寸定位,车中各粗纱架支柱的进出可根据粗纱架托座的安装尺寸进行校正,如图3－45所示。

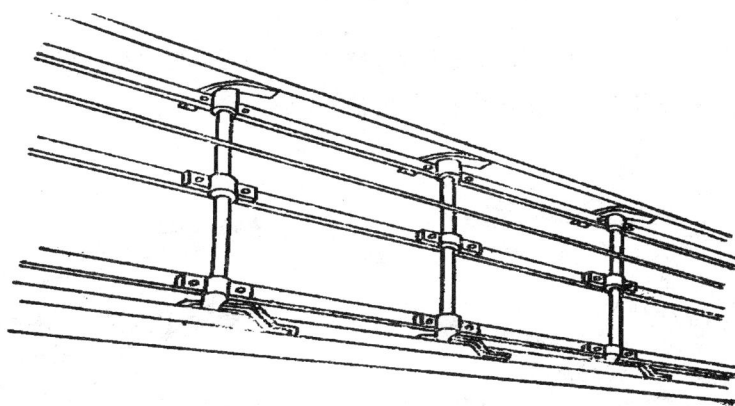

图3－45 平装粗纱架

2. 校正粗纱架扁铁垂直开档

按安装尺寸先校正下纱架扁铁位置,然后再用高度定规,校正下纱架扁铁至中纱架扁铁及中纱架扁铁至上纱架扁铁之间的距离。

3. 校正粗纱托座

用粗纱托座开档定规，一端顶在粗纱架支柱上，按凹口逐只校正粗纱托座位置，上、中、下纱架扁铁上的粗纱托座必须用同一定规校正，做到各粗纱托座开档一致，并使上下粗纱托座位于同一垂直线上。

4. 平装粗纱导纱杆

安装时可根据导纱杆的规定高度来校正导纱杆的高低位置。为减少粗纱意外伸长，导纱杆的高度一般应位于上排粗纱的下方1/3高处为宜。

二、平装吸棉部分

要求吸棉部分的部件不漏风，确保一定的真空度，使细纱断头后能及时将须条吸入吸棉笛管眼孔，防止飘头带断邻纱，影响成纱质量。

(1)检查校正相邻两节吸棉总风管上吸棉口的中心距，使吸棉口位于两罗拉座中间。

(2)检查校正吸棉总风管风口左右位置，要和吸棉箱风口对准。

(3)检查吸棉总风管接头密封槽内的垫条，如老化损坏，必须调换，防止吸棉总风管漏风。

三、平装横动装置及其他机构

1. 平装横动装置部分

(1)检查校正导纱扁铁的纵向位置，使导纱扁铁接头在两罗拉座中间，如图3-46所示。

(2)用导纱喇叭口间距规逐只校正导纱喇叭位置，使其与罗拉沟槽宽度中心对准，并检查弹簧片是否卡紧在导纱扁铁上，防止歪斜，如图3-47所示。

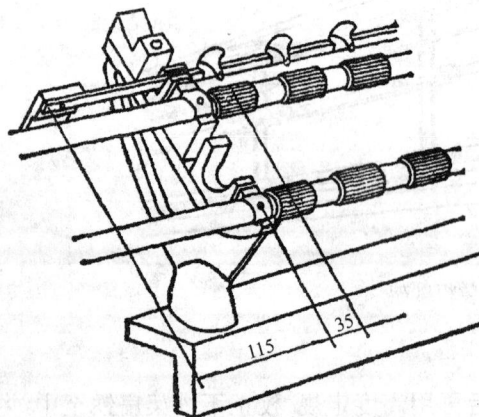

图3-46　平装导纱扁铁　　　　　图3-47　平装导纱喇叭口

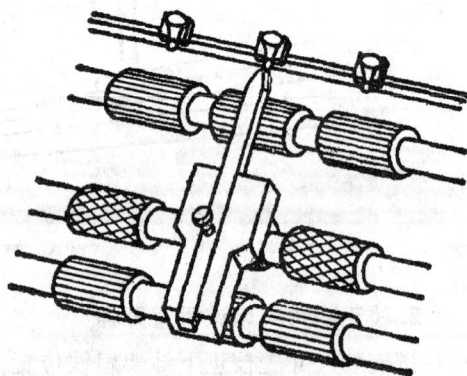

（3）平装横动装置。将横动装置的齿轮偏心转到上下位置,装到机梁上,使导纱装置的蜗轮蜗杆中心线相互垂直,并啮合正确,然后把横动装置连杆和导纱扁铁进行联接。

2. 平装落纱机上下轨道

根据落纱机的尺寸,落纱机轨道至龙筋顶面应做到高低及进出一致,接头平齐。

3. 计长表的安装

计长表与前罗拉联接的斜齿轮要求互相垂直,啮合正确。

第十节 检查试车和开车检修

一、检查试车与校正

由于细纱机是多零件机台、多人操作、涉及面广,为了确保试车正常,接交顺利,投产后达到优质、高产、低耗和安全生产的目的,在检查试车过程中,必须按分工范围,逐项进行必要的检查,校正工作,各部分需达到下列要求。

1. 牵伸部分

（1）罗拉上不得绕花(检查罗拉光洁程度及吸棉笛管有无堵塞挂花)。

（2）前罗拉无晃动。

（3）中后罗拉运转无顿挫现象。

（4）集棉器无呆滞、跳动。

（5）上销无显著歪斜、失效。

（6）上销隔距块无缺少、混用。

（7）导纱动程符合要求,导纱喇叭口不碰后罗拉、不挂花、无破损毛刺。

（8）胶圈无打顿跑偏,绒辊回转灵活。

（9）摇架加压应一致(前加压调节螺丝高低一致,加压距符合要求),销子无松动、磨损及脱出。

（10）牵伸齿轮啮合正常、无抖动,计长表使用良好。

（11）摇架支杆不能挂花。

（12）胶辊不能有跳动、损伤及显著歪斜。

（13）下胶圈张力架摇动灵活,无歪斜,位置正常。

（14）吸棉箱、总风管、吸棉笛管应无漏风,必要时用 U 形管测试车头、尾吸孔真空度差异,以检查是否有漏风现象。

2. 车头、传动轴、滚盘及成形部分

（1）车头齿轮无异响,滚盘无摆动,机架无振动。

（2）皮带盘无振动。

(3)成形凸轮、转子转动无顿挫。

(4)三角皮带、链条松紧符合要求。

(5)运转一定时间后,各种轴承发热不能超过允许限度。

3.卷捻部分

(1)锭带盘无跳动,锭带盘重锤架无失效。

(2)锭带不碰滚盘边及锭带盘边,锭带无扭曲跳动,长短应符合规定。

(3)钢领板升降无打顿,转子在立柱上回转灵活。

(4)导纱板角铁安装符合要求,翻动灵活,导纱板升降杆升降无顿挫。

(5)锭子无摇头及歪斜。

(6)隔纱板无歪斜松动、毛刺及变形。

(7)平衡扭杆调节良好,符合平衡要求。

4.粗纱架部分

(1)导纱杆不得挂花。

(2)纱架无抖动及歪斜。

(3)托锭上支柱及托锭托脚无松动。

(4)粗纱托锭回转灵活。

5.自动机构部分

(1)车头自动部分的撞块与行程开关的安装正确,动作正常。

(2)始纺位置、满管位置、落纱位置及适位停车位置要符合规定要求。

(3)在中途停车时,制动器的牵引电磁铁连接部件的动作要灵活,作用可靠。

6.其他

(1)核对各部变换齿轮是否符合工艺要求。

(2)检查、复紧各部主要螺丝。

(3)平装完毕后,将工具、机件收清,打扫工作地,搞好文明生产。

(4)各种机件不能混用、缺损。

(5)试车正常后,装上粗纱数只,进行试纺,校正成形,使管纱成形符合规定要求。

(6)纺出的纱,送试验室进行纺纱特数、条干、捻度的试验工作。若纺纱特数、条干、捻度不符合工艺要求时,要及时与有关部门联系,以校正修复。

(7)各部轴承注入润滑油。

根据设备维修管理制度规定,修理后的机台必须填写好修理接交报告单,在保养和运转接交验收认为合格后才可投入生产。待工艺测定数据和使用满意时,在规定期限办理最终接交手续。

二、开车检修

试纺纱经试验符合工艺质量要求后,即可装上全部粗纱,协同运转班开车。在开车后必须做好检修工作。修理队人员要按分工认真检修本职范围内的有关项目。

第四章　维修保养技术

在设备的管理中,为了充分发挥设备效能和延长使用寿命,对设备设施维修保养是设备管理的一项重要内容。在长期实行周期计划维修模式的情况下,设备维修分类比较详细,分工明确。

随着现代各项技术的猛速发展,纺织新机型使用量的增加,现代维修的理念已经发生了很大的变化。促使维修理念发生很大变化的主要原因有以下几点。

(1)现代纺织设备设计,大量采用滚动轴承传动,齿轮箱、变速箱采用自动滴油或油浴等先进的润滑技术。

(2)制造厂加工与装配精度大幅度提高,机架与主要零部件结构固定牢靠,运行稳定性、可靠性和一致性非常高。

(3)大量高新技术的应用,非专业人员的一般装配精度不能达到原有的设计要求。

(4)先进设备、先进技术的更新周期大幅度缩短,使设备的淘汰周期也大幅缩短。

(5)在市场经济条件下,各纺织厂用工减少,生产成本中各比重和生产组织要求的变化。

(6)可编程或独立运算器(PLC、PC)、各类传感器和伺服电动机的应用使设备的自检自控功能得以加强,生产工艺、质量情况在线反映在终端或显示器上,通过统计技术分析,已能指出机械故障的大致部位。

因此,没有特殊需要,一般无需大修,许多制造厂家对其新型设备也承诺其设备可终身免修。于是设备维修采用状态维修模式也再次被广泛关注,并积极实践与探索,取得了很大发展,积累了不少经验。

本章将结合 FA 系列成熟机型重点介绍设备的维修与保养。

第一节　概述

一、维修方式

1. 周期计划维修

(1)周期的确定。周期的长短是根据过去的维修经验确定的,具体说是根据过去在设备维修工作中,所掌控的机件磨灭、损伤、变形、走动情况及其对生产造成的影响等有关资料,进行分析研究后确定的。如纺纱设备的大修理周期为 3~5 年,小修理周期为 6~12 个月等。

（2）维修计划的分类。

①大周期计划是指严格按照原纺织工业部规定的周期（即行业管理制度）所编制的维修计划。一般大周期计划编出后，就长期循环使用，不再改变。通过大周期计划，可以看出某机台进行维修的年份和月份。

②年度维修计划是根据大周期计划编制本年度各月将进行维修的机台车号。方法是按大周期计划各月的车号分别依次编入年度计划的各月中即可，但允许在年度计划相邻月度之间进行调整。通过年度计划可以确定机台所维修的月份。

③月度维修计划是根据年度维修计划编制的各月所维修机台车号。方法是将年度计划中某月内的车号，全部依次编入当月的月度维修计划中。从月度维修计划中可以清楚看出各维修队每日的维修工作内容。月度维修计划应当如期完成，若不能按期完成，则被视为未准期完成计划。要在设备管理中以"设备修理准期率"指标加以考核。

（3）周期计划维修的主要优缺点。

①优点。维修计划一旦编出，就必须严格执行，使设备状态的恢复和改善有了可靠的保证。

②缺点。由于维修计划是按固定周期编制的，而没有考虑设备状态的实际情况，这就有可能造成"维修过剩"，浪费维修人力和物力；也可能造成"维修不够"，使设备状态得不到及时修复，对生产造成不良影响。

2. 状态计划维修

状态计划维修也是有计划的，它的计划是近期和有较强针对性的维修计划。编制计划的依据主要是对设备状态进行检查、监测、和分析的结果。对得到的信息资料进行分析、诊断，问题严重的编入紧急计划，需要立即修复。问题稍轻的可编入下月计划或将相同的问题集中在一起，编入中期维修计划进行修复。

（1）设备状态信息主要来源。

①设备操作使用人员反映的，操作使用方法的问题。

②设备维修人员检查反映的设备损伤问题。

③工艺、质量检测人员反映的工艺规格，产品质量方面的问题。

④运转挡车工、检修工、电器维修工等相关人员反映的问题。

（2）状态计划维修应做好的几点工作。

①贯彻落实全员设备管理思想，建立健全相关管理制度。

②建立设备状态信息的检测、反馈、收集和建档系统。

③有较为齐全的设备监测工具和仪器，有一支训练有素的状态维修技工队伍。

（3）状态计划维修的特点。状态维修计划针对性强，设备利用率和维修效率较高，维修费用低；同时对设备维修人员综合技术水平和维修管理的要求较高，且需要有相当的监测手段,对检测设备的依赖性较强。

3. 无计划维修(又称事后维修)

若某些设备发生故障后,即使不能及时维修,对生产也不会造成重大影响,损失也不会太大时,可采用这种维修方式,比如包刺辊机和下脚间的设备等。

二、维修类别

1. 大修理(又称大修、大平车)

(1)大修理的定义。将设备的绝大部分机件拆下(或拆开),检查或整修地基,原机台中心线不清者,要重新弹线,然后按设备的安装质量标准再将设备重新安装起来的工作叫大修理(大修、大平车)。在安装过程中,对磨灭、损伤超限的机件要进行修复或换新,对变形、走动的机件要进行校正,对主要机件要进行清揩检查,对轴承要进行清洗、检查、加油或换新,有的还要结合大修理对机件进行重新油漆。

(2)大修理的目的。通过大修理,彻底修复设备上存在的问题,达到"整旧如新"的目的。

(3)大修理地范围。全机所有机件。

(4)大修理的周期。过去一般为三年。20世纪80年代修改为3~5年。实行状态计划维修的企业,可根据对设备进行监测的情况,经诊断自订大修理的时间。

(5)大修理主要质量标准。棉纺织设备安装质量检测标准(FJJ212—80),基础尺寸和位置的质量要求(各机型通用)见附录一,《环锭细纱机大小修理接交技术条件》见附录二;棉纺企业根据自身长期实践工作经验,总结制订的企业内部标准。

(6)大修理接交技术条件。在实行保全保养分管的设备维修体制中,大(小)修理属保全部门管理。在大修理进行中和完成后,保养部门可随时抽查大修理的工作质量,大小修理接交技术条件就是抽查时依据的标准。抽查合格者,该机台就被保养部门接收,并开始由保养部门负责这台设备的日常维护和保养工作,一直到下次小修理时为止。如果检查不合格者,必须由保全部门组织返工修复。未能修复者,保养方面可以拒绝接车,直到全部修复为止。

2. 小修理(又称小修、小平车)

(1)小修理的定义。设备在运转使用中,由于各个机件负载的轻重、速度的高低、震动的大小、环境的好坏等各不相同,故各个机件的损伤快慢也会各不相同。对于损伤较快的机件,若等到下次大修理再去修复,还需要等待较长的时间,在这个时期内设备就要带病运转,这必然对设备造成不良影响。为了解决这个问题,就在两次大修理之间安排数次(一般为5次)针对这些机件的修复工作,叫小修理。

(2)小修理的目的。修复磨灭、损伤、变形、走动较快、较严重的机件。防止设备带病运转,恢复、稳定设备的性能。

（3）小修理的范围比大修理的范围要小，只限损伤较快、较严重的部件。

（4）小修理的周期过去一般是6个月，20世纪80年代修订为6～12个月。实行状态计划维修的企业，可根据对设备的监测情况加以判断，自订进行小修理的时间。

（5）小修理的安装质量标准。各种棉纺设备小修理的项目内容都包含在大修理的范围以内，故其安装质量标准与大修理的标准一般是相同的，但个别项目的标准会稍有降低。

（6）小修理的接交技术条件。其含义与大修理的接交技术条件相同，各机的小修理接交技术条件都和大修理接交技术条件列在同一张表上，查阅十分方便。

3. 部分修理（又称部分保全、敲锭子）

（1）部分修理的定义。设备上某一些部件相对位置变化或损伤的速度较快，若等到下次小修理时再去修复，会对生产造成不良影响。为解决这些问题，就在两次小修理之间，安排1次或2次专对这个部件的维修工作。由于这项工作过去都是由保全队去做的，故叫部分保全。

（2）部分修理的目的为解决个别部件损伤较快的问题。

（3）部分修理的周期一般为3～6个月，实行状态计划维修的企业可根据对这些部件监测情况自定维修时间。

4. 揩车

（1）揩车的定义。设备经过一定时期运转使用，一些工艺部件的位置会出现走动，机台会聚集较多的飞花、尘杂、油污，不仅影响产品质量，还会造成润滑不良，电动机散热困难，引发设备事故和火警隐患。定期对设备进行清揩、除污、加油润滑，校正主要机件状态，更换、补齐缺损机件的工作叫揩车。

（2）揩车的分工与要求。根据企业自身人员情况可按不同制式的人员数分工，按照揩车工作法的要求和规定进行揩车操作（详见本章第二节）。

5. 重点检修

（1）重点检修的定义。有计划地对设备上的重要部件进行周期性的预防维修工作叫"重点检修"。

（2）重点检修的分工与要求。重点检修一般都由各班修机工负责检修，且实行"分区负责制"，各班修机工只负责检修本班责任区内的机台，称为"责任台"。重点检修项目与标准按照重点检修技术条件（见书后附录五）要求执行。方法、原则及工作范围详见本章第三节内容。

（3）重点检修责任台的划分方法。

①交叉划分法。将每一排机台，按甲、乙、丙……的顺序依次划分各班的责任台。

②按区划分法。将某排（区、片）的机台，整排（区、片）的分给甲班，将另排（区、片）分给乙班，将下一排（区、片）分给丙班。

上述划分方法,各有其优点和缺点,可根据各企业的情况自定划分。

6. 巡回检修

(1)巡回检修的定义。修机工在规定的重点检修区内进行巡回时,用目视(查失损件)、手摸(查发热和震动)、耳听(查异响)、鼻闻(查异味)、口问(问挡车工)等各种方式,了解设备存在的问题,然后立即进行检修,这种检修叫巡回检修。

(2)巡回检修的区域。由三班或四班检修机工的重点检修区(或叫责任机台区)组成的大区,就是各班修机工巡回检修区。因此,重点检修区域的分工,是按大区域由运转三班或四班同工区的巡回检修工平均分配,一般每人负责 20 ~ 25 台细纱机为巡回检修责任机台。在巡回检修大区是不分班别的,发现问题都应立即修复。细纱工序每个运转班应配置检修人员可按设备台数和所纺纱品种确定,通常为每 80 ~ 100 台细纱机设一检修工。机型旧的、纺纱特数低的机台和每台锭子数大于 500 锭的机台,每人检修机台数偏少掌握。

7. 加油

(1)加油的定义。按要求对设备上的各类轴承、齿轮表面以及相互之间接触并有传动(或滑动)的机件加润滑油(脂)的工作,统称为加油。

(2)加油的要求。加油部位都应该有加油(脂)周期表,并严格按"五定"(定人、定时、定量、定质、定点)的要求加以落实。

(3)注意事项。加油工作十分重要,但又最容易被忽视,因此必须制订制度,强化管理。同时必须关注润滑油(脂)技术发展动态,及时试验并应用替代新产品,提高减磨、抗磨性能,减少机件损耗,降低运行成本。

三、大小修理接交验收

大小修理接交验收是保证设备维修质量的成熟经验和严把质量关的重要一环。大小修理后交好车,日后检修接好车,是认真执行接交验收制度的两个方面。重点检修一般是在常日班检修,在接车中应起主要作用,与当班巡回检修工共同搞好大小修理的接车验收工作。

1. 初步接交

平车队对所平机台,经过试车,由平车队长交给检修工接车,应按"大小修理接交技术条件"进行检查,也可对其他项目进行检查,对接交时不拆车不能查的项目,可中途抽查。查出的缺点记入接交单,平车队负责修复。未经初步接交的机台不准投产使用。保全、保养和轮班的设备主管,每月要参加一定数量的初步接交。

初步结交后的设备,小修理需要经 3 个班,大修理需要 9 个班的运转查看期,发现由于修理工作不良造成的缺点和事故,记入接交单,由平车队在最终接交前负责修复。初步接交后,保养人员对设备负维修保养责任,运转班应正确使用。试验室和电气部门应按进度要求进行工艺和机台负荷的测定,在最终接交前提供数据。

2. 初步接交车分工

接车检查,一般应有 3 名检修工负责检查,车间设有常日班重点检修队的,可有重点检修队长、本工区的重点检修工和一位相邻工区的重点检修工参加。本工区的重点检修工查车头,主轴(滚盘)、车尾部分,其他 2 人查机台左右俩侧牵伸和卷捻部分。巡回检修重点查车前运转生产中存在的问题,看平车后是否解决了。如车间无常日班重点检修队长,则由当班重点检修队长、当班重点检修工和巡回工参加。

3. 初步接交车检查路线(以 FA506 型细纱机为例)

(1)检查车头、主轴、车尾路线。左侧车门→左牵伸齿轮、轴承→左侧导纱动程→分配轴总链条→成形桃盘、轴承→琵琶架→车头门及各齿轮、轴、轴承→右侧车门→右牵伸齿轮、轴承→右侧导纱动程→分配轴高低、进出→链条、成形卷绕机构→电磁吸铁动程→刹车盘→落纱自控装置→主轴、轴承→车尾传动装置→主风道。

(2)检查两侧车身路线。车顶板粗纱架→导纱杆→摇架、喇叭口→胶辊、胶圈→隔距块、集合器→罗拉、吸棉笛管→导纱板(叶子板)、隔纱板、清洁器→钢领板、导纱板升降机构→大麻手锭子(含锭钩、锭脚、油杯)→落纱轨道→左侧:锭带、锭带盘;右侧:滚盘→吸棉箱、钢丝网→电线管托脚。

两侧车身路线查完,待负责查车头、主轴、车尾的人查完自控部分,拆下升降牙,即继续分别查左右侧歪锭子。

(3)检查注意事项。必须按次序,逐只检查,查出毛病画上粉笔记号,查完后连同大家一起查出的问题,集中或分别记到大,小修理接交报告单上;对于一时不能确定的问题,如主轴轴承一般发热,应作记录,注明在查看期继续观察;查处的问题必须经平车队修复,本工区重点检修和运转修机工才能签名接车。

4. 最终接交查看

初步接交车后,本工区重点检修工应和巡回检修工密切联系,继续在查看期内观察机台运转情况,发现问题,应及时通知平车队修理,并填进接交报告单。如有重大问题,须及时向上级主管汇报。初步接交车后,大小修理的最终接交期均为 7 天。由保全、保养设备主管或技术员和检修工一起按"大小修理接交技术条件"评等评级。如发现查看期内可以修复的缺点尚未修复或工艺测定结果问题大,最终接交后仍由平车队继续修复。凡评为二等二级的机台,须报企业专职机构分析处理。凡因客观条件变化,使某项工艺要求测定结果不能正确反映平修质量时,由接交双方研究分析原因,并经部门主管同意,可按调整后的允许限度进行评级。

四、维修备件

备件是维修工作的基础条件,它是指符合质量要求并有一定储备量的各种机配件,准备供修理时使用。按照备件的储备形式、机件作用的重要程度和损坏情况的不同,可分为轮换备件、常用备件(或称易损备件)和不常用备件。

1. 轮换制备件

为了提高修理质量、缩短停车时间,采用将需要经常修理的一部分机配件有互换性、需要定期维修、工艺作用很关键的机配件备用两套,拆下车上使用过的旧机配件送有关部门检查修理时,可直接换用已经检修过的机配件上车使用。这种作用方式称为备件的轮换制,这一类机配件称为轮换制备件。比如细纱机上的摇架加压杆结合件、上罗拉轴承、胶辊、胶圈以及锭子和钢领等均为轮换制备件。

2. 常用备件

常用备件又称为易损备件,即在设备运行中一些正常使用而自然磨损和老化的,周期在几个月或一年多较短时间的机件,在维修中需要更换而准备的机配件。在细纱机上适量储备以便及时使用的常用备件有罗拉、吸棉笛管及其附件、工艺齿轮、导纱板及导纱钩、吊锭、各类轴承、链条和键销螺丝等。

3. 不常用备件

凡正常情况下不易损坏的机件,如主轴轴承座、锭带盘支架、升降立柱和横杆等,各厂储备量相对少得多。但也应有一定的采购或求援渠道,一个是机械厂的机件供应渠道,另一种是一个地区附近几家棉纺厂同机型联合储备。

第二节　揩车

细纱机是纺纱生产的主机,是多机件、多纺锭机台,通常是多机台共同生产。由于细纱机转速高、一致性要求高,各部件出现偏差或故障隐患的概率较高。因此,揩车作为短周期、阶段性和较全面的机台保养,工作显得尤为重要,也是细纱设备维修保养工作的重要组成部分。本节将以 FA506 型细纱机为例,对揩车这一重要的保养工作项目作一全面介绍。

一、揩车的目的、周期及计划编制

1. 揩车的目的和意义

为了保证设备正常运转,安全生产和稳定产品质量,对设备纺纱及运转各部位进行必要的清洁和加油润滑,以及校正易走动工艺部件和调换磨损零部件,使机器运转轻快灵活,生产高效、低消耗。现代设备维修要求动态掌握设备运行状态,揩车就是一个能在停车状态下较全面了解设备各部位机械状态信息的机会。因此,揩车是现代设备维修中一项极为重要的工作项目和状态维修模式下的重要信息来源。

2. 揩车的周期

依据现代不同设备的装备特点,揩车周期一般定位 6~15 天。在实际工作中,揩车具体周期由企业根据不同机型、车速、所纺品种(纱线特数)、生产环境等因素来确定,主要视牵伸系统部件,特别是胶辊表面状态来确定。通常中粗特纯棉纱周期短一些,在 6~9 天,细特纯棉纱、合纤混纺纱可长些。新机型由于应用新型纺专器材应用多,润滑条件好、清节装置功能强以及机器运转平稳、震动小,揩车周期可偏长掌握,但最长不宜超过 15 天。

3. 揩车计划的编制

揩车计划,每月编制一次。编制是应考虑月度保全平车计划,合理安排,既要避免工作重复,又要以不超过企业已确定的周期为限,并要适当留有余地。

二、与揩车结合的维修项目

执行揩车计划中,对结合揩车进行的工作,如对有关零部件的加油和调换,应根据需要确定周期,并在计划中按日期、机台号注明,由各揩车队掌握执行。也可由专业人员结合揩车停车时间进行,以免重复停车,提高设备利用率。有关零部件调换周期结合揩车进行的项目有以下几点。

1. 钢丝圈调换

目前不少企业都有专业钢丝圈调换人员,可结合揩车进行调换而不必再重复接头。或者由揩车队结合揩车周期调换,对周期与揩车周期不同的,由揩车队负责按机台号挂牌,由运转班落纱队结合落纱进行调换。

2. 集合器整形

集合器整形周期一般为 1~3 个月,由专业检修组人员整形,揩车队结合揩车时进行调换。

3. 胶辊揩洗、回磨与轴承加油

由胶辊保养组(俗称胶辊房)按揩车周期进行揩洗,运送胶辊到车间,交揩车队调换。前胶辊轴承加油,结合胶辊回磨进行,一般 3~6 个月一次。前后胶辊轴承冲洗维修配套,结合新制胶辊进行,后胶辊(包括中、上罗拉又叫小铁棍)轴承加油,结合胶辊回磨进行,一般在 6~12 个月一次,以上均结合揩车周期调换。

4. 胶辊揩洗

一般纯棉为 3~6 个月,化纤或混纺品种为 1~3 个月,由胶辊房揩洗运送到车间,交揩车队结合揩车调换。

三、揩车的范围和内容

1. 揩车工作范围

(1)揩清细纱机车头、尾各部件及牵伸齿轮部分并加油。

(2)揩清三根罗拉及牵伸系统各部件。

(3)清洁锭子,拔起锭杆补充锭子油。

(4)全车各部位揩、擦、扫清。

(5)按周期对罗拉轴承、锭带 轴承等加油,对钢丝圈、集合圈、胶辊、胶圈等进行调换。

(6)平整钢领板、导纱板高低。

(7)捻头开车。

2.揩车组成与分工

一般按照纱锭配备、纺纱品种、运转效率及实际需要(如重点产品、高速机台、四班三运转等)来确定。常见的细纱揩车队组织形式有以下几种。

(1)"一、六制":即揩车头 1 人,揩车身 6 人。

(2)"一、五制":机揩车头 1 人,揩车身 5 人(其中 1 人揩车尾段两边)。

(3)"一、四制":即揩车头 1 人,揩车身 4 人。

担任揩车头的人是队长,负责该揩车队的组织领导工作,并具体负责车头尾的揩扫、牵伸传动齿轮的拆装和加油工作。揩车身采取分段负责作业法,每人负责一段车身的揩扫工作。

3.细纱机揩车工作特点与操作注意事项

(1)揩车分段与场地划分。细纱机的揩车工作,除车头、车尾部分外,对车身的揩、扫具有分段往复的操作特点。以"一、六制"揩车队为例,将一台细纱机的车身分为三段,左、右两边各 3 人,每人负责 4 块钢领板范围的车身,在同一时间内进行相同的操作,从揩车开始到结束均按顺序进行。工作场地内工具车停放在车头,调换胶辊、胶圈和小铁辊等推车放置在车尾。细纱机揩车分段及现场布置如图 4 − 1 所示。

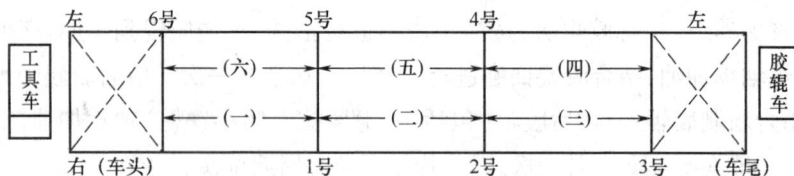

图 4 − 1 细纱机揩车分段及现场布置

(2)揩车头时应注意的事项。注意安全操作,在脱开轻重牙,完成煞头工作关车后,分工负责切断电源的揩车工要检查是否切断电源。在抬下罗拉前,应检查罗拉托架有无损坏,是否按规定要求放好,参加抬罗拉人数是否到齐,抬时做到指挥正确。注意不装错变换牙齿,不用错钢丝圈型号,不对错纱形;掌握车身工作进度,做到及时通知抬罗拉,及时开车试转;保证装配传动齿轮质量;做到油眼不堵塞、不缺油、不漏油。

（3）揩车身操作要注意的事项。必须按规定项目,有顺序的分段往复,互相协调一致,从上到下,由里到外,依次进行拆、揩、擦、装、扫、加油,并掌握好巡回、交叉和预检以及大往复路线等。不跑空路,提高功效,减轻劳动强度;揩、擦、抹、扫要仔细,操作要认真,不走过场,不允许拍、打、吹、扇;往复路线要注意有关项目操作的方向性,例如摇架加压装置的细纱机,卸下胶圈应从左到右,装下胶圈应从右到左;拆、装部件要注意对号,如弹簧摆动销、小铁辊下销棒、锭杆等;毛刷应注意干净的和一般的分开使用。纱条通道部分应用干净毛刷和揩布,其他部分用一般毛刷和揩布;关车前不允许提前剥绒辊花、清洁锭带盘和主轴托脚花衣等。

4. 揩车工作项目、操作方法与操作要领

（1）揩车队长首先关车煞头,把吹吸清洁器停在车尾位置,再将电源切断,并放安全防护罩和挂警示牌。

（2）揩车队员进车弄工作,揩车身项目、操作方法与操作要领见表4-1。

表4-1　车身揩车项目、操作方法与要领

序号	工作项目	操作方法与要领
1	拔纱(运转排落纱交空车,可没有本项)	关车断头后,左车头、右车尾2人分别将两侧导纱板掀起,并随手推倒隔纱板,将纱盒挂在落纱轨道上,一般从左到右,双手同时拔纱,同时用腿移动纱盒式。应注意:纱盒应保持干净,管纱放在纱盒内须整齐
2	释压	一手将摇架臂解锁并掀起,另一手拿干净毛刷,边掀边刷,顺序为自下而上,由左向右
3	取下与装上前后挡胶辊,刷胶辊夹簧	取下与装上均应双手同时进行,左右对称平行用力。取胶辊每次6只,装胶辊每次4只,取下依次放入胶辊盘内,装上分别用拇指把胶辊压入加压杆夹簧内。取下前后挡胶辊后,用毛刷刷摇架夹簧
4	清上销架花衣、小铁棍和掏胶圈花	拆卸清:当左手从摇架上取下上销的同时,右手拇指随即松开胶圈,然后用拇指、食指剥清小铁辊上花衣,掏清胶圈内花衣,装好、校正胶圈后,再装到中加压杆夹簧内。用捻花棒清:可用小捻花棒,一手转小铁棍,一手把上销架表面、小铁棍和上销胶圈内花衣清干净
5	揩擦下销,清花衣	下销上有胶圈脱胶及毛刺者,必须用浮石擦除并揩净。用毛刷或捻花棒把下销胶圈里的花衣清掉
6	抬中罗拉、换补小胶圈(需换补下胶圈时加本项目)	至少应5人进行。当揩车头吹哨通知抬一侧罗拉(抬下或抬下)时,另一侧1号(或6号)揩车身工应立即放下工作过来参加抬罗拉。听揩车头吹哨指挥,注意力集中,看车头方向,抬时,做到动作一致,高低一致,轻抬轻放,防止动作不协调造成罗拉弯曲甚至掉罗拉事故。将罗拉上旧胶圈取下,换上新胶圈,或按每节罗拉有一备用胶圈配置,将下胶圈补够

序号	工作项目	操作方法与要领
7	揩刷中罗拉滚花和轴承座（抬中罗拉后有此项目）	用草根刷或钢丝刷,刷清中罗拉滚花后应再用揩布揩净,采用滚针罗拉轴承的新机,只要将罗拉轴承滑座内的飞花尘杂清理掉即可
8	刷前后罗拉沟槽	用草根刷或钢丝刷,刷清前后罗拉沟槽后,应再用揩布揩净
9	放摇架	放摇架前将粗纱头整理好,放下摇架
10	撬、套钢丝圈（结合周期）	撬钢丝圈,一般用弹簧片撬去钢领上的钢丝圈,不允许用细纱筒管撬,以防损坏筒管。禁止把钢领板放到摇架上撬钢丝圈。套钢丝圈,应用铜扦子或软金属工具,以防损伤钢丝圈
11	扫车面	用毛刷扫车面和导纱板（叶子板）表面,先扫车面再刷叶子板表面
12	掀导纱板、取下隔纱板	用毛刷刷导纱板（叶子板）背面的积花和车面的花衣,先刷叶子板背面,再清理车面
13	清理锭子上的回丝	双手操作,同时进行
14	扫锭盘、锭脚	由车头将钢领板摇起,用毛刷不把锭盘、锭脚勾上的积花、死花清理干净
15	清理大小立柱、滑轮及牵引扁铁花衣	钢领板升降系统的大小立柱、滑轮及牵引扁铁易积花,用捻花棒把大小立柱上的死花挠净,用毛刷从右至左认真清扫滑轮及牵引扁铁上花衣,扫不掉的要用手摘去,要保证滑轮槽内和牵引扁铁上无死花
16	拔锭子加油	拔锭子动作要慢,加油嘴对准锭脚后再加压出油,要加在锭脚里,防止出油纱
17	清扫车肚和刷、翻锭带	用毛刷、花衣棒和揩布将车肚、锭带盘架上的花衣清理干净。然后每人挂一段挡布,刷锭带,收挡布。再分成3对,对翻打扭锭带。刷、翻锭带均应戴护目镜
18	捻头前准备	把隔纱板放到钢领板上,第一次开车后把车面、龙筋扫一遍,再将掉锭带上好

（3）揩车队长揩车头。揩车头项目、操作方法与操作要领见表4-2。

表4-2 车头揩车项目、操作方法与要领

序号	工作项目	操作方法与要领
1	煞头	用扳手,使轻重牙脱开。然后手摇摇把,使钢领板上升到比原动程最高位置高出10～15mm,开车煞头时,随即按钢领板自动下降开关,使钢领板降到最低位置
2	拆车头左右门,揩扫车头车尾	用毛刷、揩布清理车头、车尾内部和上下的飞花油污

续表

序号	工作项目	操作方法与要领
3	检查车头传动齿轮	齿轮咬合状态与有否磨损和成纱质量关系密切,目视、手感车头传动齿轮咬合是否符合要求。盘转、晃动齿轮,看齿顶隙和兼顾齿侧隙,也可用钢丝塞规测量检查,根据间隙的大小进行调整,使齿轮咬合正确
4	校正钢领板高低	由于链条的磨灭,连接钮与销轴的磨损等都可能造成钢领板高低差异。因此,在校正前,应将钢领板摇到最高处,并压若干次,使各连接处复位于运动状态;然后把钢领板高度降到适当位置,校运转升降一些短程后,方能进行。高低定位一般以车头处第二个升降立柱为基准,随后平校第一个立柱,再复查第二个立柱,看有无变化,校到无变化时,进行整台平校工作
5	摇起、摇下钢领板	配合挡车工把钢领板摇起和摇下,以便拔锭子加油
6	捻头准备	再清扫一下车头周围,吹哨开第一次车。第二开次车,吐须准备捻头
7	补头、落下备用纱	第三次开车,补头、落下备用纱
8	准备交接	再次扫清车头、车身及车弄地面。扫出的地面花、地脚花放规定容器内
9	检查	复查车头部分挡车项目,检查车身队员挡车质量

(4)挡车项目结束。挡车队员插入捻头纱开始捻头,捻头操作方法与操作要领见表4-3。

表4-3　捻头操作方法与要领

序号	工作项目	操作方法与要领
1	钢领板定位	开车煞头时,先把钢领板升高到比原动程最高位置高出10~15mm,再开车煞头,便于捻头时找到引纱
2	甩油	挡好车后,在末搭轻重牙前,摇高钢领板开一次空车,时间为钢领板升降两个来回,甩去锭盘上油迹,以防止捻头开车后出油纱
3	插纱	洗净手上的油污后在插纱
4	对纱形	开空车对纱形,使钢领板高低适合纱管的卷绕部分
5	搭牙开车	搭上轻重牙开车,粗纱在牵伸区内伸直即关车
6	整理做吐须条准备	脱开轻重牙,开空车,车身挡车工检查整理粗纱头,拔正集合器,剥去缠罗拉白花。关车时,掌握钢领板停在一次动程由上向下的五分之一处
7	吐须条	搭上轻重牙开车,前罗拉回转四分之三到一后,使纱条吐出即关车。此时钢领板停在一次动程的从上向下的三分之一位置处

序号	工作项目	操作方法与要领
8	整理须条做捻前准备	揩车身工把前罗拉吐出的过长的须条拉掉，留下的长度约 10mm。靠车尾两侧的揩车身工拉开左右吸棉风箱边门，使前罗拉吐出的须条自然下垂，并可使前罗拉吐出的须条与受伤的纱头易于抱合加捻
9	捻头（从右向左依次进行）	①引纱。揩车后放钢领板时，向前倾倒已下装上，使钢丝圈均转至钢领前边，便于引纱。引纱操作方法如图 4-2 所示。一是中、大纱时，右手在钢领板下面转动纱管，左手在纱管纱管上部引出纱头。二是小纱时，右手在钢领板上面推动纱管，左手引出纱头。引出的纱头，通过导纱钩，引至前胶辊位置 ②右手食、中指在导纱钩下面将引出的纱压下套入钢丝圈内 ③左手将纱头拉近前胶辊前上方，右手在与前胶辊中心平行的位置处，以拇指、食指夹住纱，退去 15mm 左右的捻度，并拉断松散的纱头，以便捻头时纤维抱合好，不易松开并且强力好，左手内留下的纱头回丝越短越好，不得乱扔 ④右手将松散纱头搭在前罗拉吐出的纤维须条右侧，接近钳口须条吐出点，按逆时钟方向先轻捻一次，在重捻一次，使加捻后纤维须条能将纱头抱在中间，不易分开且纱头与纤维须条接触面大，强力好，并使捻度加到吐出点处，如图 4-3 所示。其中重捻一次，是输送足够捻度，增加强力，使开车时捻头处不致因缺捻而断头。这一点是提高捻头强力、减少开车断头的关键
10	补捻头	点动一下开车后即停，补捻好断头
11	补接头	开车，将断头接齐，交车

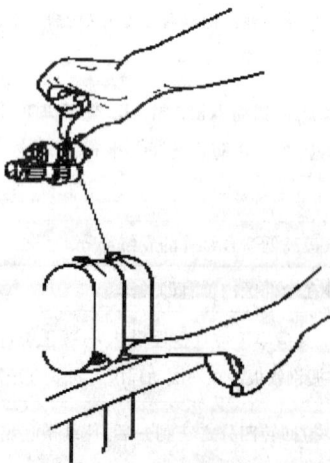

图 4-2 引纱操作示意图　　　　图 4-3 捻头操作示意图

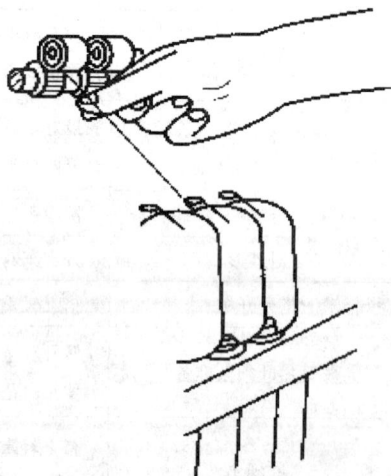

四、揩车的原则和要求

揩车是集体共同操作的工作,按规定有计划、有顺序、互相协调配合,原则上由上到下,由里到外依次揩擦、安装、清扫和加油。要按往复操作的规律进行操作,避免空程,不重复、无漏项、无漏段、无漏点,并防止拍、打、吹、扇,影响邻台的正常生产和纺纱质量。工具放置应不影响车间清理整洁,不影响相邻机台的挡车巡回操作,在揩车使用是方便顺手,不打乱工作线路,保证安全生产。

由于揩车周期短,拆装零件多,揩车质量好坏直接影响产品质量。揩车后,揩车队长必须按技术条件(详见附录四)检查队员的质量。同时还要对揩车后的机台进行工艺指标的考核,逐台看条干,不允许条干规律不匀、二级黑板条干和污油纱。为保证揩车的质量,在揩车队之间,应开展无扣分机台(规格执行好、通道光洁好、零件完整好、工艺效果好、运转满意好)的劳动竞赛。此外,还要树立为运转生产服务的观点,不断提高揩车工作水平,保证做到下列要求。

(1)三清:车头车尾清洁无油垢;牵伸部分清洁无油污,车面无积花和油污;卷捻部分清洁无死花,龙筋上无油渍。

(2)六不:不出油纱,不出成型不良纱,不出飞花附入的羽毛纱,不出搭牙齿不良造成的条干不均纱,不用错钢丝圈型号,不用错生头纱。

(3)四分清:粗纱头、回丝、油花、白花要与地脚花分清。

(4)三满意:挡车工、落纱工、修机工满意。

五、揩车后的接交验收

揩车工作过程与完成后,保养工长,专职质量检查员应进行抽查,在试车,捻头过程中,可有本工区运转检修工对揩车质量进行检查,验收;接齐断头后,初交给挡车工。试验室应对揩车后的细纱条干与质量偏差进行试验,揩车队对检查工和试验提出的问题以及时修复,未经修复的机台不能继续运转。揩车后的检查观看期为一落纱,工艺测定符合标准,故障已修复,运转正常,检查员(或检修工)。落纱长(或挡车工)与保养队长可按照技术条件进行接交验收、评等,查出的问题记入接交本上,并按规定做扣分考核。

六、揩车的配合与联系

1. 对运转生产组织的联系与配合

每天下班前,必须将第二天要揩的第一台车和揩车时间写在揩车通知单上,挂到要揩的机台车头。当天要揩的其他机台,应提前1.5小时挂牌通知。在挂牌通知时,应访问揩车机台区域的运转生产组长和挡车工,了解机台运转状况,做到心中有数;运转生产组看到挂牌揩车通知,应积极配合。落纱工应在揩车前将管筒盒搬开。对直接纬纱机台,应按时满纱关车;揩完车要通知运转接车,并征求运转意见。

2.对检修工的联系与配合

重点检修应结合揩车进行检查检修。揩车中,揩车工发现的机械问题,如螺丝松动或缺少,机件磨损,键、销松动,齿轮磨损等,除自己能及时修换者外,应及时通知该机台负责检修的重点检修工修理或调换。

3.对平车队的联系与配合

在揩车过程中,发现机械有严重和不正常的磨灭、损坏、走动问题,如牵伸部分摇架、车头转动齿轮、轴芯和轴承、罗拉颈、罗拉沟槽、罗拉轴承、滚盘等磨坏和不良情况,应及时通知平车队,以便现场查找原因,进行修复。

4.对胶辊房的联系与配合

胶辊房根据揩车计划进度表,将胶辊,小铁棍及时送到揩车机台所在地的规定部位。胶圈按揩洗周期揩洗,按时送交揩车队调换。揩车队如因故临时改动揩车计划、调换车号,须提前通知胶辊房。

5.对专件器材的联系与配合

凡需结合揩车调换的专件器材,如集合器、上下销、压力棒等,按揩车计划进度表,按时送交揩车队调换。揩车计划如临时改动、调换车号,须提前通知专件器材组。

6.对试验室的联系与配合

为了保证揩车质量,防止发生质量事故,揩车后由试验室试验条干。这是一项重要的质量管理制度。揩车队应认真执行,及时了解试验结果,发现问题及时追踪解决。

七、揩车接交技术条件

环锭细纱机揩车接交技术条件见附录三。

第三节　重点检修

重点检修是现代设备维修的又一重要工作项目,属于预防性维修,防止机器经过一段时间的运转,因位移(俗称走动)、形变、磨损、震动和润滑不良等原因,造成工艺状态和机械状态出现问题进而恶化,或出现机械故障隐患,影响纺纱质量、影响设备完好。为了保证设备的正常运转,将机械事故消灭在萌芽状态,为运转生产创造良好条件,达到高产、优质和低消耗,除了正常的平揩工作外,必须按规定的工作周期进行重点检修。

重点检修包括两个方面的内容,即重点检修和重点专业维修。

一、重点检修

细纱工序重点检修的周期,是根据现代环锭细纱机的特点和设备管理制度20条规定,并考虑不同机型的运转状态和易损机件的损坏周期来制订的,一般与揩车间隔相当,周期定为 8~15 天。新机与老机型的机械、器材易损程度不同,老机型周期偏短掌握。此外,还要结合在机品种情况,根据企业自身设备的数量多少,采用分区专人负责或专业检修队等方式进行检修。

1. 责任机台的划分

(1)运转检修工机台的划分。细纱工序是多机台车间,一般按机器排列形状考虑新机和老机和不同机型的搭配,分片、分段分配到各轮班,然后各班再逐台划分,落实到人。比如 1、2、3、4 排列号的机台分别排给甲、乙、丙、丁班次,每排各车号的机台再在班上划分到修机工。每班的责任区不要太分散,工作时检修、检查较为方便。机型新老搭配,有利于全面掌握技术和均衡工作量。

(2)常日班维修机台的划分。一般根据机台数量,常日班所有维修人员均应有大致相等的重点区域的检修机台,常日班维修人员责任机台的划分也应照顾新老机型搭配,以便全面掌握技术,这样有利于新工技术水平的提高。

(3)专业检查队责任机台的划分。大中型企业也可成立专业检修队,其队员平均分配所有机台,并按新老机型均衡搭配。专业检修队的重点检修可把大部分项目结合揩车队同时进行,剩下项目安排其他时间进行。一些重点的疑难问题由专业队集体解决。

2. 重点检修计划的编制

重点检修计划一般一个月编制一次,由于其与揩车周期相同,最好安排在两次揩车之间,维修人员的责任机台和序号要有相对的稳定性,以便责任的落实和计划的实施,有利于提高维修人员对责任区的责任感和成就感,克服短期行为。

3. 检修工作的方法及原则

(1)检修前准备工作。检修前应清查备齐所有修理工具和检测仪表,如扳手、榔头、油壶、测压(震动)仪表等;适当储备常换易损机件和其他所用材料,如导纱板及导纱钩、隔纱板、集合器、键销等;走访上下及当班的值车工、运转修机工对机台运转情况的反映,以便检修时对症处理。

(2)重点检修的原则。

①注重检查运转状态。为了避免或缩短停台,尽快检修,一定要认真观察运转状态,充分发挥耳、目、手的直感作用和检修经验,耳听声响是否正常、目视有无跳动、走动、变形、晃动、磨损铁屑和润滑油色泽,手摸轴承温度、螺丝松动、键销磨损等。

②操作顺序。从左到右,从上到下,依次进行,避免遗漏。

③边查边修。对重点检修机台,要做到仔细看、摸、听,能及时修的应立即修复。

④先易后难。为了不打乱检修顺序,特别是结合揩车进行检修时,应先易后难、先简单后复杂,对难修费时的项目,做记录抽空修。

⑤检修中,如发现罗拉晃动或抖动、主轴跳动、轴承发烫振动、车头异响等比较大的问题以及有严重磨损、走动等不正常现象,自己解决不了或需占用生产时间应及时向上级报告。如发现安全装置失效,应立即采取应急措施,并及时向上级和有关部门反映。

⑥结合正常停车时间检修,有些部位的检修,比如摇架牵伸部件、主轴联轴器和滚盘等转动部件的检修,尽可能利用班中吃饭,或利用揩车、停电检修以及班上停车时间,尽可能不占用生产时间。

与揩车队发现什么部件有问题时,可做到及时告诉重点检修队,及时修复,使揩好的车能顺利开出,起到互相帮助的作用,从而可以达到揩一台车、检修一台车、完好一台车的目的,使细纱机在运转中经常保持完好状态。

4.检修工作范围及检修项目

(1)车头、车尾、牵伸传动部分。

①车头各齿轮和链条咬合、牙齿磨损等情况,螺丝和销子有否松动等是否超限。

②牵伸各部分齿轮咬合、油孔通道、轴承发热磨损、螺丝键销紧固等情况。

③车头、车尾有无异响、振动,主要螺丝是否紧固。

④主轴连接器螺丝、轴承顶丝、滚盘等传动部件有否松动和磨损。

⑤车尾主电动机传动装置、变速装置有否机件缺损、螺丝松动。

⑥安全装置是否安全有效等。

(2)车面牵伸系统。

①摇架簧、销、簧片以及螺丝是否松动、有效,加压高低位置是否一致等。

②导纱动程是否符合规定。

③绒辊、胶辊、胶圈、隔距块、集合器等是否磨损超限、缺损,是否回转灵活、有效等。

④"三直线"情况,上销钳口线进出、平齐与初始加压。

⑤笛管表面与位置情况,橡皮接口有无漏风,闷头螺丝是否松动。

⑥下胶圈张力架位置与弹性有无失效。

⑦三根罗拉及罗拉轴承有否抖动、晃动和发热,罗拉沟槽表面损坏是否在动程内。

(3)车身卷捻部分。

①查空锭并确定相关原因,是否有麻手锭子、摇头锭子、毛羽纱和成形坏纱等情况。

②钢领、清洁器、隔纱板、锭钩、锭子和锭子油杯等位置如何,是否有效。

③检查钢领板与导纱板在升降中有无轧死或升降不灵活现象。螺丝有无松动,导轮是否歪斜等问题。

④导纱板与导纱钩是否在整台车上有高低差异较大的,导纱钩、紧固螺丝是否

松动。

⑤查气圈形状,校活气圈。

⑥查锭带位置、锭带盘架和轴承情况,是否有偏转、缺油的。

(4)纱架及其他部分。

①粗纱架、车顶板和导纱杆情况。有无螺丝松动、缺损,吊锭转动不灵活,导纱杆不直或表面挂花。

②吸棉风箱、钢丝网和主风道等有无漏风现象。

③各电动机传动带盘、传动轴键及其各部分螺丝的紧固情况。

④机架及龙筋各连接螺丝、销子、锭带盘轴和电线管托脚、落纱机轨道等个部螺丝情况,有无松动、缺损。

⑤升降部分各平衡卷轮、杠杆润滑情况,升降立柱滑轮滑道、牵吊轮、牵吊绳是否有积花,轴承是否歪斜、不转现象。

(5)重点检修内容及其操作要领见表4-4。

表4-4　重点检修内容及其操作要领

方式	检修项目	操作要领
在揩车前预查	查空锭、麻手和摇头锭、毛纱	用粉笔画记号,对毛羽纱应分析是半制品问题还是卷捻方面引起,首先排除是否导纱钩、歪锭子和钢领衰退所致,作好记录适时处理
	查车头、车尾异响,振动情况	对车头、尾异响也要寻找原因,作好记录,分别予以修复或汇报处理
	查安全装置灵活、牢固和有效	若发现有安全隐患,必须立即处理,不换班
结合揩车拆车时进行	摇架压力、夹簧、上销及簧片	手感,必要时用仪表测量。摇架压力不足、销子松动或脱出者,如在车上无法校正时,可卸下校正或换上备件。对失效簧片必须调换。此项为隐藏部件,要求在揩车掀起摇架时抓紧进行
	车头各齿轮、销子、螺丝、链条	目视、手感与测量。磨损超过限度者应立即调换。螺丝、销子无缺损松动,链条无轧死、伸长不得超过6mm(两叶片间隙)
	前后绒辊、上下胶圈及下胶圈张力架,喇叭口、隔距块、集合器	前后绒辊必须回转正常,有后绒辊者不允许与罗拉、下胶圈脱开。校正下胶圈位置,应用铜榔头操作,以防止敲毛下胶圈张力架;先敲一遍后还要复查一遍,下胶圈张力钩弹性有无不足或失效。其他项目,在敲下胶圈时结合进行检查修理
	查笛管和罗拉	笛管有无变形,橡皮接口是否漏风,闷头螺丝有无松动,笛管高低、进出、角度正确。罗拉钩外伤是否在动程内。这几项工作在抬下罗拉时进行。对有外伤的罗拉钩槽应做记号,开车后复查是否引起断头,如引起断头,应该及时汇报处理

方式	检修项目	操作要领
结合揩车拆车时进行	钢领、清洁器、隔纱板及计长表	校正或调换失效的清洁器、隔纱板。对预查做记号的起槽导纱钩、毛钢领应予调换。如整台钢领衰退而纺毛纱,应汇报处理。对起浮钢领应装好。计长表不准确或损坏者,要修理
	锭钩、锭子和锭脚油杯	用手拨锭杆或用螺丝刀查锭钩是否失效、磨损锭盘,发现失效时,立即处理,装好螺丝。对预查发现的大麻手锭、摇头锭、下沉锭、死锭子进行调换。更换漏油锭脚。这几项工作在揩车对锭子加油后进行
	钢领板与导纱板升降部分	目视钢领板升降立柱导轮有无磨损、轧死和不转等不灵活现象,螺丝有无松动等问题。发现问题,进行修理。如滑轮轴承缺油或干结卡死,可先更换备用品,将换下轴承泡在汽油或煤油里,待转动灵活后擦干,再放在机油里浸泡后用油纸包裹待用。此项工作宜在刚揩好车,尚未插纱时进行
	主轴联结器螺丝、主轴轴承顶丝、滚盘	用内六角扳手按顺序拧紧主轴联结器螺丝。用手摸主轴顶丝是否松动,松动者应紧好。发现碰钢领丝绳时,应即调整滚盘位置,断裂的钢丝绳立即更换
	叶子板与导纱钩	叶子板轴高低差异较大时,用叶子板高度定规校正每根升降横杆处的距离。FA506型细纱机的叶子板轴高低,可调节分配轴上得叶子板总链条调节螺母。若车身两侧叶子板高低不一致,可调节两侧叶子板分链条的调节螺母。至于叶子板,其高低、进出应一致并灵活,销子不允许跑出。不合要求者应进行调整。手拉导纱钩,松动超过要求者应换。此项工作在捻头前进行
	车尾主电动机传动装置、变速装置	对主电动机的4只地脚螺丝用呆扳手紧足。手摸其余螺丝有无松动,眼看机件有无缺损,变速装置是否失效,有问题时进行检修。此项工作必须切断电源进行,不可疏忽
	吸棉风箱、钢领板和主风道	用粗纱头试验有无漏风,有漏风者应修复
	管纱成形,车头异响、牵伸牙、轻重牙座和导纱动程	这几项工作在开车后查。观察钢领板是否有打顿、卡死现象,叶子板是否提前带动,齿轮咬合是否恰当,轻重牙座有否抖动;对导纱钩动程,可洒滑石粉或用粉笔涂罗拉沟槽,检查导纱动程,有问题者及时修理与调整。尤其应注意连接板螺丝有无松动影响局部或大部分横动不起作用的情况
	敲歪锭子、校活气圈、捉毛羽纱	管纱纺到大中纱时进行检查歪锭子,目视位置在正对锭子顶端上方,根据管纱与钢领周围空隙大小校正。校活气圈,在小纱时进行最适宜,按锭子中心来调整其位置

方式	检修项目	操作要领
结合揩车拆车时进行	粗纱架、车顶板和导纱杆	检查有无螺丝松、缺,粗纱吊锭(或粗纱托)卡阻、回转不灵活,粗纱歪斜,尼龙卡圈缺少,粗纱架支柱托脚松动,导纱杆不成直线、生锈挂花。这几项可安排 3~5 个检修周期做一次
	查罗拉轴承	仔细检查罗拉轴承是否磨损、缺油或塞花失油引起发烫,排除花毛、加油后如仍然发热,应汇报处理
	安全装置及附属部件	车头、车尾安全罩及螺丝、附件是否完整,不完整者应予修复
	锭带位置、锭带盘架位置和轴承	目视、耳听、及时调整。锭带不允许跑偏,边空不小于 2.5mm。锭带盘不允许碰滚盘、锭带,锭带盘轴承缺油、磨损及烧坏,应及时加油或更换
	主轴、主轴轴承、滚盘,升降立柱顶丝	手摸检查。发现主轴抖动较大,应用百分表复查。超过限度时应汇报处理。主轴问题,由主轴校弯者协同拆修。滚盘松动在巡回时已查,这里主要查滚盘有无晃动,并耳听滚盘是否有开裂发出异响情况;变形晃动大及开裂者应调换
	龙筋连接螺丝、销子、锭带盘轴和电线管托脚、落纱轨道螺丝	用手摸螺丝,松动者用扳手紧。落纱轨道接头错开 1mm 的需修理,使之接合平齐。龙筋销子松动者,用榔头轻轻敲紧即可,不允许重敲敲死(紧固)
	计长表(有罗拉传感器和 PC 自动定长显示装置的机型没有此项)	观察 2min 左右,要求走数字正确,玻璃面外观完整无损

（6）重点检修工作的接交与质量标准。重点检修机台工作完成后,应将检修情况填写在检修记录本上,由质量检查员、运转轮班该工区落纱长(或挡车工)查看,对检修后出现的各种不正常现象应负责修复。保养工长(或值班长)每月应抽查一定数量的重点检修机台的检修质量,由质量检查员按照重点检修技术条件对检查的结果进行评定考核,方法同揩车。

二、重点专业维修

细纱工序重点专业维修一般在以下三种情况下进行。一是对主轴及锭子传动等高速部件和牵伸部件的补偿性维修,形同于部分保全,但着重与状态需要的维修;二是对机械运转状态不良有针对性的维修,以牵伸及牵伸传动为主要对象;三是质量原因,如常规试验显示条干机械波、毛羽指标或单强 CV 值的波动或超标,经分析确属某机件作用不良而造成,而不拆车修理难以完成质量指标的重点维修。另外,由于新产品生产的需要,会出现大量的工艺翻改工作。以上三种情况下得维修都可与品种翻改工作结合进行,或相互兼顾。

1. 易损件及维修方法

易损件主要是一些长期高速运转、上下升降或来回往复运动时产生疲劳、变形、松动和磨损等的机件,细纱机易损件名称、原因与修理方法见表4-5。

表4-5 细纱机易损件名称、原因与修理方法

易损件名称	原因	检修方法
牵伸部分:罗拉传动轴、罗拉轴承、牵伸变换牙、张力架支杆、摇架弹簧、胶辊、胶圈及上下销、上销簧片等	自然疲劳磨损、安装不良(传动轴滑座、齿轮轴)、使用不当(加压过大、搭牙不当、缺油),机件质量差(罗拉弯曲偏心)	重新平装调校、整修、换新
车头部分:各部齿轮、各部轴、轴孔轴承座,滚盘轴承和罗拉头滚珠轴承;成形链条	自然疲劳磨损、安装不良(齿轮啮合不当、轴承套筒与轴配合不当、轴承外圈与轴承壳压配过紧)、使用不当(缺油,内有异物)	重新平装、调校、镶接整修、换新
卷捻部分:牵吊带、转子结合件、摇臂轴、牵动链条结合件、锭带。锭带盘及轴承	自然磨损、安装不良(升降立柱平行垂直度不够)、使用不当(缺油、锭带打扭等)、机件质量(轴承密封性差)	重新平装、调校、整修或换新

2. 主要机件的磨损变形限度

掌握细纱机主要机件的磨损变形限度是提高修理质量的关键之一,凡机件磨损超过限度范围应进行修理或调换。

3. 细纱机机械故障、产生原因及修理方法

(1)常见机械故障、产生原因及修理方法见表4-6。

表4-6 细纱机常见机械故障、产生原因及修理方法

常见故障种类	机型	产生原因	维修方法
胶辊跳动或运转不灵活	FA系列 A513系列	①胶辊芯子弯曲或铁壳偏心 ②胶辊芯子缺油 ③胶辊芯和铁壳间有杂物或飞花卡住 ④罗拉座不在同一直线上	①调换 ②调换,加油 ③调换或清洁后重新加油 ④重新平装
下胶圈上吊或轧入下销内	FA系列 A513系列	①胶圈张力调节不当或扭簧失效 ②下销棒,胶圈张力架或表面不光滑或张力盘不灵活 ③上下销间横向隔距不一致 ④下胶圈里面发黏或不光滑	①重新调节或调换扭簧 ②提高光洁度或调换张力盘 ③予以校正 ④加滑石粉或调换下胶圈

常见故障种类	机型	产生原因	维修方法
导纱动程跑偏或不走	FA 系列 A513 系列	①导纱动程过大,过小或偏向一边 ②蜗轮蜗杆传动导纱板的连杆螺丝松脱	①校正动程大小,使其位置居中 ②紧固螺丝并校正动程位置
吸棉不良,细纱断头后造成飘头,打断邻纱或行成纱	FA 系列 A513 系列	①吸棉风力不足,真空度低于规定 ②吸棉风管及棉箱漏风 ③吸棉支管位置不对 ④吸棉箱内积存白花过多	①提高吸棉真空度 ②修好漏风处 ③校正支管和前罗拉的相对位置 ④定时出清白花
机台震动	FA 系列 A513 系列	①滚筒(盘)跳动,车脚不着实 ②皮带盘套筒销钉失落,造成皮带偏心 ③轴承紧定套偏心,松动,保持器损坏 ④主轴联轴器螺丝松动	①重新平装或调换 ②重新平装、调整 ③补上销钉 ④调换 ⑤予以紧固
滚筒(盘)跳动	FA 系列 A513 系列	①滚动轴(主轴)弯曲 ②滚筒本身轻重不平衡 ③滚筒轴孔磨灭 ④滚筒支头螺丝未支入槽内	①拆下校正 ②拆下校平衡 ③调换滚筒 ④将支头螺丝支入槽内
罗拉跳动	FA 系列 A513 系列	①罗拉偏心,弯曲 ②罗拉头齿轮啮合不当	①校正弯曲或调换偏心段 ②校正齿轮啮合松紧适当
中罗拉头断裂	FA 系列 A513 系列	①罗拉头平装不良 ②轴承螺丝松脱,造成轴承走动 ③罗拉重加压后,负荷过大	①调换罗拉头,并重新平装 ②调换罗拉头,并重新平装 ③调换罗拉头,并适当减轻负荷
锭子摇头造成细纱断头	FA 系列 A513 系列	①锭子弯曲 ②锭胆缺油或与锭子间磨灭过大 ③筒管偏心变形	①校正弯曲使之在允许限度内 ②及时加油,调换磨损锭胆 ③调换,修理筒管

常见故障种类	机型	产生原因	维修方法
拔纱时连锭子一起拔出	FA 系列 A513 系列	锭钩尖端磨损过多或位置不正	修理锭钩或调整其位置
钢领板升降打顿	FA 系列 A513 系列	①平衡重锤轻重不适当,碰地面或下面被东西顶住 ②成形凸轮尖端磨灭 ③成形部分各齿轮,蜗轮,蜗杆相互间啮合不良,磨灭过多或螺丝松脱 ④羊脚装反或钢领板尖头处太紧 ⑤千斤连接钮(牵动臂)销磨灭 ⑥行星齿轮键松动 ⑦小羊脚和转子不接触	①调整轻重,高低位置,清除重锤下杂物 ②调换,修理成形凸轮 ③搭正各对齿轮,调换磨灭严重零件或紧固螺丝 ④装正羊脚,调整钢领板接头处松紧 ⑤调换 ⑥予以校正
主轴轴承发烫	FA 系列 A513 系列	①紧固紧定套螺母松脱,与主轴摩擦 ②滚珠轴承清洗不洁或损坏 ③滚珠轴承润滑油过多或过少 ④滚筒轴颈圈与轴承座摩擦 ⑤滚筒(盘)跳动	①重新紧固紧定套螺母 ②重新清洗或调换 ③调整加油量,使其适当 ④调整轴颈圈与轴承座间隙 ⑤见前"滚筒(盘)跳动"处理方法
车尾滚动轴承损坏	FA 系列 A513 系列	①皮带盘偏心造成晃动 ②皮带过紧 ③轴承与轴承座配合过紧 ④轴承缺油	①调换皮带盘 ②调整皮带松紧至适当 ③调整轴承与轴承座间隙至适当 ④补油
车头内有齿轮异响	FA 系列 A513 系列	①齿轮啮合不当 ②齿轮不合格,变形或严重磨损	①调整齿轮啮合松紧至适当 ②调换
行星齿轮磨灭	FA 系列 A513 系列	①键松动 ②齿轮啮合过紧	①调换 ②调整齿轮啮合松紧至适当
钢领板不下降	FA 系列 A513 系列	①牵引扁铁相缠或翻身 ②牵引扁铁接头松动,扁铁扭斜 ③钢丝绳从滑轮上掉下	①拨正牵引扁铁 ②紧固接头处,拨正牵引扁铁 ③重新放上

续表

常见故障种类	机型	产生原因	维修方法
钢领板突然掉下	FA 系列 A513 系列	总链条断裂	修理或调换
叶子板升降打顿	FA 系列 A513 系列	①小羊脚弯曲,不垂直,不灵活 ②钢领板升降打顿	①校正小羊脚,重新平装 ②见前"钢领板升降"处理方法
钢丝绳断裂	FA 系列 A513 系列	钢丝绳不在滑轮槽内或滑轮不转动	调换钢丝绳,重新平装滑轮并使其转动灵活

（2）复杂机械故障、产生原因及修理方法见表4－7。

表4－7　细纱机复杂机械故障、产生原因及修理方法

故障名称	产生原因	修理方法
罗拉头断裂	①罗拉平装不良 ②轴承螺钉松脱,造成轴承走动 ③罗拉加压过大 ④罗拉头轴承与第一节罗拉座不同心超限	①平装罗拉头端与车身罗拉高低与进出 ②平校罗拉头轴承及座的同心度 ③调整摇架加压 ④更换同规格罗拉头(需除油、擦净)
前罗拉头抖动发热	①前罗拉头轴承与第一个罗拉座高低不同 ②罗拉弯曲	①平校罗拉头与第一罗拉座轴承高低与进出 ②校直罗拉达 0.03mm
车头中、后罗拉轴承发热麻手	①罗拉头弯曲 ②罗拉轴承盖安装接触有间隙,手摸不平齐 ③齿轮啮合过紧或啮合偏斜	①校直罗拉头 ②调换罗拉轴承盖使其压紧不留间隙 ③按钢齿轮要求,调整齿轮啮合间隙
滚盘轴头断裂	①内外侧两轴承高低进出未校正一致 ②第一滚盘轴轴承高低调节螺钉松,位置走动 ③轴承缺油损坏或轴的本身质量有问题	①更换主轴并重新平校主轴两轴承高低与进出 ②兼顾与车身轴承的进出与高低 ③修整滚盘轴承座,调节螺钉,校正轴的同心度
牵伸加压不良	①摇架弹簧压力不足 ②下胶圈张力架回转不灵活或弹簧弹力不足 ③上胶圈上销弹簧弹力不足	①更换摇架弹簧,如果较多摇架出现弹簧衰退,应做好记录,考虑结合平车更换整台摇架弹簧 ②修整张力架轴孔或更换弹簧 ③更换弹簧

121

故障名称	产生原因	修理方法
钢领板升降打顿	①平衡扭杆调节不当,调节螺丝松动 ②成形凸轮尖端磨灭 ③成形部分各齿轮、蜗轮、蜗杆相互间隙啮合不良,磨灭过度或螺丝松脱 ④牵吊绳滑轮轴承缺油、不转,升降横杆转子结合件轴承缺油、不转,升降立柱不垂直	①调整轻重并紧螺丝 ②调换、修整成形凸轮 ③搭正各对齿轮,调换磨灭零件或紧固螺丝 ④调换滑轮、转子结合件,校直立柱位置
主轴轴承发烫	①紧固紧定套螺母松脱,与主轴摩擦 ②滚珠轴承清洗不洁或损坏 ③滚珠轴承润滑油过多或过少 ④滚盘轴颈圈与轴承座摩擦 ⑤滚盘跳动	①重新固紧套螺母 ②重新清洗或予以调换 ③调整加油量,使其适当 ④调整轴颈圈与轴承座间隙 ⑤校正轴或紧定套位置,或更换滚盘
车头、车尾滚动轴承损坏	①皮带盘晃动 ②皮带过紧 ③轴承与轴承座配合过紧 ④轴承缺油	①调整皮带盘 ②调整皮带松紧至适当 ③调整轴承与轴承座间隙至适当 ④补油

4. 重要零部件的维修

(1)罗拉与轴的校直。当确定滚盘轴、罗拉或罗拉头弯曲,则应拆卸,在车下进行校直。将滚盘轴、罗拉头拆下后揩洗干净,并检查罗拉和轴的轴承,看是否有损坏,轴表面有无损伤、毛刺。将损伤、毛刺部分挫修、重新换好轴承等准备工作完成后,在校直台上校直。轴(或罗拉)的校直有如下步骤与注意事项。

①先将罗拉或轴放在校直台上 V 形搁铁内,对装有轴承的轴搁铁的位置放在轴承下面(但矫正时,搁铁要与轴接触,以免压坏轴承),要检查的弯曲处应在两只搁铁之间。将百分表的侧头置于轴(或罗拉)的上方,手缓缓地旋转轴进行检查,转时要注意勿使轴左右移动或上下晃动。若轴有弯曲,在表示的最大和最小处,用彩笔在轴上做记号。最大数表示轴凸部弯曲最大处,最小处表示轴的最凹处。最大、最小数差异表示轴的径向跳动量。

②中央弯曲先校大弯,后校小弯,先校轴(或罗拉)中间,后校搁铁两端。如图 4-4(a)所示,将凸起点向上,放加压力与两搁铁中央最大处,同时压力的作用点应在轴的弯曲最高弧面 bc 的中点 a 处,如图 4-4(d)所示。

③轴两端弯曲。如图 4-4(b)所示,使凸面向上,搁铁放于弯曲的转折处。轴端部分压力,搁铁侧面必须加扶力,防止轴的另一端翘起。

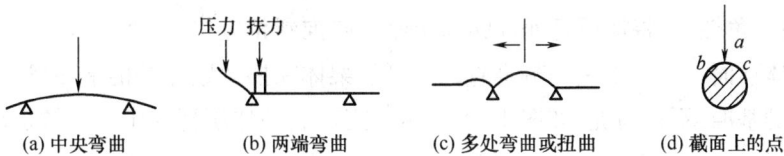

图4-4　轴的校直方法

④多处弯曲或扭曲。如图4-4(c)所示,由中间向两端逐段校直。将搁铁放于转折点下,先用图4-4(a)方法进行,校至端部分时,再用图4-4(b)方法进行,但要注意不要形成扭曲。完全校弯后,再进行复查。

⑤校直时,本着矫弯过正的原理,要把轴适当地压过头。即所施压力适当超过轴的弯曲程度,但也不能过分,否则容易造成新的弯曲。校中弯时,施压点必须在搁铁的中央,否则容易造成新的弯曲。当弯曲点移动到对称位置时,则表示压力太大。有时也会出现弯曲并不是单一方向的,应根据新的弯曲点进行校正;出现丝杆顶头与搁铁V形槽不同轴,应注意偏过一定角度进行校直。过多反复施压,会使材料"疲劳"受伤,应尽量避免。

⑥对于材料性质较硬的轴,在施压达到最大程度时,可将手柄(或手盘)反复盘转几次,然后再最大压力处停止转动,以增强施压效应。

(2)摇架的更换与调整。当摇架出现销子磨损、锁紧机构中零部件磨损、壳体变形不垂直等故障时,需要更换摇架。更换圈簧摇架和气压摇架的方法以及更换后相关上罗拉隔距、工作高度与压力等的调整方法各不相同。下面将主要相关摇架的更换与调整方法介绍如下。

①摇架拆装与左右位置的调整。首先将有问题的摇架所在支杆从摇架座上拆卸下来,在机下将相关摇架座固定螺钉和高度调节螺钉松开,并换上整套摇架,将换上的摇架在各相应位置初步固定,将支杆再装回罗拉座上并拧紧螺钉。更换中,动过的摇架上车后需将摇架打开掀起到固定位置,将前后胶辊、上销组合件装在摇架的相应加压杆上,目测其左右位置是否与下罗拉齿纹部分对正并加以调整,一般以前胶辊为基准。对正后,初步拧紧摇架座与支杆的紧固螺钉,然后还需要进行后面的一系列调整。在调整过程中必须兼顾"左邻右舍",由于摇架支杆的弹性变形,会影响摇架的高低工作位置,即影响摇架的调整压力与实际工作压力的差异。为使这一误差降到最小,调整时必须将摇架所在支杆的左右相邻两支杆上的摇架处于加压状态(实际工作状态),这样可以使调整的摇架压力与其实际工作状态的压力相符。

②上罗拉隔距的调整。当摇架装好之后,首先需要调整前后胶辊及小铁棍的隔距。调整工具用隔距量规(YJ2-142-G0100),如图4-5(b)所示。按工艺要求计算L_1、L_2,不同摇架上的型号的上罗拉工艺隔距数值计算公式见表4-8。用游标卡尺将

隔距量规隔好,将摇架打开掀起至刚性固定点,松开摇架体顶表面固定加压杆组合件的6mm内六角螺钉,将加压杆元件朝摇架座方向推到相应位置,然后将调好的隔距量规置入架体顶面。注意工具一端垂直钩要紧靠架体在摇架座一端的端面,这是上罗拉隔距定位的基准,不得马虎,如图4-5所示。将前胶辊加压杆和中上罗拉加压杆组合套件紧固螺钉推紧前面的卡销点并贴紧,隔好L_1,拧紧内六角螺钉,然后再用0.10mm塞尺片检测接触处间隙,以插不进为良。但取出上罗拉隔距量规时,手感觉不太紧为宜。同上方法,将后罗拉加压结合件紧固螺钉定位后,将L_2隔好,拧紧螺钉。最后复查一下加压结合件紧固螺钉所处位置与拧紧程度,如图4-5(a)所示。

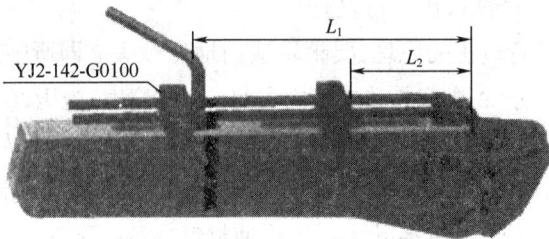

(a) 上罗拉工艺隔距与调整方法

(b) YJ2-142摇架上罗拉隔距量规

图4-5 摇架上罗拉隔距调整示意图

在调整隔距时,一定要做到全台准确、一致,这一点非常重要。按尺寸推断,中上罗拉隔距L_1是以上下销前沿对齐为目标设定的,但由于摇架测算的基准、上销型号、下销固定位置、操作累积误差等多种原因,上下销前沿对齐会出现一些差异,一般在2mm以内。如果出现上销碰前胶辊或吐出舌头等情况,则必须及时校正L_1尺寸。最终应以上下销基本对齐且以上销略微超出下销为宜,同时以全台对齐状态一致为追求标准。

表4-8 不同型号摇架的上罗拉工艺隔距计算式

工艺隔距	YJ2-120 系列	YJ2-142 系列	YJ2-150 系列	YL2-132V 系列
L_1 (mm)	168.5 - HF1	191.5 - HF1	198.5 - HF1	191.5 - HF1
L_2 (mm)	150.3 - HF1 - VF1	173.3 - HF1 - VF1	180.3 - HF1 - VF1	173.8 - HF1 - VF1

注 HF1 = 前中下罗拉中心距,VF1 = 中后下罗拉中心距;以上公式按前上罗拉前冲、中上罗拉后移各2mm为依据计算。

③工作高度的调整。调整好上罗拉隔距后,放下摇架,使上罗拉接触下罗拉,掀起

摇架,用5mm内六角扳手松开摇架座尾部的固定螺钉,向后推动手柄,将摇架推到不能转动为止,再将手柄逐步往下压。若感到压力大时,且勿强行压下手柄,应拧松摇架座尾部的高度调节螺钉,直到手柄能轻松压下后,再用摇架高度规(YJ2 - 142 - G0200)测量摇架体端部凸肩与前加压杆的间隙。同时,调整摇架高度调节螺钉,使3mm端通过、3.5mm端不通过,然后拧紧摇架固定螺钉,如图4 - 6所示。

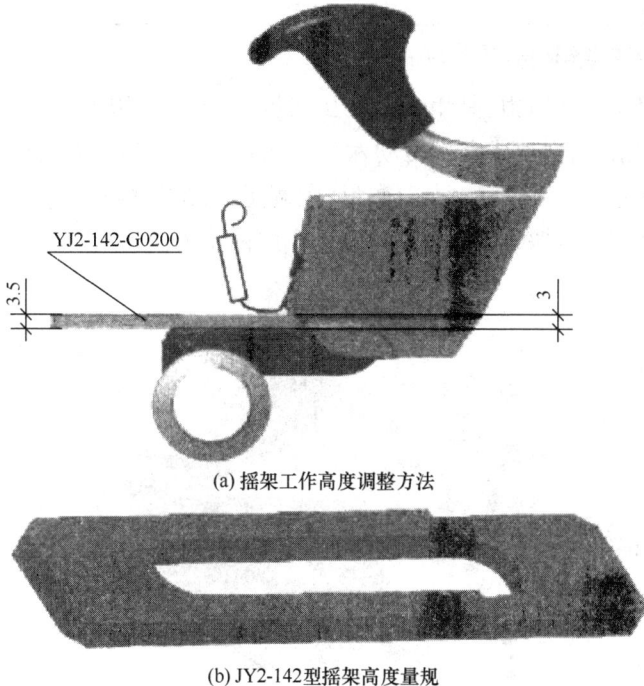

(a) 摇架工作高度调整方法

(b) JY2-142型摇架高度量规

图4 - 6 摇架工作高度调整示意图

本支杆上的摇架全部初调后,同时压下所有摇架。由于支杆和下罗拉受力变形,会使摇架工作高度增大(可能大于3.5mm),必须重新检查工作高度。并在摇架加压开车运转后,再停车复查摇架工作高度。若有变化,则按前述方法再次校正。在工作高度调整或复查中,注意间隙切忌小于3mm,因正常情况下弹簧将处于接近并拧紧阶段,会使摇架压力很大。若强行板下或提起手柄,有可能使手柄弯曲变形,这样会大大缩短弹簧的使用寿命。另外,由于摇架长期使用后,弹簧出现疲劳衰退,工作高度等于甚至小于3mm时,压力值仍不能达到工艺要求,此时,不管摇架使用期有多短,弹簧都必须更换。

④前上罗拉加压的调整。前上罗拉(也称前胶辊)的加压力,按所纺纤维品种和纺纱工艺的需求选取。YJ2系列和改进型的A系列有三档压力值可供选取,具体数值见表4 - 9。

表 4 - 9　YJ2 系列摇架前胶辊不同加压的着色标记及压力值(单位为 N)

标记颜色　　　摇架系列	YJ2 - 120 系列	YJ2 - 142 系列	YJ2 - 132V 系列
白色	60 *	60 *	60 *
无色	100	100	100
绿色	130	140	140
红色	160	180	180

* 标记为"C"系列以及后摇架新增压力值。

　　调整前上罗拉的加压力,是用六角调压快扳手(YJ1 - G0300)插入前加压杆头部的六角调压块凹槽内,向前或向后转动六角调压块。改变其位置而得以压力调整,如图 4 - 7 所示。为防止在施压情况下转动六角调压块,延长摇架的使用寿命,必须在卸下状态下进行调压。调压块的着色标记面朝上时的压力值见表 4 - 9 所示。

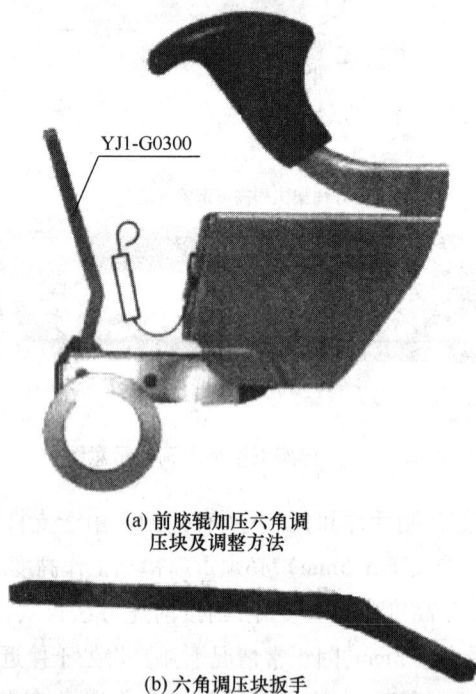

YJ1-G0300

(a) 前胶辊加压六角调
压块及调整方法

(b) 六角调压块扳手

图 4 - 7　摇架前胶辊加压调整示意图

　　⑤中、后上罗拉加压的调整。C 系列摇架中、后上罗拉加压压力值分别有两档。即中上罗拉(俗称小铁棍)加压压力为 100N/双锭、140N/双锭(出厂状态 100N/双锭);后上罗拉加压压力为 120N/双锭、160N/双锭(出厂状态 120N/双锭)。在调节中上罗拉或后上罗拉压力时,摇架必须在卸下状态进行,此时用专用扳手(YJ2 - 142C - G0500A)插入摇架体背面中或后加压结合件固定螺钉旁边的压力调节块中,

进行调节。还要注意在调节中后罗拉压力值时,先要检查中后调节块是否处与初档位置(即低压力值的位置)。初档位置时,调节块(白色)平面略低于摇架支架背面,高档压力位置时,调节块是下沉的。在低档位置往高档位置调节时,专用扳手只要顺时针旋转90°即可;从高档压力值往低档压力值调节时,只能逆时针旋转90°恢复。在调节压力时,切忌不要用力过猛,而且专用扳手方向不能转动错误,扳手必须插入至调节孔,如图4-8所示。

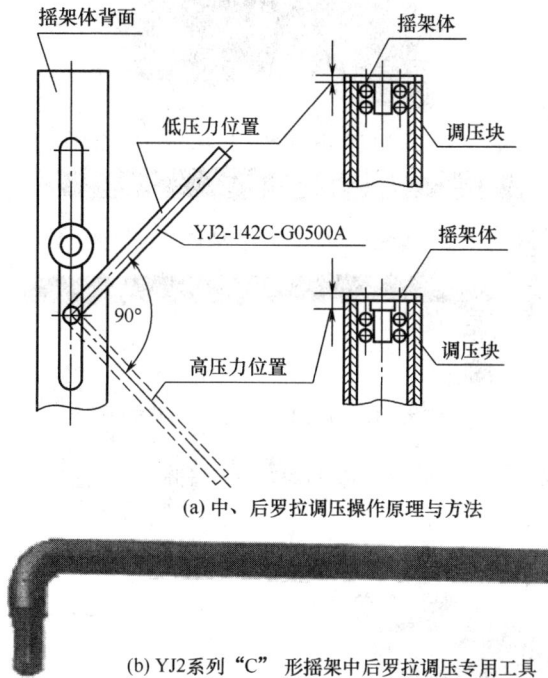

(a) 中、后罗拉调压操作原理与方法

(b) YJ2系列"C"形摇架中后罗拉调压专用工具

图4-8　摇架中、后罗拉加压调整示意图

⑥前胶辊与前罗拉平行度的调整。摇架的前胶辊与前罗拉的平行度是影响成纱质量的一个重要因素。因此,除已有的自调平行结构外,YJ2系列改进型摇架还特别增加了前胶辊与前罗拉平行度调节装置,能使上下罗拉平行度达到较高的水平。具体调节方法是专用扳手[YJ2-142C G0500A(C系列)]插入摇架体背面最前端的孔中,通过转动具有偏心三角孔或四方孔的上定位帽,而改变弹簧的刚度中心,起到调节平行度的作用,如图4-9所示。

⑦加压结合件(上罗拉、夹簧)的装拆。卸加压结合件上罗拉时,切忌单手握住上罗拉一端强行扳下。应双手握持上罗拉并上顶夹簧的同时平行取下,如图4-10(a)所示。否则将会使加压杆形变和夹簧脱落,破坏上罗拉与前罗拉间的平行度。

a.夹簧的装拆方法。需要更换夹簧时,首先确认好夹簧的安装方向,将夹簧前端

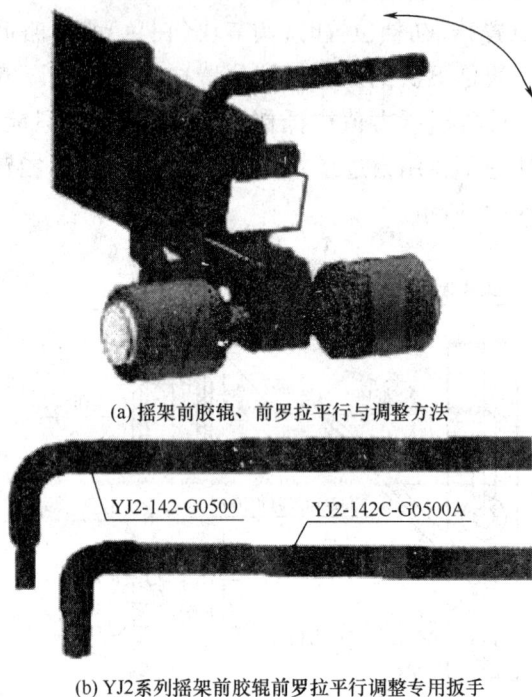

(a) 摇架前胶辊、前罗拉平行与调整方法

YJ2-142-G0500   YJ2-142C-G0500A

(b) YJ2系列摇架前胶辊前罗拉平行调整专用扳手

图 4 – 9   前胶辊与前罗拉平行调整示意图

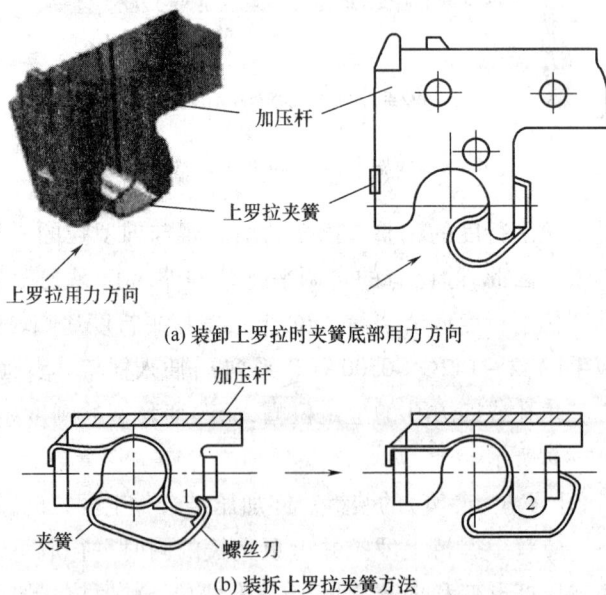

加压杆

上罗拉夹簧

上罗拉用力方向

(a) 装卸上罗拉时夹簧底部用力方向

加压杆

夹簧   螺丝刀

(b) 装拆上罗拉夹簧方法

图 4 – 10   上罗拉(夹簧)装拆示意图

套在加压杆握持部位的前面缺口中,然后用简易工具(如螺丝刀)伸入夹簧的后端,把夹簧张开,再用大拇指向上一推,使夹簧后端扣在加压杆握持部位后面凸台上。拆卸夹簧正好是安装的反过程,即先张开退出凸台再推出,如图4-10(b)所示。

b.加压杆结合件的更换。需要更换前、中加压杆结合件时,首先需将前弹簧处定位板钩脱位,然后将加压杆定位钩直销冲出,再将摇架体顶面的中加压杆固定螺钉松开并退出,更换上新的。前、中加压杆结合件组装定位时,反过来安装即可。对后加压杆结合件的更换,需将相应结合件所在摇架体顶面的固定螺钉松开并退出,从摇架下面取出旧结合件。换上新的后,将相应固定螺钉装上并初步旋转紧到刚受力,将上罗拉隔距做好后,再拧紧结合件紧固螺钉。

(3)间接杠杆式气压摇架及零部件的更换与调整。

①支撑管和胶辊的更换与调整。杠杆式气压摇架的支承管是摇架的工作基础,其内胶管与支承管位置的精确到位与加压压力的稳定性和一致性都密切相关。当出现支承管的严重变形或胶管的老化与漏气等情况,则需要进行相应更换。更换支承管(或胶管)必须将相应(或整台车)的摇架拆卸掉。在新的支承管安装前,应将其内外表面的油污清除,并检查和清除槽、孔和管口内外边缘上的毛刺。将清理完毕的支承管内表面、胶管外表面涂上滑石粉,然后将支承管依次套装在胶管上(注意支承管首尾段必须套装在胶管的两端)。借助传压块安装拨叉(VG-003),如图4-11(a)所示。依次将清除油污的传压块装到支承管与胶管之间,并将传压头伸出支承管上 $\phi15\text{mm}$ 的孔外,如图4-11(b)所示。支承管座在罗拉座上后(先不紧固),再将组装好的胶管、传压块和支承管的组件装到支承管座上。注意装配时要小心,以免划伤损坏胶管。此外,保持支承管间孔与槽的方向一致,支承管之间应预留2mm的间隙,支承管两端的槽口必须与支承管的凸台啮合好。堵头未安装之前,多余的胶管暂不要切掉,当机器的半边安装完成,空气入口堵头和密封堵头即可装入胶管,如图4-11(c)所示。堵头必须先涂上滑石粉,堵头不必拧得过紧。堵头是由两个堵盖和一个橡胶圈组成。当这两个堵盖被拧紧时,橡胶圈膨胀,达到密封的效果,如图4-11(c)所示。进气堵头应安装在靠近气源的一端。堵头安装完成后,才能切除多余的胶管。

机器的两边密封堵头都安装完之后,气动控制组件就可以接到进气开关的螺纹接口上,将压力调到0.1MPa(先将减压阀顶部的调节旋钮逆时针方向转动卸荷,然后打开气源,再按顺时针方向转动调节旋钮,压力逐渐增加(直至压力表指示压力为所需压力)。要检查气路及控制系统的密封效果。

②支撑管座的安装与调整。支撑管组件安装在支承管座上后,要用定距规(VG-088)调整支撑管座的位置,以确保支撑管的中心到前罗拉中心的距离为210mm,同时检查摇架左右位置符合要求,经检查无误后,才能将支撑管座紧固在罗拉座上。支撑管正确定位后,再移去定距规,如图4-12所示。打隔距时,注意要兼顾支撑管在两罗

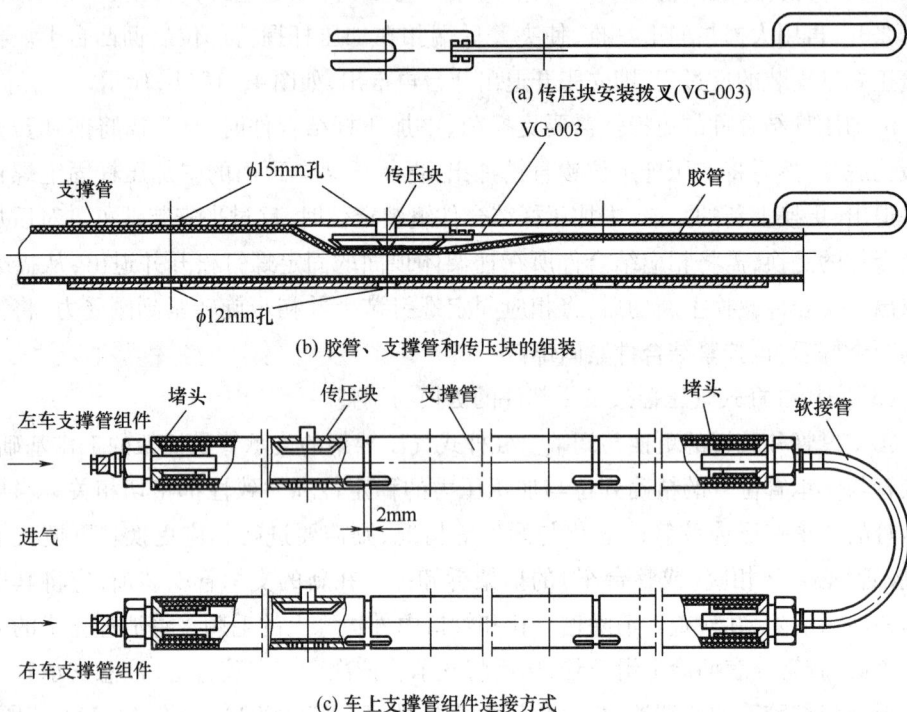

(a) 传压块安装拨叉(VG-003)

(b) 胶管、支撑管和传压块的组装

(c) 车上支撑管组件连接方式

图4-11　杠杆式气加压支撑管组件与安装示意图

拉座紧固螺钉旁的距离都符合要求,定距规放下顺利而前后晃动时手感无间隙。

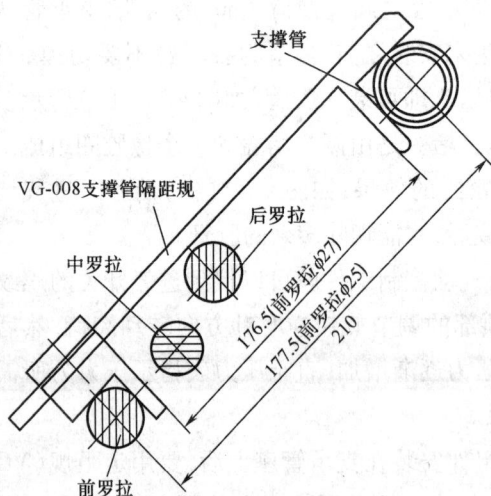

图4-12　支撑管安装与调整示意图

③摇架的更换与调整。当发现摇架传压机构或锁紧机构零件严重磨损、摇架体变形不垂直等故障时,需要更换摇架。

拆卸摇架顺序为:首先将摇架掀起至刚性固定位置,拆去上罗拉与上胶圈组合件。然后松开下固定卡紧固螺钉,拆下下固定卡。最后将摇架从支撑管上拿下,注意要垂直离开支撑管,防止传压曲柄别撬传压块,使传压块受损。

安装摇架与拆卸时相反,使摇架上凸出的传压曲柄装进支撑管上的传压块,然后将下固定卡的定位凸台装

入支撑管下部 $\phi 12mm$ 孔内[图4-11(b)和图4-11(a)]。稍微拧紧螺钉,使下固定卡连接到上固定卡并受力,然后对摇架进行预载荷的调整。其步骤为:第一步,用胶辊侧压力仪式代替前上罗拉,将摇架压下并锁紧;第二步,在胶管没有通压缩空气和罗拉静止的状态下,通过调节摇架固定卡的螺钉A或B紧固螺钉,使压力表达到50N;最后对于大批量或整台车摇架更换后进行预载荷的调整时,可按上述方法先调出3个摇架作为标准样件,将其他摇架上下固定卡之间的间隙调整到基本一致,就能使整台车所有摇架获得基本一致的预载荷。

④牵伸罗拉防倒机构的调整。车头左上部的防倒机构是一种单向的棘轮结构。为避免调换牵伸变换齿轮时,由于中后罗拉扭转后弹性恢复,特别是在粗纱重定量时牵伸力较大,罗拉扭转产生罗拉倒转,使开车时产生大量断头或细节纱疵而设。使用前先调节好螺母(螺母与齿片为一体)在居中位置,如图4-13所示。当调换后牵伸变换齿轮时,将防倒齿片放入齿轮间,此时齿轮不能倒转。因此防止了中后罗拉倒转。当调换好齿轮并开车后,防倒齿片自动退出。

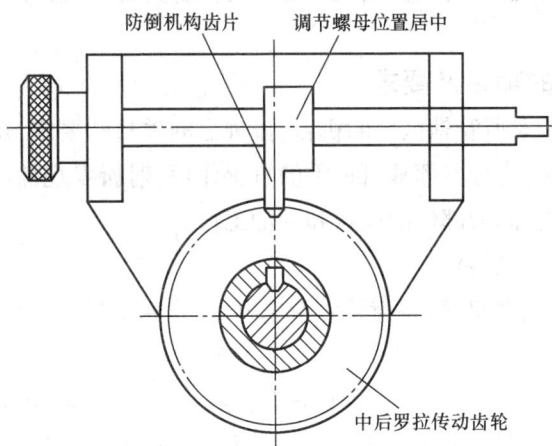

图4-13 牵伸罗拉防倒机构与调整示意图

⑤电磁刹车装置的调整。FA506型细纱机配备了DDZI-5A型单片式电磁刹车装置,其结构简单,调正方便,使用寿命长。调整时,电磁铁与摩擦片之间距离 $0.5^{+0.2}_{-0}$ mm。应特别注意其四周间隙偏差不超过0.1mm,可用塞尺检验。如间隙偏差超过0.1mm,可在制动盘座与二墙板之间垫纸调整。调整时还应转动主轴180°检查。如校正不好,间隙偏差会超差太多,易引起单侧局部摩擦而产生高温烧毁线圈。另外,刹车法兰盘上两只螺钉均应拧紧,防止法兰盘轴向窜动,如图4-14所示。

5.重点检修工作质量标准

(1)重点检修技术条件。细纱机重点检修工作质量标准依据"环锭细纱机重点检修技术条件"详见书后附录四。

（2）设备完好技术条件。细纱工序重点检修工作还担负着设备完好率的指标责任,其质量标准依据"环锭细纱机完好技术条件",具体内容详见附录五。

第四节　巡回检修

巡回检修工作是保证机器设备正常安全生产的预防性维修工作。虽有定期的揩车、重点检修等维修项目,但机器运转生产的振动、冲击、润滑消耗,以及外部操作不当等原因,随时都会有生产故障的可能。

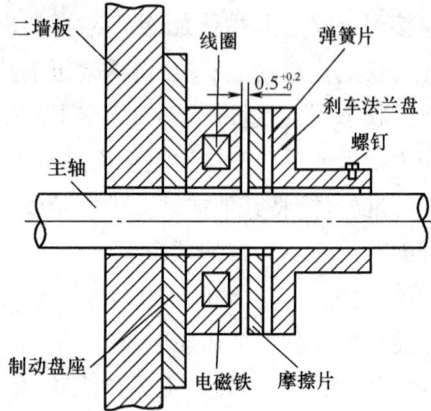

图4-14　DDZI-5A型单片式电磁刹车装置

每个轮班都必须进行巡回检修,因而又把这一检修称为运转检修。

一、巡回检修的项目及要求

维修工作人员应对所管辖区域的机台,按规定的项目和要求,每班进行1~2次的巡回检查,巡回检查时充分发挥耳、目、手的直感作用,对所发现的不正常状态,应立即进行排除复修,并负责润滑部位的检查和补油工作。

1. 巡回检修的主要项目

（1）安全装置作用要良好,各齿轮防滑罩、传动带轮防护罩要有效灵敏和电气接地装置良好。

（2）机台无异响或显著抖动,各齿轮状态良好,如齿轮啮合、齿轮轮轴与孔的配合。

（3）各主要轴承和轴承座要求无显著漏油及发热、振动或异响。

（4）滚盘和滚盘轴无跳动、晃动和开焊及损坏。

（5）各传动带及带盘状态良好,胶辊、罗拉无显著跳动,胶辊胶圈动程部分无损伤,集合器、导纱喇叭与上销隔距块无缺损和规格统一,上销及弹簧位置正确、作用良好。

（7）钢领板与导纱板位置正确、升降平稳,无成形不良现象。

（8）检修并消除机械空锭(断下胶圈又无备用者除外)。

（9）传动与牵伸部分等主要螺丝、垫圈无缺少或松动,无机件缺损或错用、混用。

（10）各润滑部位润滑状态良好,无缺油、渗漏油现象。

2. 巡回检修工作要点

（1）要按实际机台排列有序进行,无漏台、无漏项。

（2）对所检修机台区域,特别对责任分工区域内机台要心中有数,做到掌握每个车号的机械状态、运转特性、机械断头情况,哪个部位易出故障,以便巡回检修时有所侧重,并结合重点检修、揩车或大小修理有针对性解决故障隐患,防止各类事故发生。

(3)做好接交班工作。接班时,查看检修记录、听取上一班检修工对机台运转情况的介绍,访问值车工(因其对机台的运转状态最了解,所以当班至少访问值车工1~2次),及时全面掌握机台的现时运转状态。需检查上一班机械故障的处理情况、管纱成形状态(特别是直接纬纱)、安全装置情况(包括主电动机传动皮带)等,发现问题当面提出,对较重大问题应向上级主管汇报,分清责任,同时抓紧处理。班中对自己的检修工作做好原始记录,以便对易发生故障部位进行跟踪与重点观察。交班前,应处理完当班存在的机械故障,并将所管机台区域的运转情况如实告诉给接班检修工。

(4)做好润滑部位的检查与加油工作。在巡回加油和检修机台时,注意检查轴承外部表面颜色与温升情况,如有发黄或发黑的变色油渍和发烫等异常现象应查清问题原因,并及时向上级主管反映,以及采取措施加以排除。

(5)对影响质量(如条干、毛羽和单纱强力 CV 值等)的关键部位应重点注意检查,如牵伸部位的胶辊、胶圈或摇架、上销和牵伸传动等以及卷捻部位的导纱钩、气圈形态、锭带及其张力架状态等。同时,还要经常培训值车工如何正确使用和爱护设备,指导和提醒值车工如何认识设备的不正常状态,要求他们发现设备异常应及时通知维修人员以便缩小影响、减小损失,尽快修复。

(6)对工艺翻改及调换齿轮,要根据纺部实验室的通知和上级主管的安排,负责轻重牙、捻度牙、棘轮、高低牙等各种变换齿轮或皮带盘的调换,并检查机械状态和调整皮带张力。

二、巡回检修的接交

1. 巡回检修工作质量的接交

巡回检修工对所负责机台的检修工作结束后,应将检修的情况作一检修记录,由保养质量检查员、运转落纱长(或挡车工)查看,对责任机台运转中出现的各种不正常现象应负责修复。各运转轮班工长对本轮班巡回检修工责任机台每月应抽查一定数量,有保养质量检查员按照巡回检修技术条件对检修的结果进行评定考核,方法同揩车。

2. 巡回检修工对其他维修工作的接交

巡回检修是最贴近设备运转的维修岗位,非常必要与重要,其对保全平车、保养揩车、重点检修和专件修理等所有维修种类都要进行正常的接交验收。并且对以上工作质量的把关直接关系到设备的正常运转质量,同时也影响到巡回检修的工作量和难易程度。因此,必须认真对待,按相关技术条件严格把关。

检修工把接交后的设备,通过重点和巡回检查、修理以及保养加油等工作项目来确保其正常运转。对一些运转不良的机台要跟踪分析,必要时进行质量指标的测试和原因分析,加强设备维修管理,不断提高检修工的维修操作技能和理论水平。

三、巡回检修技术条件

巡回检修项目和质量要求按照"环锭细纱机巡回检修技术条件"执行,具体内容详见书后附录六。

第五节　细纱保全保养工人技术等级考核标准

各工种保全保养技术等级标准所规定各等级的技术要求和生产岗位技术标准,不是该工种职责范围和职业标准,也不同于工人的操作法,而是衡量技术水平的主要尺度和生产工人顶岗位生产应该达到的主要要求(一般是学徒期满后所应该达到的水平)。它是根据各项工作物的技术复杂程度、精密程度,并适当结合劳动组织分工情况等因素来确定的。各等级规定的设备维修工作,应在规定时间内完成,并达到设备维修管理制度附件所规定的质量要求。

各等级保全保养工人,不仅应熟悉和熟练技术标准所规定的本等级"应知"和"应会"的要求,而且还必须熟悉和熟练本级以下各等级的全部技术要求。保养工人的技术标准从四级开始,他们的二级、三级则按同工序保全工人二级、三级的技术标准考核。对平、揩、检混合的维修体制工人技术等级保全标准要求为基础,再结合揩车和检修标准进行考核。

一、二～七级细纱保全工应知应会

1. 二级细纱保全工

(1)应知。设备维修工作的意义和设备维修管理制度的内容,及本岗位的质量检查标准和技术条件。

①细纱机的型号和主要组成部分的作用,主要机件及其安装方法。

②细纱机所用的传动带(包括链条)型号和规格,传动带张力调节不当对产品质量的影响。

③细纱机油眼位置,用油规格、加油周期、顺序和加油量。

④粗纱吊(托)锭的歪斜、磨灭、失灵对生产的影响。

⑤导纱钩磨灭、偏心和锭子摇头、偏心对产品质量的影响。

⑥卷捻部分平修工作法。

⑦锭带盘轴高低进出位置的确定依据。

⑧锭带张力大小对成纱质量与耗电量的关系。

⑨纱线线密度的定义。

⑩安全操作规程及消防知识。

⑪常用工具、量具的名称、规格及其使用、保养方法。

⑫长度、重量的公英制计算单位及其相互换算。

⑬台钻、手电钻、砂轮机的使用方法。

⑭攻螺孔时,钻头与螺孔直径的关系。

（2）应会。

①平装粗纱架部分,包括平装粗纱架支柱和校装导纱杆。

②校装钢丝圈清洁器。

③导纱钩吊线。

④校装隔纱板。

⑤平校锭子。

⑥平车后的加油工作。

⑦上落、穿接传动带并调整其张力。

⑧正确修磨錾子、钻头。

⑨正确使用常用工具、量具。

⑩看简单零件图。如轴、皮带盘等。

⑪具有下列钳工技术。

a. 锉削 52mm×50mm 低碳钢一面,锉削量 2mm。底面刨平作为基准面。要求:时间 100min。锉削面对角线与内切圆的交点与中心五点的工作厚度与公称尺寸差异 ±0.08mm。锉削面粗糙度达到 Δ4。

b. 锯轴径 40mm 圆钢。要求时间 20min。锯面斜度不超过 1mm。纹向一致,锯面平齐。

c. 在轴径 40mm、长 50mm 圆钢上锉削:25mm×50mm。要求:时间 60min。锉削面与公称尺寸差异 ±0.3mm,刀纹平齐。

d. 孔径 5~12mm 的钻孔攻丝。

2. 三级细纱保全工

（1）应知。

①细纱锭子、钢领、钢丝圈型号、结构、安装要求及其对断头的影响。

②钢丝圈清洁器的隔距对生产的影响。

③钢领板和导纱板升降立柱(杆),钢领板和导纱板升降滑轮磨灭或不灵活对生产的影响。

④钢领板和导纱板升降柱不垂直,钢领板松动不平,平衡重锤调整不当对生产的影响。

⑤导纱板与纱管顶端距离大小对断头的影响。

⑥平校钢领板的方法和计算原理。

⑦细纱机所用滑动轴承的型号和规格及其使用部位。

⑧细纱机常用螺丝的规格及其使用部位。

⑨细纱机主要机件速度,所配电动机功率、转速。

⑩机械传动的主要形式和特点。

⑪纱线原料的一般知识。

⑫精密量具的名称、规格、保管方法及其使用,如百分表、游标尺、分厘卡、万能角尺及精密水平仪等。

⑬电气的基本知识,如电流、电压、电阻、简单线路、绝缘知识等。

(2)应会。

①平装锭带盘部分,包括平装锭带盘轴和校正锭带盘及其重锤位置。

②平装导纱板部分,包括平装导纱板、平装导纱板纱板升降杆和校正导纱板升降动程。

③平装卷捻部分,包括平装钢领板升降立柱托座与滑轮座和平装钢领板及升降装置。

④正确使用精密量具。

⑤看较复杂零件图,如托、轴承座等。

⑥具有下列钳工技术。

a. 锉削 50mm×50mm 低碳钢一面,锉削量 2mm。底面刨平作为基准面。要求:时间 100min。锉削面对角线与内切圆的交点与中心五点的工作物厚度与公称尺寸差异 ±0.05mm。锉削面粗糙度达到 Δ5。

b. 锯轴径 40mm 圆钢。要求:时间 20min。锯面偏斜不超过 0.5mm。纹向一致,锯面平齐。

c. 在轴径 40mm、长 50mm 圆钢上,錾削平面 25mm×50mm。要求:时间 45min。錾削面宽度与公称尺寸差异 ±0.3mm。刀纹平齐。

3. 四级细纱保全工

(1)应知。

①升降部分主要机件磨灭对生产的影响及其检修方法。

②滚筒(盘)位置高低的定位方法。

③滚筒(盘)震动、异响对生产的影响。

④锭带接头、滚筒(盘)接口与锭带传动方向的关系。

⑤胶辊、胶圈的规格及质量要求。

⑥造成断头的机械的产生原因及其检修方法。

⑦简单机械故障的产生原因及检修方法。

⑧变换齿轮的名称及其作用。

⑨本工序主要产品规格及质量标准。

⑩齿轮啮合不当对齿轮寿命及生产的影响。

⑪本工序常用机物料的名称及规格。

⑫本工序常用工程塑料的一般性能。

⑬常用金属材料的一般机械性能及其用途。

⑭正齿轮齿数、外径、模数(径节)的计算。

⑮形位公差、公差与配合的基本知识。

⑯电焊、气焊、锡焊的应用范围。

(2)应会。

①平装车中车尾滚盘(筒)轴及托脚。

②校正分配轴链滑轮与千斤拉杆。

③调换各种变换齿轮。调换轻重牙时要求不出现明显粗细节或半台断头。

④检修简单机械故障,如冒头冒脚纱、大肚子纱、松纱,卷捻部分机械原因造成的断头,滚筒异响、震动。

⑤画简单的易损零件草图,符合加工要求。

⑥具有以下钳工技术。

a. 在轴径 40mm、长 50mm 圆钢上,开凿 9.5mm×50mm×405mm 键槽,并配键,达到紧配合。

b. 按标准螺丝帽规格,配制常用六角螺丝帽。符合公差要求。

4. 五级细纱保全工

(1)应知。

①设备维修管理制度中本工序保全保养得有关规定,质量检查标准及技术条件。

②成形桃盘的各种比例与管纱成形的关系。

③影响管纱成形条干不良的机械原因及其检修方法。

④车头自动部分的机械原理和调整方法。

⑤罗拉隔距与纤维长度的关系。

⑥细纱机传动系统及其一般计算。

⑦一般机械故障的产生原因及其检修方法。

⑧易损机件的名称及其易损原因和修理方法。

⑨温湿度对生产的影响和本工序的调整范围。

⑩电气控制、机电仪一体化的基本常识并了解其在本工序的应用。

(2)应会。

①平装车头滚盘(筒)轴及托脚。

②平装车头部分,包括牵伸齿轮、大介轮、立轴和中心过桥牙步司。

③平装成形部分,包括桃盘轴、琵琶牙轴及琵琶牙。

④检修一般机械故障,如齿轮异响、轴承震动、发热,全机断头,成形不良。

⑤正确调整车头自动部分。

⑥按本专业装配图装配部件。

⑦具有以下钳工技术。

a. 校直轴径 32~40mm 的轴。要求:1m 内弯曲不超过 0.1mm。

b. 修刮轴瓦或刮研 150mm×150mm 平面。要求:每 25mm×25mm 内达到 15 个研点以上。

5. 六级细纱保全工

(1)应知。

①罗拉角度、进出位置、中罗拉高低对成纱质量的影响。

②导纱动程大小与胶辊、胶圈寿命和成纱质量的关系。

③钳口高低、大小与成纱质量的关系。

④罗拉使用要求及制造的主要技术条件。

⑤各种加压装置的基本知识。

⑥牵伸原理的基本知识。

⑦造成产品质量低劣的机械原因及其改进措施。

⑧复杂机械故障的产生原因及其检修方法。

⑨平车后用电量增减的原因。

(2)应会。

①平装罗拉部分,包括平校罗拉座高低进出位置、前罗拉、校正前后罗拉角度、中罗拉高低、牵伸部件及加压装置。

②平装龙筋。

③检修复杂机械故障,如罗拉晃动、牵伸部分机械原因造成的条干不匀。

④改进本工序零部件,并绘制图样。

6. 七级细纱保全工

(1)应知。

①按排列图排装机台,划线方法。

②机台排装部位的地基要求,车脚螺丝的选择和安装方法。

③分析细纱机断头的原因和降低断头的措施。

④平装机架(落差、精密水平或激光)的理论大意及其计算方法。

⑤达到平修机台技术条件应采取的措施。

⑥本工序主要机物料的消耗定额和降低消耗的措施。

⑦本工序新设备、新技术、新工艺、新材料的基本知识。

（2）应会。

①按排列图进行机台划线，平装机架机面。

②具有解决机台平修工作中疑难问题的技术经验。

③各项平修工作的估工计料。

④提出主要机配件修制的加工技术要求。

⑤具有鉴别机物料规格和质量的技术经验。

⑥按本专业装配图安装设备，符合机械设计规格要求。

⑦正确使用和维护新设备、新技术、新工艺、新材料。

二、四～六级细纱检修工应知应会

1. 四级细纱检修工

（1）应知。

①具有三级细纱保全工的应知知识。

②设备维修管理制度中本工序保全保养的有关规定，质量检查标准及技术条件。

③简单机械故障的产生原因及其检修方法。

④造成机械断头的机械原因及其检修方法。

⑤造成油污纱的原因及其预防措施。

⑥导纱动程大小与胶辊、胶圈寿命和成纱质量的关系。

⑦胶辊、胶圈的规格和质量要求。

⑧落纱机的结构及其性能。

⑨变换齿轮的名称及其作用。

⑩齿轮啮合不当对齿轮寿命和生产的影响。

⑪本工序主要产品规格及其质量标准。

⑫本工序常用机物料的名称及规格。

⑬本工序常用工程塑料的一般性能。

⑭常用金属材料的一般机械性能及其用途。

⑮正齿轮齿数、外径、模数（径节）的计算。

⑯形位公差、公差与配合的基本知识。

⑰电焊、气焊、锡焊的应用范围。

（2）应会。

①具有三级细纱保全工的应会能力。

②检修简单机械故障。如成形不良及坏纱，机械原因造成的条干不良和断头，校

正导纱动程。

③调换各种变换齿轮。调换轻重牙,要求不出现明显粗细节或半台断头。

④生锭带。

⑤检修落纱机的故障。

⑥按规定操作法加油。

⑦按规定的接交技术条件,检查验收大小修理机台。

⑧细纱挡车工的基本操作。

⑨画简单易损零件草图,符合加工要求。

⑩具有以下钳工技术。

a. 在轴径 40mm、长 50mm 圆钢上,开凿 9.5mm×50mm×4.5mm 键槽,并配键,达到紧配合。

b. 按标准螺丝帽规格,配制常用六角螺丝帽,符合公差要求。

2. 五级细纱检修工

(1)应知。

①一般机械故障的产生原因及其检修方法。

②钢领、钢丝圈配套的基本知识。

③成形桃盘的各种比例与纱管成形的关系。

④罗拉隔距与纤维长度的关系。

⑤车头自动部分的机械原理及其调整防方法。

⑥细纱机传动系统及其一般计算。

⑦易损机件的名称及其易损原因和修理方法。

⑧提高检修范围内设备完好项目的措施。

⑨温湿度对生产的影响和本工序的调整范围。

⑩电气控制的基本常识并了解其在本工序的应用。

(2)应会。

①检修一般机械故障,如齿轮异响,轴承震动、发热,全车断头,修换车头滚筒轴及安装蜗轮,拆换滚筒(盘)。

②校装车头、车中、车尾滚筒轴及托脚。

③校装牵伸齿轮。

④按工艺规定调整罗拉、胶辊隔距。

⑤正确调整车头自动部分。

⑥能配制落纱机一般零件。

⑦按本专业装配图装配部件。

⑧具有以下钳工技术。

a. 校直轴径 32~40mm 的轴,要求 1m 内弯曲不超过 0.1mm。

b. 修刮轴瓦或刮研 150mm×150mm 平面。要求:每 25mm×25mm 内达到 15 个研点以上。

3.六级细纱检修工

(1)应知。

①复杂机械故障的产生原因及其检修方法。

②各种加压装置的基本知识。

③牵伸原理的基本知识。

④造成产品质量低劣的机械原因及其改进措施。

⑤了解本工序的新设备、新技术、新工艺。新材料的基本知识。

(2)应会。

①检修复杂机械故障,如罗拉晃动,牵伸部分机械原因造成的条干不匀,罗拉断裂,自动部分失灵。

②校正牵伸部件及加压装置。

③具有解决细纱机检修工作中疑难问题的技术经验。

④具有鉴别、保养需用机物料规格和质量的技术经验。

⑤具有检修与使用新设备、新技术的能力。

三、细纱揩车工、揩车长应知应会

1.细纱揩车工

(1)应知。

①揩车的目的、周期和本岗位质量检查标准及技术条件。

②细纱机的型号和主要组成部分的作用,主要机件名称及其安装部位。

③细纱机揩车拆装机件的名称。

④揩车使用的工具名称及保养方法。

⑤细纱机油眼位置,用油规格,加油周期、顺序和加油量。

⑥长度、重量的公英制计量单位及其相互换算。

⑦隔纱板、导纱板位置不正对生产的影响。

⑧喇叭口、集合器状态不良对纺纱的影响。

⑨胶辊、胶圈状态不良和调换错乱对纺纱的影响,及正确区分标志。

⑩锭带接头与滚盘(筒)回转方向的关系,以及锭带扭花对纺纱的影响。

⑪胶圈架上下销配套编号的作用。

⑫捻头、接头、生头操作法。

⑬钢丝圈种类、号数与纱线线密度之间的关系。

⑭安全操作规程及消防知识。

⑮纱线特数(支数)的定义。

⑯细纱机所用传动带型号、规格及调整张力的方法。

⑰电气的基本知识,如电流、电压、电阻、简单线路、绝缘知识等。

(2)应会。

①按揩车工作法揩刷机台,做到熟练、正确、清洁。

②拆装本人工作范围内的机件。

③本人工作范围内的加油工作。

④熟练使用揩车工具。

⑤检修一般部件,如隔纱板歪斜,钢丝圈清洁器失效,导纱板松动,钢领板起伏,锭带跑偏及扭曲,吸棉笛管位置不正,加压装置不良。

⑥捻头、接头、生头无显著白点和油污,并符合质量要求。捻头后断头率不超过6%。

2.细纱揩车长

(1)应知。

①设备维修管理制度中,质量检测和交接验收的意义及有关细纱揩车的规定内容。

②具有细纱揩车工的应知知识。

③细纱机的传动系统。

④细纱机各种变换齿轮的名称、部位及其作用。

⑤齿轮啮合不当对齿轮寿命及生产的影响。

⑥细纱机简单机械故障的生产原因积极修理方法。

⑦细纱机揩车工作程序及检查方法。

⑧细纱机易损机件的名称及其易损原因和磨灭限度。

⑨电气控制的基本常识并了解其在本工序的应用。

⑩细纱机常用螺丝规格及其使用部位。

⑪导纱动程的作用,及动程调整不当对生产的影响。

⑫钢领板升降不正常造成的原因。

⑬车头自动部分的调整。

(2)应会。

①具有揩车工的应会能力。

②领导揩车工作。

③正确安装传动齿轮。

④按规定执行质量检查和交接验收。

⑤安装下列部件并符合要求,如钢领板高低,前、中、后罗拉座,导纱动程装置,成形桃盘琵琶牙,计长表,校正车头自动部分。

⑥修理简单机械故障,如成形不良、坏纱、松捻紧捻及竹节纱,空锭,钢领板、导纱板升降顿挫。

⑦鉴别揩车所用机物料的规格、质量。

⑧识别并调换超过磨灭限度的齿轮。

⑨具有二级保全工的钳工技术。

四、细纱牵伸专件修理工应知应会

(1)应知。

①设备维修工作的意义,有关牵伸专件检修的目的、周期和技术标准。

②细纱机主要组成部分的名称及其作用。

③胶圈架、销子、集合器的型号规格与纺纱质量的关系。

④各特数纱对应销子钳口、集合器规格。

⑤检修牵伸专件的设备、仪器、工具及其使用、保养常识。

⑥摇架弹簧的规格和性能。

⑦摇架的结构与维修知识。

⑧长度、重量的公英制计量单位及其相互换算。

⑨安全规程及消防知识。

(2)应会。

①熟练使用检修牵伸专件的设备、仪器及工具。

②能够校正、鉴别自己使用的专用工具。

③牵伸专件的修理装配,符合技术要求。

④牵伸专件规格的鉴别、选拣与测试。

⑤在细纱机上能拆装与修配牵伸部分部件。

五、细纱生锭带工应知应会

(1)应知。

①设备维修工作的意义,有关锭带检修的目的、周期和技术标准。

②细纱机主要组成部分及其作用。

③细纱机有关锭子传动部分的结构。

④锭带及用线的规格和技术要求。

⑤锭带接头与滚筒(盘)回转方向的关系。

⑥锭带顺手、反手穿引的方法。

⑦锭带张力与锭子转速的关系以及对产质量和耗电量的影响。

⑧锭带预处理的方法和目的。

⑨长度、重量的公英制计量单位及其相互换算。

⑩安全操作规程及消防知识。

（2）应会。

①熟练使用缝纫机、橡胶带磨削装置。

②修理缝纫机故障（梭子轧煞等）。

③按规定剪裁锭带、缝接锭带、黏接橡胶带。

④校正锭带盘重锤位置、锭带长度符合技术要求。

⑤鉴别锭带及缝纫机用针、线质量，正确鉴别和使用橡胶带黏合剂。

⑥校正锭带跑偏及扭曲。

六、细纱钢领修理工应知应会

（1）应知。

①设备维修工作的意义，有关钢领检修的目的、周期和技术标准。

②细纱机主要组成部分的名称及其作用。

③钢领、钢丝圈的主要型号规格和配套的基本知识。

④钢领规格与纺纱特数的关系。

⑤修磨钢领的工艺要求。

⑥水磨钢领用空压机的简单构造及原理。

⑦磨钢领的质量与细纱断头的关系。

⑧长度、重量的公英制计量单位及其相互换算。

⑨安全操作规程及消防知识。

（2）应会。

①熟练使用检修钢领的设备、仪器及工具。

②空压机及检修钢领设备的简单机械故障的修理保养方法。

③细纱机卷捻部分的装配（主要指钢领、锭子部分）。

④按质量标准挑拣、测试及检修钢领。

七、一～二等细纱锭子修理工应知应会

1. 一等细纱锭子修理工

（1）应知。

①设备维修管理制度中，本组有关质量检查标准和技术条件。

②具有五级保全工的应知知识。

③本组主要机物料消耗定额与低消耗的措施。

④本组各种设备、仪器的结构和维修保养方法。

（2）应会。

①解决检修锭子中的疑难问题。

②检修安装本组设备并排除故障。

③具有验收成套锭子的技术经验。

④具有鉴别本组机物料规格、质量的经验。

⑤具有本组设备改进的能力。

⑥看懂锭子装配图，会画简单零件草图，并符合加工要求。

⑦具有五级保全工的钳工技术。

2. 二等细纱锭子修理工

（1）应知。

①设备维修工作的意义，有关锭子检修的目的、周期和技术标准。

②细纱机的主要组成部分的名称、作用。

③锭子的检修质量与生产的关系。

④锭子清洗机的构造。

⑤锭子油规格，加油周期和加油量。

⑥锭子的型号与检修方法。

⑦长度、重量的公英制计量单位及其相互换算。

⑧安全操作规程与消防知识。

（2）应会。

①熟练正确使用维修锭子的设备、仪器、工具。

②锭子规格的鉴别、挑拣和测试。

③锭子的清洗、校直、检修、配套达到技术标准。

④锭子的加油工作。

⑤清洗机简单机械故障的修理。

第五章　纱疵分析与防止及产品质量控制

第一节　常见疵品分析

一、条干不匀

细纱条干不匀纱疵分以下两种类型。

1. 规律性条干不匀

规律性条干不匀在黑板上分布成斜条状,俗称"斜状条干"。其规律性长度一般相当于细纱前罗拉或前胶辊的周长,或者大于细纱前罗拉的圆周长。反映在布面上呈现出"条花布"、"格子布"等疵布。规律性条干不匀通常有以下几种情况。

(1)细纱机普遍出现或某一种特数品种的纱出现条干不匀,产生原因是细纱牵伸工艺配置不当,总牵伸过大,后牵伸太大或太小,胶圈钳口或罗拉隔距不适当,罗拉加压不足,温湿度控制不当和半制品(粗纱)不良等。

(2)一个区域或邻近机台出现条干不匀,其主要原因有以下几个。

①该区域温湿度控制不良。

②前纺固定供应机台的质量波动。

③部分机台工艺参数(罗拉、钳口隔距和后牵伸等)不适当或用错。

④该区域的胶辊、胶圈质量不好。

(3)个别机台出现条干不匀,其主要原因有以下几个。

①罗拉偏心、弯曲或罗拉扭振。

②牵伸传动齿轮磨灭过多或咬合不良。

③牵伸传动齿轮的轴与轴承磨灭超限。

④翻改特数(支数)后,工艺参数漏改或弄错。

⑤该机台停车过久或使用粗纱日久发烂。

⑥该台胶辊、胶圈质量不好。

(4)机台上局部或个别锭子出现条干不匀。其主要原因是由于部分零件磨损超限或不符规格所致。

①喂入部件保养不良或失修(如导纱杆毛糙、生锈,瓷碗、瓷环缺失,吊锭损坏回转不灵,导纱喇叭缺损等)。

②导纱动程跑偏或个别导纱喇叭歪斜(常形成规律性粗节)。

③后罗拉沟槽嵌花或杂质等。

④后胶辊加压欠压或失效(摇架压簧衰退或失效)。

⑤胶辊运转不正常(胶辊偏心,表面有压痕,胶辊失去弹性,胶辊轴承缺油或滚柱磨损严重,同档胶辊规格不一致等)。

⑥胶圈回转不灵或顿挫(包括胶圈弹性不匀、发硬、裂损、跑偏或中上罗拉缺油、磨损等)。

⑦摇架自调中心作用失灵,胶辊"三直线"位置不正。

2. 不规则条干不匀

不规则条干不匀在黑板上分布呈雨点状,俗称"雨状条干",又称"珊状条干"。一般粗节纱的长短不一,有从1～2cm起,至10cm以上,分布在整只纱管上。不同波长、不同粗细的粗经、粗纬,分散性竹节等均属不规则条干不匀。不规则条干不匀通常在机台上局部或个别锭子上出现,主要产生原因见表5－1。

此外,细纱后罗拉绕粗纱,粗纱交叉导入或多根喂入,吊锭轴承粘花或缺油,导纱喇叭堵塞,粗纱尾失去后上罗拉控制,须条绕胶辊或绕前罗拉,粗纱包卷或细纱接头不良,飞花、油花、绒辊花或纱条通道粘花积聚的短纤维带入纱条,以及飘头卷进纱条等原因,也可造成细纱机个别锭子或局部出现不规律的条干不匀。

表5－1　不规则条干不匀特征及主要产生原因

粗节长度(cm)	纱疵形态	主要产生原因
1～2	粗节表面较粗、较毛	细纱集棉器翻身,破裂,或被杂质、飞花堵塞;细纱须条跑出集棉器
1～2	粗细不匀,表面较毛	细纱绕胶辊严重,造成同档胶辊的邻纱失压,形成条干不匀(特别严重时作竹节处理)
1～2	粗细不匀	前胶辊加压弹簧衰退造成加压偏轻或失效
2～3	粗节头端稍毛、粗,尾端细匀	胶圈老化,不光洁,发生静电作用,缠绕纤维;因小铁辊溢油或揩车油粘污胶圈,造成胶圈粘纤维
2～4	粗节两端均匀,较细,成橄榄形	细纱胶圈钳口高低不妥,致使须条在集合器中运行不稳,甚至窜出集合器
3左右	粗节粗细不匀,较毛	细纱下胶圈张力架弹力失效或过紧把下胶圈卡死或损伤
3～4	粗节较粗、较毛	细纱下胶圈断裂,缺损;细纱胶辊表面过于光滑,摩擦力降低,回转打顿
4～10	粗细不匀	细纱胶辊轴承缺油磨损,回转打顿
10以上	长片段不匀	半制品不良

二、竹节纱

因产生的原因不同,一般分四种,其在布面的一般特征见表 5 – 2。

表 5 – 2　竹节纱在布面的一般特征

种类 ＼ 特征	色泽	重量（与原纱比较）	粗节长度(cm)
白竹节	白	2 ~ 4 倍	多数 2 ~ 3,少数 3 ~ 5,个别 10 左右
黄竹节	淡黄	3 ~ 7 倍	一般 1 ~ 2,少数 3 ~ 4,个别 5 以上
灰黑竹节	灰黄	2 ~ 5 倍	多数 1.5 ~ 2.5,少数 1 ~ 4,个别 4 以上
油花竹节	黄黑	2 ~ 5 倍	多数 1.5 ~ 2.5,少数 4 ~ 5,个别 5 以上

1. 白竹节

白竹节的特征及主要产生原因见表 5 – 3。

表 5 – 3　白竹节的特征及主要产生原因

长度(cm)	形态	主要产生原因
1 ~ 2	粗节的一端粗,一端尖,纱条略毛,竹节附近捻度较多	细纱接头不良;涤棉等混纺纱中夹有化纤并丝
3 左右	紧捻白竹节	细纱前胶辊严重缺油
2 ~ 4	粗节表面较粗,较毛	细纱胶圈打顿,胶圈塞花,小铁辊严重缺油等
4 ~ 5	表面较毛糙	细纱前胶辊表面粗糙,部分涂料剥落
5 ~ 15	表面较毛、较粗,粗细不匀	末并、粗纱胶辊粘花,粗纱锭壳花夹入纱条
长度不定	粗节表面白而毛	涤棉等混纺纱的粗纱上下胶圈绕粗纱;吸棉笛堵塞,细纱断头后形成飘头,附入相邻对的纱条;个别导纱喇叭偏斜,须条滑在胶辊外面

2. 黄竹节

黄竹节的特征及主要产生原因见表 5 – 4。

表 5 – 4　黄竹节的特征及主要产生原因

长度(cm)	形态	主要产生原因
1 ~ 2	短乱纤维,表面较毛	细纱后绒辊花夹入须条;细纱上胶圈和胶辊间积聚短绒卷入须条
1 ~ 2	短乱纤维,粗节较粗,较毛,并夹有杂质	梳棉、并条等前纺设备从喇叭口、各分梳区的针面、三角区或出口处、棉网或棉条经过时由于积花和杂质带入所致

长度(cm)	形态	主要产生原因
长度不一	粗节表面较毛	各工序高空飞花附入,细纱车顶板飞花附入
1~2	粗节表面短纤维较乱,较毛,竹节上的纤维可以上下移动	细纱清洁工作不良,如做笛管和导纱板清洁时,飞花卷入纱条,擦板上的飞花卷入纱条等

3.灰黑竹节

灰黑竹节的特征及主要产生原因见表5-5。

表5-5　灰黑竹节的特征及主要产生原因

长度(cm)	形态	主要产生原因
1左右	粗节表面较毛,较粗	细纱空调风道不洁,黑灰附入须条;细纱罗拉颈绕油花附入纱条
2左右	粗节表面毛,粗细不匀,有芯	细纱高空清洁或揩车工作不良,造成飞花附入纱条
2~4左右	表面较毛,粗细不匀,节距较大	前纺揩车工作不良,造成飞花附入;前纺棉条掉地沾污,前纺高空清洁工作不良造成飞花附入

4.油花竹节

油花竹节的特征及主要产生原因见表5-6。

表5-6　油花竹节的特征及主要产生原因

长度(cm)	形态	主要产生原因
2左右	表面较毛	细纱揩车工作不良,油飞花黏附纱条
3~5	表面较毛,粗细不匀	前纺揩车工作不良,油飞花黏附棉条成纱条,或棉条落地粘污油渍
长度不一	表面较毛,粗细不匀	各工序清洁工作不良,将油飞花带入

三、成形不良

成形不良多数与设备有直接关系,维修工作不良是一个主要原因。其次是操作或环境方面的因素。影响后工序最为突出的是:直接纬纱的双纬、脱纬和经纱的脱圈、松纱、毛羽纱、碰钢领纱、胖纱、冒头冒脚纱、叠绕纱等。由于直接纬纱用于有梭织机现已很少,因此,重点对经纱方面的纱疵进行分析介绍。

1.双纬、脱纬

双纬即一梭口内有两根纬纱,脱纬即为两根以上。此类纱疵的特征与产生原因分析见表5-7,脱纬1~2梭,每梭3~10根为多数。

表 5 - 7　脱纬的特征及主要产生原因

纬脱长度	每梭根数	主要产生原因
1~2 梭	5~10	①运转操作不良,落纱超过时间,钢领板高低不平 ②凸轮或转子磨灭,钢领板、叶子板升降顿挫 ③钢丝圈过轻 ④钢领板升降单程太短
1~2 梭	3~5	①运转操作不良,钢领板开始卷绕位置太低或钢领板高低不平 ②筒管与锭子配合不良,上下轻微跳动
1 梭左右	3~5	①细纱接头动作不良,接头时引纱过长,纱头拉拉放放,或引纱时"藏头" ②接头不及时,形成葫芦纱 ③钢领板升降速度太慢,或卷绕层与束缚层比例配置不当
小于 1 梭	2~4	①细纱机开关车不良 ②调钢丝圈后或关车后纱末盘紧 ③落纱前大纱时打慢车 ④三角皮带松弛,或车速突然减速

2. 松纱

松纱一般分两种,一种是整个管纱都松(有整台出现也有个别出现),另一种是大纱时管纱松(一般是全台出现,少数是个别出现)。

(1)整个管纱松的主要产生原因如下。

①卷绕张力太小,如钢丝圈偏轻,车速突然减慢等。

②捻度偏少,如翻改工艺时,调错捻度变换齿轮等。

③工艺差错,卷绕与罗拉输出长度不匹配,绕取时慢,无张力纺纱。

④锭带张力加压不足,锭带盘架张力失效,锭带伸长过度或锭带滑掉。

⑤A512 型细纱机行星齿轮座销子松动,钢领板在成形凸轮小半径时停顿时间稍长。

⑥锭子磨损,上轴承座滚针保持架散开;锭座缺油与锭钩处飞花堵塞、回丝缠住锭速减慢。

(2)大纱时管纱松主要产生原因如下。

①钢领升降柱与导轮在接近满纱时紧轧,钢领板打顿。

②成形机构装配不良。

③钢领板平衡扭簧调节位置不当,过轻或过重。

④凸轮轴转子与轴磨灭。

3. 毛羽纱

其产生原因如下。

(1)相对湿度太低,纤维抱合力差,尾端不易加捻,短纤维流散或露出纱条形成毛羽。

(2)钢领起浮或内跑道磨损、衰退;钢丝圈偏轻;钢领钢丝圈配合不良等。

(3)钢领、锭子与导纱钩三中心不对,同心度差,造成气圈严重不正。

(4)导纱钩或钢丝圈磨损起槽。

(5)清洁器隔距大或清洁器挂花。

(6)胶辊表面毛糙或轻微外伤,有压痕。

(7)隔纱板前后,左右位置不正或表面发毛。

(8)筒管头发毛。

(9)未使用集棉器或集棉器开口过大。

4. 碰钢领纱

其产生原因如下。

(1)锭座松动,锭子与钢领不同心。

(2)筒管变形或内腔不洁,小眼磨灭、不洁或脱落;锭尖磨灭,锭杆弯曲或磨损,锭脚上轴承磨损;锭子绕回丝等。

(3)钢领板升降柱不直,导轮轴承缺油、磨损或位移超限。

(4)钢领板之间接头处过松、过紧,造成局部胖纱、松纱而碰钢领。

(5)局部错特(错支)纱。

5. 局部胖纱

其产生原因如下。

(1)钢领板接头处过紧或过大,钢领板升降立柱导轮缺油或卡死。

(2)钢领板平衡扭簧失效。

(3)钢领板级升失效。

(4)钢领板升降呆滞或打顿:成形传动轮或成形凸轮的紧固件松动,成形杠杆被杂物搁住,成形链条滑出链条盘。

6. 冒头冒脚纱(或毛头、毛脚纱)

(1)冒头纱产生原因。

①钢领板始纺位置过高。

②落纱超过时间。

③钢领板或导纱板立柱不垂直,在大纱时造成升降紧轧、钢领板高低不平。

④钢领板平衡扭簧调节平衡不当。

⑤钢领板偏轻,在大纱位置时下降迟缓。

⑥个别筒管天眼孔大,在锭子上位置偏低。

⑦锭子下沉。

(2)冒脚纱产生的原因。

①钢领板始纺位置过低。

②成形链条磨损伸长,牵吊带接头松动,开始卷绕位置太低;链滑轮定位销弯曲造成紧轧,成形杠杆、成形链条开始卷绕慢。

③成形凸轮最小半径处磨损,钢领板在最低处停顿时间长。

④钢领板高低不平。

⑤筒管不良或锭子绕回丝对等引起筒管位置过高。

⑥锭子高低差异。

7. 管底成形过粗

其主要原因是链条突钉(图5-1)与链条在卷绕时接触时间过长,或突钉紧固螺钉松动或规格不对,使管底成形过粗。管底成形过粗,会延长小纱卷绕时间,这样不利于降低断头,同时还会导致脱圈,甚至装不进梭腔,影响正常退绕。

8. 管纱过粗或过细

其产生原因如下。

(1)工艺配置不当或翻改纺纱特数时用错升降变换齿轮(高低牙)或成形变换齿轮(即棘轮或称撑头牙)。

(2)棘轮制造加工不良,偏心、不圆、节距不等,使掣子(撑头)推送不准确,有时送多(管纱过细),有时送少(管纱过粗)。

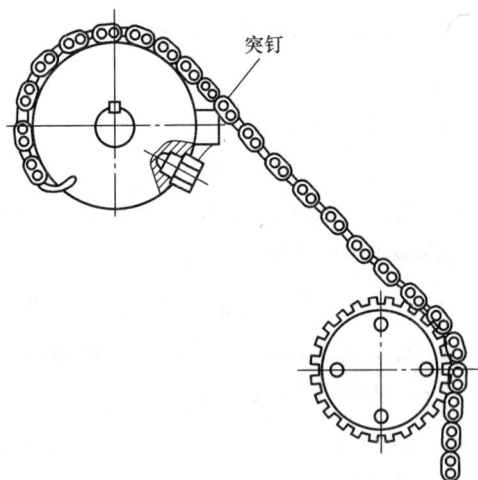

图5-1 链条突钉

(3)成形摆杆水平位置或成形杆小转子进出位置不对(成形杠杆的正确位置应该是小转子与成形凸轮中半径接触时,成形摆杆呈水平状态),影响管纱粗细,小转子的进出还改变了钢领板升降一次单程,从而影响了整个满纱时间。

9. 叠绕纱

其产生原因如下。

(1)钢领板平衡调节不适当。

(2)成形凸轮或成形转子严重磨损。

(3)成形链轮芯轴、摆臂芯子缺油磨灭,或升降立柱、升降杆滑轮缺油卡阻。

（4）成形凸轮转速太慢或动程不够。

（5）开车时或调棘轮后,钢领板位置不适当。

（6）未造成断头的跳筒管。

（7）接头时引纱太长。

10. 波浪纱

其产生原因如下。

（1）成形凸轮或成形转子表面磨损,运转中使钢领板跳动,升降不均衡,管纱表面呈现一节一节。

（2）牵吊带滑轮、升降立柱滑轮等缺油磨损引起钢领板抖动;钢领板接头松动;中、低特纱卷绕张力太大等因素造成运转中钢领板跳动,影响管纱成形。

（3）钢领板链条和叶子板链条摩擦相碰或钢领板链条与头墙板摩擦,造成钢领板跳动。

11. 葫芦纱

其产生原因如下。

（1）操作不良,断头后接头不及时。

（2）成形链条中部生锈发僵,在链条盘上传动时不能舒展,僵硬部位拱起,等于一段卷绕多,造成葫芦纱。

各种常见成形不良纱如图5-2所示。

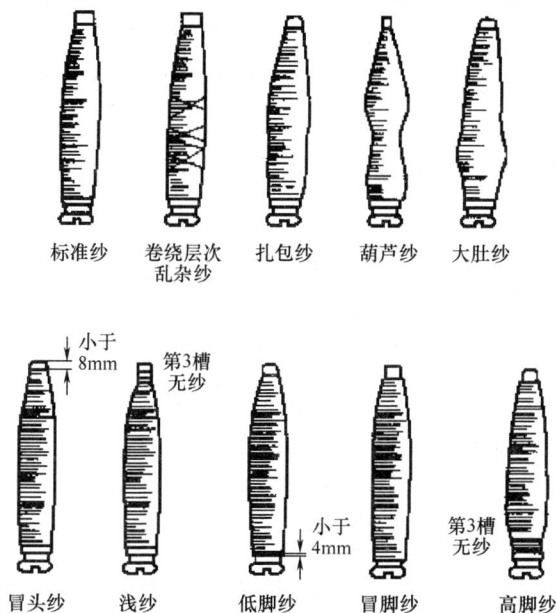

标准纱　卷绕层次乱杂纱　扎包纱　葫芦纱　大肚纱

冒头纱　浅纱　低脚纱　冒脚纱　高脚纱

图5-2　细纱常见成形不良纱示意图

四、粗经粗纬

粗经粗纬一般指其中重量比正常纱大 1.3～2 倍,粗细度比正常纱大 2～3 倍,在布面上最容易暴露,反映到布面上短的有 1～2 梭,长的有 5 梭以上。这种纱疵在并条、粗纱、细纱机上都有可能产生。在细纱机上主要有以下原因产生。

(1)粗纱头绕后罗拉,或后胶辊表面黏附棉蜡杂质太多。

(2)后胶辊弹簧失效,导纱动程跑偏或粗纱未穿进导纱喇叭等。

(3)钢领与隔纱板发毛,钢丝圈太轻未及时调换等原因还会造成"假粗纬",其外观近似粗纬,主要是纱捻度减少,纱阔度增加,但其重量与正常纱相同。粗节纱反映在纬纱上比较明显。

(4)"规律性粗经粗纬"大部分是由于并条、粗纱的原因。但在细纱中导纱动程跑偏,导纱喇叭歪斜,纱条随导纱动程滑出后胶辊握持钳口,后胶辊轴承缺油磨损,使其回转失灵、卡住或间歇打顿,细纱后罗拉沟槽嵌棉籽壳或硬性杂质,后胶辊表面损伤等,都可能造成布面上的规律性粗纬。

五、紧捻纱与弱捻纱

1. 紧捻纱

紧捻纱的捻度为正常纱的 1.5 倍以上,重量是 1.1 倍左右,阔度为正常纱的 0.9 左右,其产生的原因如下。

(1)短的紧捻纱,呈淡黄色,长度约 30cm 左右,主要是细纱接头动作缓慢所致。

(2)捻度不多的紧捻纱,主要是由于用错粗纱,定量偏重。

(3)长度不一的紧捻纱,是由于细纱前胶辊轴承缺油、磨损等造成。

2. 弱捻纱

弱捻纱的捻度小于正常纱的规定捻度。如为整台出现,一般是工艺改动差错,如调错中心牙、滚筒牙。如为部分或个别弱捻纱。则主要由于以下原因所致。

(1)筒管变形、失修,天眼或下口松动,小眼内壁不洁等使筒管在锭子上松动,以致运转时不同步。

(2)锭子缺油,锭脚上轴承座磨损或锭钩磨锭盘等造成锭速缓慢。

(3)锭带伸长超限或锭带盘重锤刻度不对,或张力架张力失效。

(4)锭盘下边有死花紧轧,使锭速减慢。

六、油污纱与煤灰纱

1. 油污纱

油污纱前纺与细纱均能产生。细纱造成的一般为黄色短片段。防止方法是牵伸、卷绕部分加油适量;检修、揩车时,油手须洗净才能接触纱条与管纱;纱线通道不得被油渍污染,容器应清洁,筒管、粗纱、细纱不落地。

2. 煤灰纱

涤纶纤维易产生静电,吸附尘杂而形成煤灰纱;工厂集中的城市,空调设备未采用三级过滤装置时,在纺制细特、化纤混纺纱时,更易受煤烟污染。

七、橡皮纱与小辫子纱

它们产生的主要原因是纤维中有超长纤维,牵伸过程中当长纤维离开前罗拉钳口后迅速弹性回缩,形成纱条扭结,通称为"橡皮纱"。

由于涤纶或弹性好,在细纱捻度较大的情况下,停车时罗拉、锭子尚在惯性回转,此时气圈张力逐渐减小,气圈缩小。纱条由于化纤的回弹性和捻缩的关系扭结而形成的纱疵,通称"小辫子纱"。

八、色差纱与颜色纱

1. 色差纱

其主要由于新旧配棉成分色差太大,尤以使用国外棉和低级棉时更易发生;翻改品种时,对坏粗纱、坏细纱、试验纱未及时处理或分清,也易产生色差纱;固定供应未做好,使间隔时间过长的纬纱混在一起用,也可形成色差。此外,短片段弱捻纱、跳管纱等也能造成色差纱。

2. 颜色纱

它主要是因原棉中夹带有色棉、色碎布、麻丝、棕丝等造成的。

九、棉球纱

棉球纱与正常棉结构相似,但有差别,棉结的纤维密集,成熟度差,颗粒小;而棉球纤维比较蓬松而且可移动,成熟度正常,颗粒大,棉球纱产生的主要原因如下。

(1)细纱胶辊与罗拉间积聚的短绒附入细纱,后工序未能清除,织到布面上呈米粒状棉球。

(2)钢领衰退或钢丝圈磨损未及时调换,钢丝圈脚磨损发毛,刮毛纱条形成棉球。

(3)钢领、钢丝圈不配套,或钢丝圈变形,使钢丝圈纱条通道与钢丝圈磨痕处交叉,造成纱条发毛,也会出现棉球纱。

十、其他布面纱疵

1. 错特(错支)纱

其产生的主要原因如下。

(1)牵伸变换齿轮错用。

（2）粗纱筒管或细纱筒管色泽不明显造成混用。

2. 稀纬、百脚

纬纱缺根在平纹织物中称"稀纬"，在斜纹织物中称"百脚"。其产生主要原因如下。

（1）直接纬纱保险纱定位不良，太高、太低或太多、太少。

（2）落纱开车断头未保险纱，使用的保险纱太松或太短。

（3）落纱采用保险纱时，如断头引纱过长，纱头拉拉放放，或引纱"藏头"，在退绕时就造成脱圈断头。

（4）筒管底部槽纹太稀、太浅，形成脱圈断头（纺制特细特或精梳纱、涤棉混纺纱时更易产生。）

（5）筒管不良，在小纱时产生跳管。

（6）接头大白点造成断头。

第二节　疵品防止措施

纱疵的发生常是偶然性的。它的形成牵涉工艺、机械运转操作等各方面及各个工序，因此，减少纱疵必须层层把关。针对细纱常见纱疵产生的原因，下面就设备方面防止的方法简述如下。

一、粗经粗纬与油经油纬

1. 粗经粗纬

粗经粗纬的形成主要在条粗工序，其次在细纱工序，其主要形态可分有规律和无规律两大类。无规律性占主要，产生的原因以操作不良为多，100cm 以上的粗纬大多是由于粗纱包卷接头不良，细纱的上排走空出现弯曲纱尾引起双根喂入也是原因之一。有规律性主要由于并条、粗纱不良造成，重点在粗纱，如粗纱胶辊缺油，打顿、胶辊、罗拉绕花，加压失效。细纱后罗拉加压不良而造成后钳口滑溜，以及由于并条、粗纱、细纱各个工序的导纱动程不正或个别喇叭口走动而使纱条没有被罗拉钳口很好握持也是影响原因。

防止粗经粗纬在设备维修方面的措施主要是加强保全、保养、运转检修和机械守关，消灭胶辊轴承缺油、打顿、轧煞、摇架变形、走动和加压不足或失效，导纱动程不正等缺陷。

2. 油经、油纬

油经油纬指呈现在布面上有黄、灰、黑、夹花等色，有的呈单根、有的分散、有的较集中、有的有规律和无规律。当油直接滴于半制品与成品上呈黄色；机器回转部件上油污呈灰色或黑色,半制品油污干后经牵伸呈点状或分散短节;半制品湿的油污则在一定长度的表面呈规律性的油污;棉条污染时,因有并合机会,呈夹花色;油手接头大多呈单根纱上有油迹。消除油经油纬主要在操作上,此外还要注意以下方面。

(1)保持纱条通道无油污,彻底清除平揩车后散落的油污飞花。

(2)做好加油与润滑管理工作,轴承、油箱、油眼的四周保持清洁、不漏油,合理选用油脂规格与品种,确保既不缺油也不漏油、不溢油。

(3)做到平揩车后油手不接头,不碰纱及牵伸部件。

二、竹节纱

竹节纱是 20～30cm 纱段上连续的节粗节细不匀,一般纱身较毛。它主要产生在细纱前牵伸区,多从罗拉钳口与集棉器找原因。防止竹节纱产生的措施如下。

(1)定期检查罗拉弯曲、胶辊偏心,一般控制在 0.05mm 以内。

(2)做好集棉器保养工作,应使集棉器灵活,与罗拉胶辊接触良好,不跳动。

(3)保证牵伸齿轮回转正常,齿轮键槽配合良好。

(4)加强运转检修,做好清洁保养工作,消除胶圈内壁附飞花、夹杂及胶辊绕花,导纱喇叭要保持清洁。

三、紧捻纱与松纱

紧捻纱与松纱指相当长一段细纱内捻度比规定捻度较多或较少,影响布面光泽明暗不匀且皱缩。防止紧捻纱与松纱产生的主要措施有以下几条。

(1)防止因胶辊表面过于光滑或加压不足、失效而打滑。

(2)注重胶辊、罗拉表面清洁工作和摇架状态,确保上下罗拉"三直线"不超偏。

(3)防止罗拉传动齿轮有缺陷,使前罗拉输出纱线速度变慢。

(4)加强牵伸部分检修,防止后胶辊表面脱涂料、磨损内凹,以及各种原因引起的罗拉握持钳口打滑是细纱变粗,捻度相对变多。

(5)注重摇架加压检测,防止压力不足或失效,以及工艺不当造成细纱出现硬头。

(6)加强卷绕部分检修,防止锭带伸长、重锤刻度不当、张力失效或锭带滑出锭子锭盘,以及筒管与锭子不配套等各种原因使锭子或筒管转速不正常变化而影响捻度。

(7)其他操作上要防止接头速度太慢。

总之,关键是锭子传动部要正常,锭带张力适当稳定,牵伸部分握持力足够。

四、管纱成形不良造成的布面疵点

1. 保险纱不良

对于有梭织机,直接纬纱不良会使布面产生双纬与脱纬疵点。细纱机落纱后纬纱打保险纱的长度和位置应满足织布要求,即管纱留尾长度掌握在两梭半。如控制不当,保险纱过长会增加回丝,过短会产生空管停台和双纬百脚。在细纱机广泛采用落纱"三自动"装置后,要与生产运转配合,加强维护与检修,调整及时,确保自动落纱装置运转正常。

2. 冒头冒脚纱

防止冒头纱的主要措施是:防止生产中落纱超过规定时间。设备方面要注意落纱后始纺位置防止打得过高;筒管天眼尺寸不可超标,加强筒管检修,防止筒管天眼磨损超标;钢领板要平直。冒脚纱的防止措施主要是:落纱后始纺位置不可打的过低;锭子回丝要及时清理;筒管内有积花、回丝塞住,加强筒管检修,定期捅小眼,以防小眼内壁有污物致使筒管插不到底;保持钢领板平直。

五、大白点与橡胶纱

1. 大白点

大白点指 5mm 左右的大粗节,主要是细纱接头不良造成。从培训入手,提高细纱挡车工操作技术水平。

2. 橡胶纱

细纱关车时,前罗拉到导纱钩的纺纱段上出现外形像粗节、长 7～14mm 及粗 2～3mm 似大白点的纱段,局部呈波浪形,用手轻轻放纱条能伸缩如橡胶状,多见于混纺纱。其产生原因是由于化纤伸长和弹性较棉好,纤维也长(尤其是超长纤维),在前牵伸区受力拉伸,成纱时成为纱条的轴心,其他纤维都围绕它加捻。在正常纺纱时因张力作用不回缩,但停车时张力消失,该纤维回缩并带动其他纤维缩成粗节状(回缩较猛时成大白点,回缩较缓和时成波浪形)疵点。可采取以下解决措施。

(1)减少前区牵伸力,适当放大前罗拉隔距以增大自由区长度,适当增加胶圈钳口隔距,同时增加前罗拉压力以提高握持力。

(2)保持一定的纱条张力,关车时钢领板停在管纱卷绕小直径处,适当加重钢丝圈重量等。

六、小辫子纱与毛羽纱

1. 小辫子纱

它多数在关车后形成,其原因是纺捻度较多品种时,关车时滚盘轴停车后存在惯性回转,其间筒管卷绕张力大幅下降,管纱卷绕不紧密所致。关车时钢领板必须停在管纱卷绕小直径处,以增加卷绕张力;同时,在电气控制方面加大刹车力度,缩短停车惯性时间。

2. 毛羽纱

细纱是主要产生毛羽的工序,其大多是由于卷绕部分工艺部件问题所致,采取的主要措施如下。

（1）采取集棉器并加强检查,保证纱条通道光洁、集棉器灵活。

（2）加强检修,确保导纱钩、钢领和锭子中心三对照,防止导纱钩、钢丝圈磨损起槽,确保钢领板、隔纱板光洁,注重钢领、钢丝圈配套,定期及时调换钢丝圈,防止钢丝圈磨损,产生缺口刮毛纱条。

（3）对钢丝圈、清洁器要定期检修,确保正确一致,以免钢丝圈积花而造成运转偏位,刮毛纱条。

七、规律性的纱疵

规律性的纱疵多数因罗拉与胶辊偏心、齿轮啮合不良、销槽配合不良等所致,通常可以根据纱疵长度周期来确定发生在哪个工序的那一部件,以便采取对应措施。

第三节　产品质量控制

一、生产工艺与产品质量

细纱工序的产量与质量水平、牵伸能力、卷装容量等,在很大程度上决定整个纺纱工程的经济效益。因此,细纱工序在纺纱生产中作用尤为突出,细纱工艺主要包括牵伸倍数、速度、捻度、隔距、加压等方面。

1. 总牵伸及部分牵伸

现代细纱总牵伸倍数在不断提高,以增强细纱机的市场适应能力,一般双胶圈牵伸装置最大牵伸倍数可达到60倍。近年来牵伸机构在前区和后区增加了各种新型附加摩擦力界装置,同时在加压机构上增加了加压量和在线无级调节等措施,使工艺性能大幅度提高,总牵伸倍数可达80倍以上。在加大细纱机总牵伸倍数时,必须注意和改善喂入半制品的质量,以及分配好前后区的牵伸倍数。

后区牵伸也叫做解捻牵伸,是细纱总牵伸的一个组成部分,它与前区牵伸有着密切联系。后区牵伸的主要作用之一是为前区牵伸做准备,使喂入前区的须条伸直呈紧张状态,具有结构均匀和必要的紧密度,以充分发挥前区胶圈控制纤维运动的作用,使前区摩擦力界充足、稳定,从而减少粗细节,改善呈纱条干。

后区牵伸工艺路线有两类。第一类是采取较小的后牵伸,使粗纱在后区保持伸直紧张状态,为前区主牵伸做好准备。目前生产上应用最多的是这一类工艺,后区牵伸倍数在 1.04～1.4 倍之间,后区罗拉中心距掌握在 48～51mm 之间,总牵伸倍数在60倍以内。

后区牵伸倍数小,牵伸力大。牵伸力波动却较小,因此输出纱条不匀率也降低。同时,由于后区为简单罗拉牵伸,没有附加摩擦力界,是靠增减粗纱捻度来调节控制纤维运动力量的大小。采用第一类工艺,在翻改品种时,后区牵伸与后罗拉隔距基本上不动,仅调整粗纱捻系数,适应性较广,简化了运转管理工作。

第二类工艺是采用增大后区牵伸倍数来达到提高总牵伸能力的目的。超大牵伸常用此类工艺,而一般大牵伸时用得很少。在一般大牵伸情况下,后牵伸倍数在超过1.48倍后,纱条不匀率开始明显恶化,反映在波谱图上为0.8~1.5m片段不匀率显著增加。只有当喂入纱条的纤维整齐度好、条干均匀、结构均匀,如精梳及化纤混纺条,可采用第二类工艺,同时后区隔距必须与纤维长度相适应,一般为纤维品质长度加2~4mm,在34~38mm范围内,中、后罗拉加压相应配套加重,为100~140N/双锭,后牵伸可提高到2~2.5倍。

粗纱捻度与细纱后牵伸之间搭配是否适当,不仅影响牵伸过程是否顺利,而且直接影响成纱的条干和强力。这两者都是作为调节前区牵伸力大小的因素。后牵伸增加,粗纱条被解捻多,进入前区的纱条松,反之纱条紧。采用较大后牵伸时,必须适当增加粗纱捻系数,使进入前区纱条紧密度增加,在双胶圈的作用下,纱条不易发生翻滚,消除了捻回重分布现象。剩余捻回受张力的作用产生向心压力,使纤维之间紧密接触,纤维间抱合力强,前区浮游纤维受控情况好,变速就能趋于稳定,有利于提高和稳定成纱质量。一般来说,如果后牵伸较大1.36~1.5倍,粗纱捻系数也应较大(100~115);如果后牵伸较小(1.25~1.36)倍,粗纱捻系数也应较略小(95~105),针织用纱后牵伸应比织机用纱偏小掌握(1.04~1.1倍),粗纱捻系数则选用105~115。

粗纱捻系数的具体运用,还需要结合喂入粗纱定量、后区罗拉隔距、中后罗拉加压和温湿度等因素来综合考虑。

2. 速度

提高细纱机的速度应该考虑技术上的可能性和经济上的合理性。前者主要是指机械能否长期高速和保证较低的细纱断头率,后者是指根据条件选择经济效益最大的车速。细纱速度主要包括前罗拉速度和锭速,细纱车速通常是指前罗拉速度,但锭速和与之配套的钢丝圈速度却是细纱机能否正常开车,生活是否好做,质量是否稳定的关键因素,即是细纱车速能开多高的决定性因素。实践证明,罗拉等牵伸部分完全可以承受高速运转,但在卷绕部分的锭速及与之配套的钢丝圈、筒管规格与状态、钢领直径、气圈张力和原纱条件等却受高速的限制。

(1)锭速。当锭子高速时突出的问题是振动。细纱捻度和车速确定,锭速就确定下来,车速提高,产量就高。但当锭子速度过高时,麻手锭子、跳筒管现象增多,使纱条产生突变张力,细纱断头率增高。同时,由于锭子振动较大,锭子的上下支承都受到额外的动载荷,从而加剧了锭子锭胆的磨损和锭杆的振动,使细纱断头加剧增加升。

细纱锭速的选择与纺纱线密度、纤维特性、钢领直径、钢领板升降动程和捻系数等有关。一般纺制粗特纱时锭速在10000~14000r/min;纺棉中特纱时锭速在14000~

16000r/min;纺细特纱时在14500～17500r/min;纺中长化纤在10000～13000r/min。只要锭子质量允许,且与之配套的筒管、钢领钢丝圈运行正常,细纱断头率不增加,锭速可以超出上速上限。

(2)筒管。以光杆锭子配套的筒管为例来分析,筒管质量问题常常是迫使锭子振动的主要原因。其主要表现在筒管回转时,动态不平稳或跳动,产生原因有筒管偏心、尺寸偏差或小眼表面不平整等。

筒管的内部尺寸与锭子的配合必须相适应。筒管天眼与锭杆上锥度是接触配合;底部管口与锭盘钟形部位是间隙配合(0.05～0.25mm)。如果筒管与锭子配合不好,再加上筒管有偏心,就容易造成跳筒管和增加断头。随着细纱机速度的提高,对筒管质量的要求也日益提高,这对保证正常、高效纺纱,延长锭子使用寿命都是极为重要的。筒管长度应该根据钢领板升降全程与纺纱特数来决定,直径一般为钢领板直径的40%～45%。

(3)钢领与钢丝圈。钢领是钢丝圈的回转轨道。当纱线拖着钢丝圈在钢领上高速围绕锭子回转时,即实现了纱线的卷绕和加捻。因此,两者的配合是否良好是高速和增大卷绕的关键。

(4)钢领直径。钢领直径是影响细纱机锭速的第二个因素。钢领直径大,在相同的锭子速度下,钢领圈线速度增加。因此,要钢领圈线速度控制在一定范围内,所使用的钢领直径增大时,定速就必须降低;反之,要想车速提高,定速加大,钢领必须采用较小直径。在低速范围内,由于钢领直径增大时,钢领大曲率半径小,且散热性好,有利于钢丝圈的运行,钢丝圈的线速度可稍许增加。

3. 细纱捻度

细纱捻度直接影响棉纱的强力、捻缩、伸长,光泽和毛羽、手感等物理性能与外观指标,而且也对棉纱在加工过程中的变化合成品服用性能有影响。捻度对细纱机的产量和用电等经济指标的关系很大,必须全面考虑,综合平衡。

细纱捻度越大,成纱强力就越高,断头也越少,但手感发硬,产量越低。细纱捻度的选择主要根据细纱的用途和最后成品的要求来决定。一般情况下,机织物的经纱,由于所经过的工序多,承受的张力大,要求强力高、弹性好,因此捻度应大一些;纬纱因经过的工序少,承受张力也小,为了避免纬缩疵点,其捻度应小一点。一般同特数的经纱捻度比纬纱大10%～15%;针织纱因织物要求柔软,捻度较纬纱小10%～20%,但也因品种不同而有差异。一般棉毛衫、起绒织物及捻线用纱的捻系数较汗衫用纱捻系数应少一些。在国家纱线标准中规定了特数细纱捻系数的选择范围,生产中应在保证成纱品质的前提下,尽可能采用较小捻系数,以提高细纱机的生产率。

4. 隔距

细纱隔距主要包括罗拉隔距和胶圈钳口隔距。

(1)罗拉隔距。由于罗拉隔距的大小与牵伸力有着密切关系,隔距小,牵伸力大,对纤维的控制作用大,反之则小。在生产上,当纤维细而长,喂入粗纱定量重、捻系数大、车间温湿度高时,罗拉隔距应偏大掌握。中后罗拉隔距如牵伸工艺中所述,确定工艺类别后,一般不作变动,而通过变动喂入粗纱捻系数来调节牵伸力与握持力相匹配;前中罗拉隔距也一样,工艺类别确定后,一般通过变动胶圈钳口隔距来调节前区牵伸力。

(2)胶圈钳口隔距。胶圈钳口是纤维变速最激烈的部位,前区牵伸力和钳口处的摩擦力界强度均随着钳口隔距的缩小而增加。钳口隔距及其弹性与稳定性对纤维运动的影响很大,其既要控制浮游纤维,又要适合快速纤维的顺利抽出。因此,胶圈钳口隔距应根据纺纱线密度、喂入定量、胶圈特性、纤维性能及罗拉加压等条件而确定。在生活稳定和条件许可下,尽可能选用较小隔距,对成纱质量有利。但当粗纱定量较重、捻度较大,细纱特数较粗,后牵伸倍数较低和罗拉加压较轻,以及胶圈厚度较厚时,胶圈钳口隔距应偏大掌握。

5. 加压

加压作为牵伸工艺中的配套参数,通过调节罗拉钳口的握持力,对牵伸力与握持力的平衡发挥着重要的作用,因此,罗拉加压对成纱质量影响很大。在一定范围内,增大加压可以提高罗拉钳口握持力。特别是前罗拉加压适当偏大,使牵伸过程平稳,对降低断头、改善条干均匀度都由显著效果。增大后罗拉加压可防止对粗纱握持不稳,有利于改善成纱质量不匀。中罗拉加压,应随胶圈回转阻力增大而适当加重,以保证胶圈速度正确和稳定且兼顾对后区牵伸纤维的充分握持与牵引。因此,一般情况下加压配置应偏大掌握。

6. 缩小浮游区

为了改善细纱短片段不匀率,除创新设计牵伸机构增加科学合理的摩擦力界控制装置外,还可缩小前区自胶圈钳口到胶辊前罗拉钳口间的距离,即前区浮游区,可有效地控制短纤维运动。

7. 集合器

使用集合器对提高成纱质量、降低断头、节约用棉、提高劳动生产率和设备利用率等都有益处。为了适应缩小前区胶圈钳口到胶辊前罗拉钳口浮游区隔距的需要和减少操作上的麻烦,目前前区多采用须条可自动导入的曲面薄型集合器。

8. 管纱容量

选择合理的细纱管纱卷装,加大管纱容量,可以有效提高劳动生产率。不同的卷装对不同特数产生不同的影响和效果,一般说对粗特纱效果比中特纱更大。在确定管纱卷装时,应考虑最大限度地增加卷装密度,同时必须使络筒时发生胶圈情况最少,否则反而会影响纺纱整体生产效率。

较小的筒管直径和较长的筒管长度与较大的钢领直径配套都可以增加管纱容量,

但它们互相之间必须密切配套。而当筒管的长度和直径改变后,必须修改相应的级升量等卷绕工艺,使管纱成形良好,符合络筒要求。

二、设备状态与产品质量

1. 罗拉对产品质量的影响

细纱牵伸罗拉在实际生产中产生的弯曲与偏心是导致不良牵伸的主要原因,它会恶化纱线的均匀度和产生纱疵,比如产生规律性条干不匀纱疵。通常情况允许前罗拉的偏心限度为 0.03m,中后罗拉可适当放宽,但也不能超过 0.05mm。当采用高倍牵伸时,应保证更低的偏心距。因此,现代高精度无机械波罗拉的偏心均可达到 0.02mm以内。有研究资料指出:若前罗拉偏心达到 0.13mm 时,纱线的 CV 值将增加 2% ~ 2.4%。除罗拉本身弯曲造成的偏心与振动或晃动,其对钳口握持也会产生影响,导致不良牵伸而恶化成纱质量。

2. 胶辊对产品质量的影响

胶辊作为细纱牵伸系统的重要机件,其本身各项物理性能及结构、直径与宽度、圆整度、表面状态和轴承质量的好坏对牵伸系统的效能和产品质量都有很大影响。

(1)胶辊硬度。细纱胶辊的硬度经历了从 A85°到 A72°、A68°、A58°的过程,一般情况下,质量要求较高的品种可选用胶辊硬度较低、弹性较好的胶辊。因为硬度较软、弹性较好的胶辊与罗拉构成握持钳口的握持力较大而且稳定,牵伸过程均匀平稳,产品质量就好。但对纺制不同纱线品种不是越低越好,还要考虑其适应、耐磨和稳定等综合性能,因此,根据所纺品种采取不同硬度的胶辊,能明显改善成纱质量及较好的确保成纱质量的稳定。一般情况下对不同纺纱品种胶辊的硬度选择范围如下。

纺纯棉、人造棉品种可用 A58°~68°范围内的高弹低硬度胶辊,纺化纤与棉或人造棉混纺产品要用 A70°~75°范围以内的中硬度弹性好的胶辊,化纤纯纺、化纤与棉混纺中粗特纱或纯棉粗特纱品种均采用 A78°~82°范围内的中弹中硬度胶辊。

(2)表面摩擦状态。在一定范围内,胶辊表面摩擦系数大则握持力大,对纤维的握持与控制就强,有利于牵伸平稳均匀,对成纱质量有利。但同时,胶辊的摩擦系数大易产生静电作用而绕花,又会增加操作工的负担及原料消耗。因此,胶辊表面处理是一种方法与效果的选择与度的把握相结合的技术,企业要根据自身与质量要求,认真研究和总结经验。一般情况,同种胶辊以表面不处理的摩擦系数为最大,光照、涂料依序次之。同样表面不处理胶辊短绒摩擦系数,以不同的表面磨砺方法与工艺科加以控制,表面粗糙度一般控制在 0.4~0.9μm 范围内;胶辊表面采用相同的涂料处理时,随着硬度的降低而摩擦系数增加,有测试数据显示,软弹胶辊的动摩擦系数一般为 0.581~0.583,而中硬度胶辊的动摩擦系数为 0.451~0.453。

(3)胶辊直径和宽度。在相同的加压条件下,采用较大直径的胶辊可以获得较大的握持长度,在一定范围内较窄的胶辊宽度,可增加胶辊与罗拉接触部分的压强,相对增加胶辊的握持长度,有利于降低成纱条干不匀率。一般情况下,管理水平较高的企业,都采用磨砺直径为29.6～30.5mm的新制胶辊,直径小到27mm就不在使用,胶辊与罗拉接触宽度采用18～20mm。

(4)胶辊的套差与压圆。胶辊采用过大的套差制作工艺会引起胶管内层伸长率过大,而导致内层应力增加且分布不匀,易造成胶辊偏心、变形、皲裂、老化,影响其纺纱性能与使用寿命。因此,在一定范围内,采用较小套差和压圆制作工艺,胶辊的应力分布于表面特性较好,有利于提高纺纱质量。特别对于双层胶管的小套差和二次压圆工艺制作的胶辊,对于改善纺纱质量效果明显。

(5)双层胶辊内层缺陷。对于双层胶辊的内层结构状况不可忽视,内层骨架层的硬度、厚度和内壁的粗糙度差异较时,可反映到胶辊的表面而对成纱质量产生较大影响,有试资料显示,内层厚薄不一和内壁粗糙不平,在相同纺纱条件下,成纱条干 CV 值相差达0.2%～0.8%。

(6)铝衬套胶辊套制缺陷。对于铝衬套胶辊的套制过程,确保同心度套制是发挥铝衬套胶辊"零套差"优势的基础,否则反而会造成铝衬套胶辊的偏心,产生规律性条干纱疵。由于铝衬套与轴承外壳的套差在0.05～0.10mm之间,套制过程精度要求很高,因此,必须采用专用立式定压力胶辊压套设备,确保套制过程中的同心度与套差精度。

(7)胶辊运行状态要求。

①胶辊轴承间隙不超标(轴向≤0.2mm,径向≤0.05mm)、径向跳动≤0.03mm、转动灵活。

②胶辊的丁腈胶管在高速回转时不移位、不脱壳;质地密实无气泡、硬度差异小、有弹性,耐磨、耐老化。

③胶辊表面磨砺并处理后,要清洁圆整(径向跳动≤0.03mm),光而不滑,爽而不燥,具有一定的吸放湿性能和较强的抗静电性能,表面具有一定的摩擦系数且耐磨性能强。

④胶辊表面出现老化、伤痕和中凹,需要即时调换和回磨处理。

⑤胶辊要分档管理、划区使用。同台车直径要一致(±0.03mm),同一直径要固定区域使用。

如果胶辊不能满足上述要求,如前胶辊表面中凹或跳动超标,就会出现压力不足而握持力波动,使牵伸不良造成规律性或无规律条干不匀等纱疵。后胶辊中凹会造成长中片断规律性粗纬等条干纱疵,再如表面损伤绕花或部分涂料脱落,则出现不规律性条干不匀等纱疵。

胶辊直径不按分档、划区管理,致使压力、牵伸力与握持力等牵伸工艺不配套,会出现生产上大面积产品频繁出现各类条干纱疵,产品质量将无法保障。

3.胶圈及控制元件对产品质量的影响

(1)胶圈。其内外表面状态及使用性能的优劣在牵伸过程中自身运行状态和对纤维的稳定控制有重要影响,从而直接影响成纱的条干、强力和断头率等。对胶圈表面性能和运行状态具体要求如下。

①要求内径、宽度、厚度尺寸准确一致。

②表面要求光洁,不允许有异物杂质,不允许有缺损,同批次色泽一致。

③柔软而富有弹性,外表面具有适当的摩擦系数,弹性恢复力要强。如此,可利用一对胶圈的弹力夹持纤维束,有效地控制纤维运动,改善牵伸条件,使成纱光滑、条干均匀。

④胶圈内层、中间强力骨架层和外表层必须"三位一体",具有良好的抗曲挠性、抗拉强度,伸长率要小而均匀一致,内层摩擦系数要适当而且耐磨(特别是下胶圈要求更为严格)性能要特别好。

⑤外表面粗糙度适中,经处理后呈现滑爽细腻,具有良好的抗静电性能,防止静电积聚绕纤维,使须条表面纤维发毛、散乱,飞花增多。由于静电因素产生积花或缠绕,积花附入造成纱疵。

⑥有良好的吸湿、放湿性能,能适应温湿度变化,纺纱时不致因绕花而产生纱疵。

⑦胶圈整体具有较强的耐磨、耐油和耐老化的性能,使胶圈的运转状态保持相对稳定、一致。

⑧上下胶圈的搭配要求。弹性采取外高内低,硬度采取下高上低、内高外低。这是因为胶圈外层在牵伸过程中直接与须条接触,在加压情况下,外层有较好的弹性和较低的硬度,可适应牵伸工艺特点的要求。在实际生产中为满足上述特性的要求,使纺纱质量较好,总结出上新下旧的新老搭配和上薄下厚的厚薄搭配原则等使用经验。

(2)上销、下销与中上罗拉。

①弹性摆动上销架。目前使用的金属上销是由钢板冲压件点焊接结合而成,其抗静电、不粘花,但钢性与表面硬度、光洁度因材质及处理工艺不同而存在较大差异,在使用中由于其自身可变形、生锈和毛刺等问题以及叶片定位弹簧使用前初始弹力的不一致或使用一段时期后的衰退出现,从而造成胶圈张力不一,滑溜率大小不一、差异增大。胶圈钳口开口不直或不一致,所组成的弹性钳口不能起到很好的自调节作用,会使胶圈起拱,甚至打顿,最终带来的是对纤维的控制力出现较大差异,锭差大、质量波动,甚至恶化。一般影响条干 CV 值在 $0.3\% \sim 0.8\%$,其对粗细节影响明显,从而影响纱线强力与单强 CV 值。

新型工程塑料上销克服了铁板上销易变形、生锈和胶圈张力不一等问题,但使用一年半后其滑舌中弹簧会出现弹性衰退现象,使弹性调节上胶圈张力功能衰退,而使胶圈运行状态不一致,锭差加剧,影响成纱 CV_b 值与单强 CV 值等质量指标。因此,必须对此弹簧定期检查与更换,分区使用,严格管理。

②中上罗拉。中上罗拉在上胶圈组合件中,主要起回转传动和形成握持钳口的作用。不同材质的中上罗拉对形成钳口的握持力大小、均匀和传动的均匀、稳定等效果是不同的,从而影响胶圈的运行状态和成纱质量。

③下销棒。下销棒弯曲以及表面的磨损、毛刺都会影响胶圈钳口隔距的大小与一致,从而影响牵伸区牵伸力的平稳,对成纱条干均匀度不利。

④下胶圈张力架。要求其在张力架轴上回转灵活、胶圈工作面与轴孔要平行、胶圈工作面光洁无毛刺和污物。其长期使用后,常出现轴孔上生成氧化物、工作面不光洁以及工作面与轴孔线不平行等问题。如不及时修复,一是张力架弹性不足或失效;二是对下胶圈内层表面加剧磨损且影响胶圈回转,从而使胶圈运行不一致且影响使用寿命,锭差加剧,甚至质量恶化。

对于此问题,新型节能式下胶圈张力架应运而生,其张力架横钩由原来与下胶圈滑动摩擦改为同步滚动,使下胶圈内层由原来运转中有两处滑动摩擦,减少为一处(下销棒曲面),使下胶圈转动负荷与内层磨损都大幅下降,同时对下胶圈运转的稳定性也大有改善,有利于提高成纱质量。

4. 加压装置对产品质量的影响

目前常用的加压装置主要是圈簧摇架与气压摇架。由于摇架大部分零件是钢板材冲压成形,特别是圈簧摇架,经过长期生产运转,产生疲劳、松动、变形、磨损超限和弹簧疲劳等现象,造成压力减少、不稳和差异不一致等问题。这使细纱台差、锭差加剧,工艺压力差异增大,牵伸条件被打乱至破坏,个别锭子质量恶化甚至出现牵不开和不能正常纺纱,对成纱 CV_b 值、单强 CV 值指标影响很大。加压装置对纺纱质量的不利影响主要有以下几种方式。

(1)加压不足或压力过大。压力不足或过大对纺纱质量都有影响。若压力不足,将会产生短粗节增加甚至牵伸不开;压力过大会对胶辊和罗拉加压过重。胶辊受压力过大,特别对软弹胶辊会出现过度变形,增加损耗,加速机械疲劳氧化,影响罗拉握持状态,在牵伸过程中对须条的揉搓力度加大而对纺纱产生不利影响。同时,由于罗拉传动负荷加重,产生机械运行的不稳定状态而对纺纱产生不利影响。

一般情况下,影响压力不足(或压力失效)的原因有以下几个方面。

①弹簧加压机构工作高度过大,正常值在 $3.0 \sim 3.5\mathrm{mm}$ 之间。

②摇架轴紧固螺钉松动、摇架体定位销松、锁紧机构压轮等机件磨损。

③弹簧疲劳。塑性变形等失效。

(2)锭间压力值差异大。在工艺压力值偏差超过规定范围(一般掌握负偏为零,正偏小于 $5 \sim 10\mathrm{N}$),对成纱质量就会产生影响。但又有小样专题试验证实:压力波动范围在 50N 以内,成纱条干 CV 值没有明显变化,但 CV_b 值有所变化。那么锭间压力差异到底如何影响纺纱质量的呢?从纺纱牵伸基本理论可知,牵伸过程的稳定性是围绕握持力与牵伸力的平衡与稳定来做文章的。那么在纺纱过程中影响握持力的主要因素是压力,而影响牵伸力的因素从原料、半制品结构及纤维伸直度,到温湿度等有很多因素。因此,在短期内的小样专题试验是不能完全真实反应繁杂多变的纺纱生产环境。这种多变的纺纱因素,带来了纺纱过程中牵伸力起伏波动的状况。如果加压机构压力偏小,在牵伸过程中将出现短暂的握持力与牵伸力不匹配,从而产生纱条牵伸不匀,甚至牵伸不开,严重影响成纱质量。

另一方面,由于车间温湿度和原料都趋于增加牵伸力时,当同一品种机台的锭间压力值差异较大,就会在生产中出现牵伸不适应,并且显现为此起彼伏,呈现出没有规律的随机现象。如果当握持力偏小,出现牵伸不开的现象时,也是呈现出此起彼伏的不规律性。一般情况下,有这种现象,加压装置的压力锭间差异肯定较大。牵伸加压装置的这一类问题对纺纱质量,特别是纱线高端产品危害最大,那么其产生的原因主要有以下几个方面。

①摇架安装及以后的维修保养中,对压力值缺乏检查和复校。

②弹簧加压机构工作高度不一致。

③摇架个握持紧固螺钉、定位销、锁紧压轮等机件松动或磨损。

④弹簧疲劳、塑性变形等。

其中弹簧疲劳是造成压力差异大的关键因素,有试验统计资料表明:国产弹簧摇架在使用一年以上弹簧压力极差值达 15N,平均差异达 6.5N;使用三年以上弹簧压力平均差异达 15N 以上。由于压力值差异,影响纱线条干 CV 值在 0.8 个百分点以上,影响 CV_b 值达 1.2 个百分点左右。

(3)压力不稳定。摇架加压机构的压力稳定是靠加压元件与锁紧机构等相关部位的联合作用来保证的。弹簧摇架中圈簧的不稳定是造成压力不稳的一个因素,但一般在短期内(2 年内)是不会发生不稳定变化或突变的。紧锁机构压轮与摇架轴紧固螺栓以及摇臂定位销的联合作用是摇架压力固定的关键部位。因此,上述部位的机件磨损和走动是造成摇架压力不稳定的原因。

由于一般新摇架机件的加工毛刺、毛边等因素,在使用一段时期(磨合期,新机安装使用一到二个揩车周期)后,必须对摇架压力重新复校,使用半年在进行一次复校。对于气压摇架,经过这样的初校、复校和定型校以后将是进入了一个相当长(5~10年)的稳定期。而对于弹簧摇架,则必须不断地复校压力值,一般在 2~5 年需要整体更换弹簧,同时需要不断监测压力值的变化。压力锁紧机构等关键机件的磨损和位移是造成压力不稳定的重要原因。这也是气压加压摇架纺纱质量比弹簧摇架稳定优越的根本原因。

对同样的工艺压力值来说,实际压力出现超出控制范围的波动,说明其压力不稳定。比如,100N 的工艺压力,如果摇架压力波动控制在 5% 以内属于正常,那么压力达到 7N 就属于超范围,说明其压力不稳定。当工艺压力为 150N,如果同样压力波动控制在 5% 以内,则压力差异最大值允许达到 7.5N,所以刚才差异 7N 的摇架压力就又属于正常值了。由此可见,在同样的摇架压力波动幅值下,采用较重的工艺压力,机台的摇架压力属于稳定范围的增加;反之,则减少。

5. 粗纱退绕装置与产品质量

粗纱吊(托)锭的歪斜、回转件磨灭、回转不灵活都会使粗纱退绕时忽紧忽松,所受张力忽大忽小,造成纱条产生意外牵伸,在后面的牵伸和加捻卷绕过程中产生细节,增加断头,影响成纱条干的均匀度。

6. 加捻、卷绕机构与产品质量

(1)加捻卷绕过程中纱条张力分析。纱条在加捻卷绕过程中不同部位的张力是不同的。前罗拉至导纱钩之间的张力称纺纱张力 T_S,气圈上张力称气圈张力 T_X,钢丝圈至筒管绕纱段上张力称卷绕张力 T_W。

①纺纱张力 T_S:气圈张力 T_0,克服导纱钩摩擦后,传向纺纱段而形成纺纱张力 T_S,如图 5 - 3 所示。

由于导纱钩及前罗拉包围弧的阻捻作用,使前罗拉包围弧附近弱捻区纱条动态强力大大降低,往往在低于纺纱张力时而发生上部断头。所以纺纱张力 T_S 的大小及波动,直接关系上部断头的多少。

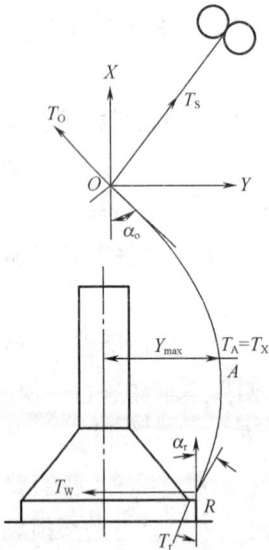

图 5 - 3 卷绕过程纱条张力示意图

②气圈张力 T_X:气圈顶端张力 T_0 是气圈在导纱钩处的张力,气圈底端张力 T_r 气圈在钢领处的张力,如图 5 - 3 所示。于是有:

$$T_0 \cos a_0 = T_r \cos \alpha_r = T_X$$

a_0 与 a_r 分别为气圈顶角与底角,随气圈形态而定。凸形气圈中最大半径 A 点的张力 $T_A = T_X$ 是最小的,如图 5 - 3 所示。圈绕过程中纱条上张力分布 A 点向导纱钩 O 点与钢丝圈 R 点逐渐延伸,气圈张力也逐渐变大,a_0 大于 a_r,所以 T_0 大于 T_r 大于 T_A。

③全绕张力 T_W:这是在加捻圈绕过程中各部分纱条中最大的一个张力。其作用一是克服钢丝圈与钢领板间的摩擦,保持拉动钢丝圈的回转运动;二是克服纱条与钢丝圈、导纱钩间的摩擦阻力,保持纱条做圈绕运动;三是克服纱条空气阻力、与高速回转产生的离心力,保持纱条按钢丝圈角速度作旋转和卷

绕。其中第一作用是主要的。在生产中主要以选配合适的钢丝圈型号与重量来控制气圈形态与纱条张力。

（2）气圈形态与张力。纱条通过导纱钩经钢丝圈卷绕时，随着钢丝圈作高速回转时，纱条产生一定的离心力，在与纱条张力达到动态平衡时，形成一定的凸形气圈。如图5-4所示，是在正常情况下，大、中、小纱气圈形态。小纱时的气圈，因纱段长、离心力大，本应气圈凸形大，但由于筒管卷绕直径小，卷绕角小而卷绕张力大，凸形受到了一定的约束。当管底成形完成后卷绕大直径时，由于卷绕角变大而卷绕张力变小，纱条张力减少，气圈凸形变大，与纱条增长、气圈变大的同时所受空气阻力也在加大，于是纱条中张力又增加，从而使纱条张力与气圈产生的离心达到一种新的平衡。由于气圈的存在，自动调节了纱条卷绕过程中的张力变化，使之相对稳定，不至于出现张力突变。从管底成形阶段到小纱，纱段最长、气圈最大，纱条离心力和空气阻力最大，纱条张力也最大的。从小纱到中纱，纱段的长度在逐渐缩短，由于离心力在逐渐变小，其气圈的最大直径也在逐渐减小，纱条张力也在逐渐减小，直至中间位置时，张力为最小。大纱时纱段长度最短，离心力为最小，气圈逐渐趋平直，气圈条件作用几乎没有，此时，纱条张力变化最大。

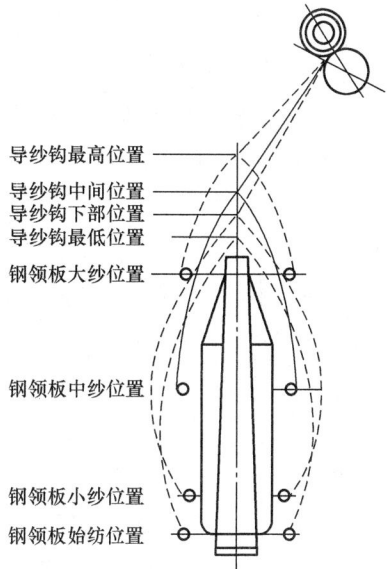

导纱钩最高位置
导纱钩中间位置
导纱钩下部位置
导纱钩最低位置
钢领板大纱位置

钢领板中纱位置

钢领板小纱位置
钢领板始纺位置

图5-4　一落纱气圈形态变化规律示意图

（3）纱条张力与断头。纱条在加捻卷绕过程中，适当的张力是保证正常加捻、卷绕的必要条件。但过大张力不仅产生断头，而且会增加动力消耗；张力过小将会降低卷绕密度，使后工序造成脱圈脱纬，还会造成烂纱、毛羽纱，成纱光泽较差，影响纱线强力，并且气圈膨大碰隔纱板，使钢丝圈运转不稳定而增减断头。因此，张力要求大小适当，与纱线强力和线密度相应，以达到提高卷绕质量和降低断头的目的。正常的纱线张力变化不至于直接引起断头，而是当产生突变张力超过纱线强力时才是造成断头的根本原因。锭子、筒管、钢领、钢丝圈以及导纱钩等机件质量问题，都是造成纺纱过程中张力波动过大而产生纱线断头。此外，影响纱线张力的最大因素是锭速，所以锭速一定要合理、适度。在锭速适当、稳定的前提下加以调整、控制纺纱张力。一般通过调节钢丝圈圈形与重量来稳定气圈，具体调节方法如下。

①控制小纱气圈高度，增加气圈回转时的稳定性。由于小纱时气圈长、气圈直径

大,使钢丝圈回转不稳定。因此,要设法降低小纱时气圈高度,可适当将导纱板的三角铁(有的是钢管)位置放低,降到只要起纺时气圈不碰筒管头即可。

②选配好钢领、钢丝圈。纺特细特、细特纱时可选用 PG1/2 型、PG1 型高速钢领。纺粗特纱时要选用较宽边钢领,如 PG2 钢领及纱线通道大的钢丝圈。特别要配好钢丝圈圈型与重量。从小纱情况看,由于气圈长度较长,气圈回转稳定性差,要求配备较重的钢丝圈;从大纱情况看,由于大纱气圈高度短,圈形平直,弹性差,经受不住大的张力,钢丝圈轻一些为宜。解决这一矛盾只有通过试验,选择适中的钢丝圈重量,使一落纱断头从小纱到大纱都比较正常。如果小纱时断头正常、大纱时断头较多,钢丝圈应适当调轻。如果大纱时断头正常、小纱特别在管底成形完成时断头集中,钢丝圈就要调重一点。一般掌握粗特纱因为单纱强力高,钢丝圈宜偏重掌握。细特纱由于单纱强力低,又照顾大纱接头好接,钢丝圈宜偏轻掌握为好。

③随着钢领使用过程的衰退情况,及时调整好钢丝圈。新钢领上机时,一般先用较轻的钢丝圈(掌握轻两号)。随钢领走熟后,根据气圈形态变化及大、中、小纱断头分布,再逐渐加重钢丝圈。钢丝圈使用一段时间(普通钢丝圈一般中粗特纱 5~7 天,细特纱 7~9 天)后即产生磨损,造成飞圈及断头增加,应按适合的周期及时进行调换。

④锭子、筒管状态与断头。锭子偏心、摇头和麻手以及筒管与锭子不配套而产生振动、跳管和滑溜。此外,锭子与导纱钩、钢领"三中心"不同心,锭子不垂直或锭脚螺丝松动,锭脚内卷簧失效、锭脚缺油引起锭底或上轴承磨损等原因都会引起气圈不正和产生纱条张力突变,或导致气圈与筒管头、隔纱板碰撞,造成纱线起毛,或断头增加,影响成纱的外观和加捻的均匀程度。

⑤隔纱板、导纱钩与断头。隔纱板位置不正、螺丝松动使间隔不正或跑偏等均会造成细纱断头增加和纱线毛羽增多;导纱钩磨损起槽、导纱钩与锭尖不同心等会引起成纱毛羽大幅增加,纱条张力突变而产生断头等问题。

7. 其他机械状态对产品质量的影响

(1)滚盘(或轴)振动对成纱质量的影响。由于滚盘(或轴)振动会引起机架的振动,如果喂入部分振动会造成粗纱退绕不稳,产生意外牵伸;牵伸部分的振动会造成牵伸不良;成纱条干不匀;卷捻成形部分振动会造成断头的增加或成形不良;锭带传动部分的振动会使成纱捻度不匀;机台的振动会使螺丝松动以及安装规格发生变化和机件走动、变形,甚至于导致机械事故,影响设备的使用寿命。

(2)锭带状态对成纱质量的影响。锭带张力是由纺纱工艺需要来确定,它直接影响成纱质量,也对用电有密切关系。张力过大,锭带过紧,使锭子、锭盘磨损大,耗电量增大,锭带使用寿命短;张力过小,锭带过松,锭带与滚盘、锭盘接触压力较小,使锭带滑溜率增大,锭子转速异常增大,会影响成纱单强 CV 值甚至出现弱捻纱,增加断头。

锭带的表面摩擦特性与锭盘、滚盘之间的滑溜率以及锭子的状况是造成锭速不均匀的主要原因,通常要求锭带伸长小、耐磨、耐油、抗静电、抗曲绕,具有双面摩擦特性的复合结构,一面是涂胶层(摩擦系数较高)接触滚盘,传动特性好;另一面是织物增强结构,确保低伸长。锭带伸长过大影响如前所述。锭带抗静电性能差,长期使用后,锭带表面会产生静电吸附短绒,降低锭带表面的摩擦系数,使传动滑溜率增大,而影响成纱捻度的均匀。

此外,锭带运行要求状态不跑偏、不抖动和不滑出锭盘,否则一方面会成纱强力与单强 CV 值,同时还将影响锭带的使用寿命。

三、细纱断头率的基本控制与产品质量

1. 细纱断头的基本规律

前罗拉到导纱钩之间的纱段,称为纺纱段纱线,其所具有的强力称为纺纱强力。此纱段受导纱钩的阻挡,它的捻度仅为正常捻度的80%左右,称为弱捻区,纺纱强力也较小,是断头较多的阶段。因此,纱线断头的根本原因是纱线某处的张力大于强力。

细纱断头可分为成纱前断头与成纱后断头两类。成纱前断头是指纱条在输出前罗拉之前的断头,即发生在喂入部分与牵伸部分;成纱后断头是指纱条从前罗拉输出后到筒管间在加捻卷绕过程中发生的断头。在正常生产中出现成纱前的断头是很少的,主要的是成纱后的断头。因此,成纱后的断头也是研究的重点,其断头的规律如下。

(1)在一落纱中断头的分布呈现出小纱断头最多,约占50%,主要发生在始纺与底部成形结束时,中纱约占20%,大纱断头较中纱稍多,约占30%。气圈的形态不正常与断头直接有关,所以仔细观察、掌握好气圈大小可降低断头。一落纱中气圈最大直径(凸形部分是在管底成形完成前后)与钢领直径的比例关系在(1.5~1.7):1较为正常,此时气圈的最大直径可略大于隔纱板间距。

(2)在纱条部位上,断头多发生在纺纱段(称为上部断头),在钢丝圈至筒管之间断头(称为下部断头)出现较少。只有钢领与钢丝圈配合不当时,会引起钢丝圈的振动、楔住和飞圈等(图5-5),使下部断头有所增加。断头几乎不在气圈部位发生,但气圈与隔纱板大面积撞击,会引起纱磨断头。

(3)在正常生产情况下,大多数锭子在一落纱中可以不断头,在一个锭子上重复三次断头的概率极小,即可认为不存在。因此,一个锭子发生重复两次以上断头,即可认为是"不良锭子",属设备状态问题,必须进行检修。

(4)当纺纱张力较大而单纱强力较低时容易发生断头,主要集中在一落纱中的小纱阶段,即空管起纺后1~5min内。与落纱前满管小直径处,因张力最大,单纱强力承受不了而断头,它的现象是接头时感到拎不起,巡回是前面接清后面又断,并且不是一台车而是一个品种区域的生活都难做,这就是纺纱张力高与单纱强力地之间矛盾的突出表现。

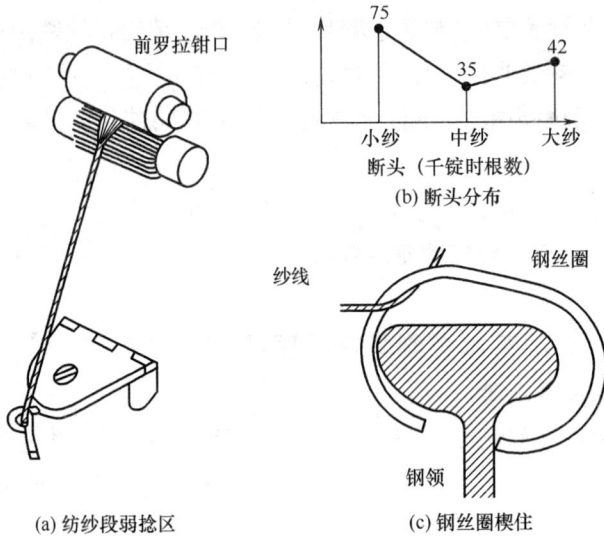

图 5-5　细纱断头部位分析图

（5）随着锭速的提高和卷装的加大，张力也随着增大，断头一般也会随之增加。

除此以外，还需要掌握两个方面的变化因素：一是天气突变而车间温湿度不适应，造成断头普遍增多。细纱工序温湿度要求较严，必须加强管理，相对温湿度一般掌握在 55% ~ 60%，冬天掌握在 55% 左右，夏天掌握在 60% 左右，呈现放湿状态。二是原棉变化时，如果纤维细度变粗，长度变短，品级较差，发生细纱重量偏轻时，应及时调整工艺，否则细纱强力下降，断头会大幅度增加。

2. 断头产生的原因

可从断头的具体情况来判别钢领、钢丝圈的选配及机械原因。

（1）如果整台车纱发毛且管底成形完成时断头比较集中，而到大纱时断头不多，且拎头较轻，这种情况是钢领衰退、钢丝圈选配不当或重量较轻等原因造成。解决方法：调重钢丝圈；调换钢领；适当放低叶子板三角铁，以缩小过于膨胀的气圈。

（2）整台车小纱、中纱断头正常，大纱断头较多，气圈比较平直，拎头重。这种现象是属于钢领、钢丝圈间的摩擦力较大，或是大纱气圈高度偏小。解决方法：调轻钢丝圈，适当抬高叶子板三角铁。

（3）整台车断头较高，而且从生头一开车就断，一直到大纱都比较多。如果同一品种中其他机台正常，就这一台车断头多，在车间里力俗称"老虎机台"。解决的办法：首先检查钢领、锭子等是否有异常；然后进行全面整机，如胶辊、胶圈表面状况无异常，锭子、钢领与导纱钩三中心的升降动程范围内必须做到同心，锭子振动不超标，筒管高低位置一致，无跳管，锭带松紧一致。

（4）个别锭子重复断头。如在小纱到管底成形完成这一段时间内连续断头，且气圈膨胀现象严重，表示这只钢领出现衰退或钢领内跑道波浪形严重，应调换钢领。再一种情况是钢丝圈错用（或正常钢丝圈中混有轻的），特别在两种品种交界内的挡车工容易用错钢丝圈。如是个别锭子大纱时连续断头，则首先查看这只锭子中心是否对准钢领中心，如是歪锭子或是安装不水平，就会造成大纱连续断头，应校正锭子中心或重做锭子水平。其次是钢领内跑道质量差，跑道表面发毛，摩擦系数较高，在新调换钢领时要注意。严重的在拎纱头接头时钢丝圈会有冒火星现象，应把这只钢领调换。

此外，还要注意导纱钩与锭子中心不同心，偏离大，小纱时气圈碰筒管头，大纱时出现"三角气圈"，使钢丝圈回转不平稳，会造成大纱断头。还有钢领板升降柱、叶子板升降柱的垂直度不好，锭子对钢领中心、导纱钩对锭子中心很难做准。还有锭子摇头、筒管摇头、隔纱板位置不正、钢领起浮等问题都会造成断头。机械状态不良，断头就多且无规律，调整气圈张力就困难。只有在机械状态良好的基础上，才能调整好气圈，才能降低断头，稳定生产。

3. 减少细纱断头的方法与措施

细纱断头水平是纺纱生产过程的综合反映，它不但反映企业的技术基础性工作，而且也体现了企业管理工作水平。因此，细纱断头涉及原棉、工艺、设备、空调和操作等方面，实际工作的开展也必须在深入分析细纱断头成因的基础上，狠抓基础管理，狠抓技术措施的落实和推行全面质量管理，从生产的全过程、全员着手。

降低断头必须经常分析断头情况，必须了解一落纱断头的分布规律和断头的原因。例如，大面积断头增加，一般是天气突变或温湿度不适应的原因；个别品种的断头波动，一般是原棉或工艺的原因；少数集中机台的断头增加，可能是固定供应粗纱的原因；个别机台生活不好做，较多的是设备方面的原因。下面重点介绍细纱工序针对减少断头采取的主要方法与措施。

（1）建立岗位责任制，落实断头指标。全厂断头指标、平均千锭时断头率和断头合格率由生产技术厂长或总工程师负责，并下达各生产技术部门与细纱车间，细纱车间的断头指标应由车间设备主管负责，同时实行机台区域责任制，把断头指标分别落实到区域检修工来进行考核，并定期公布和分析各检修区域的断头指标完成情况。在全车间开展常日班为运转服务、保全保养为运转服务的活动，以降低断头为目的的"比、学、赶、帮、超"劳动竞赛。厂部以技术部门牵头，将有关断头指标或与断头密切相关的指标落实到原棉、工艺、空调等技术人员和职能部门进行考核。以全面质量管理小组的形式积极开展活动，研究分析降低断头的措施和办法，人员要相对稳定。做到对设备的性能、高速元件的质量、纺部工艺、品种质量、温湿度以及早班与晚班生产变化情况心中有数，便于随时判断断头增多的原因，以便不失时机的采取有效措施。

（2）加强维修，改善设备状态。加强设备维修是企业实现优质、高产、低消耗的重要途径,也是降低断头的重要环节。细纱工序机台多、零件多,在高速生产过程中引起机件振动、走动变形和磨损超标,常是机械不正常的主要原因。特别是加捻卷绕和牵伸机构,有一个零件不正常,就会影响细纱的质量和断头。因此,设备的维修必须高标准、严要求,做到精益求精。

在各种修理项目或状态维修中必须着重做好卷绕部分的整校工作。做到"三平"(锭子水平、钢领钢领板和导纱板水平)、"三垂直"(锭子垂直、钢领板升降立柱和导纱板升降杆垂直)、"三同心"(导纱钩与锭子中心和钢领板中心在管纱上中下三点均要同心)、"二正"(隔纱板与锭子开档正、钢丝圈与清洁器之间隔距正)和"一活校"(开车后校活气圈)。具体要求钢领板、导纱板高低一致(水平不超过 $0.15 \sim 0.3$ mm),钢领板与导纱板升降立柱垂直度应分别做到 $150:(0.06 \sim 0.01)$ 和 $150:(0.08 \sim 0.12)$。严格做好钢丝圈的清洁隔距,这对防止钢丝圈粘飞花后造成的断头具有相当的效果。必须严格校正隔纱板位置,一般应掌握左右不超过 ± 1.5 mm。各类修理开车后必须做好捉活气圈和毛钢领的工作。活气圈是卷绕部件的安装位置精确和零件有无缺陷的反映,通过异常气圈形态来发现问题,及时校正,对降低机械断头效果显著。必须加强锭带的检查与管理,做到重锤刻度一致,张力适当,锭带长短一致,并消灭跑偏与死锭带。

牵伸部分机械状态对断头的影响也是相当密切。特别是前后胶辊与中上罗拉对罗拉的"三直线"要求与摇架的工作与加压状态,前胶辊与前罗拉的平行度应小于 $70:0.3$ mm,中后上罗拉与前罗拉的平行度应达到 $70:(0.5 \sim 0.6)$ mm。罗拉与胶辊的径向跳动均应小于 0.03 mm(中后罗拉与胶辊可放宽到 0.05 mm)。为了防止粗纱退绕产生断头和意外牵伸,无论是托锭还是吊锭,都要求回转灵活、不自传、不轧阻和拖动回转均匀平稳。

(3)加强维护,做好卷绕部分专件的保养。

①新钢领上车和保养工作。新钢领上车须逐只检查圆整度(不超过 $0.20 \sim 0.25$ mm)、平整度(不超过 0.15 mm)、表面粗糙度(手感及放大镜目测钢领无毛刺、裂纹、塌边、方口和方向性纹路等疵点)和内跑道深度。新钢领上车可将钢丝圈减轻 $1 \sim 2$ 号,并同时将车速减慢 $5\% \sim 10\%$,运转三到五个班后再恢复原来状态,这对稳定断头和钢领保养均有益处。

一般新钢领走熟后断头较低,因此,在使用上可将新钢领上车是集中安排在高温高湿季节,以有利于持续高速生产。也有规定新钢领先在细特产品上用,然后再用于中特纱或粗特纱上使用,既保证了重点产品的断头水平,又合理使用,使新钢领使用寿命适当延长。

②旧钢领的保养工作。钢领在使用一段时间后,其高速性能有所衰退,表现为小纱气圈膨胀,炸断头增加,飞圈严重或成纱毛羽增加。一般刚出现这种情况时就说明钢领开始衰退,但此时,不必马上进行下车保养,而可以适当增加钢丝圈重量加以调

整,还可以使用一段时间。如果加重后再次出现炸断头或出现毛羽和分圈严重的现象,则需要及时的调换钢领,并对下车钢领进行保养修复。

但经过干磨和水磨修复后的钢领,在上车前必须进行检查,检查项目和要求和新钢领一样。PGL 性钢领内深度小于 1.45mm、PGL/2 型钢领内深度小于 1.1mm 时,即剔除不用。

③钢丝圈。必须有人负责管理,做好钢丝圈的检验、发放和按规定周期进行调换。新钢丝圈的检验项目:一是核对型号、检查圈形(用 20 倍的放大投影仪按标准圈形检验钢丝圈的宽度、高度和开口),偏差符合要求;二是检查表面的粗糙度(用放大镜、目测和手感检查,不得有拉痕、裂纹、切口毛刺和锈斑存在),电镀层要均匀;三是核对重量(用天平称重),每批任取 10 只作为一组称重,共称 5 组,重量偏差不得超过公称重量的 ±2.5%;四是测定开口的弹性极限(用杠杆式断裂试验仪测定),通常用一只刨有缺口的钢领,将钢丝圈按正常方法套入钢领跑道,然后转向缺口处取下,在 20 倍放大投影仪上检测开口有否变化,如开口增加超过 0.1mm,则说明弹性不足,回复能力差。

钢丝圈调换周期应根据实际断头情况予以确定,必要时可以将钢丝圈做上标记,通过实际测定飞圈及磨损情况后制订。新产品投产试纺时,钢丝圈的型号的选用必须采用先小量、后整台的并逐步扩大推广的办法,避免选用不当而影响生产。必要时可做通道和磨损试验。调换钢丝圈后必须访问挡车工、落纱工,了解断头情况,实测张力和气圈形态,掌握一落纱断头分布规律等,以便发现问题及早纠正。

同一品种一般须用同一型号的钢领和钢丝圈,以免错用钢丝圈造成增加断头。但个别机台因特殊情况或区域性温湿度影响不能用一种钢丝圈,可不强求一致,但需要注明并做好标识,还需要加强运转管理。

④锭子、筒管。锭子在车上用手摸和目测。手感锭子振动、麻手,目测锭子运转中轮廓不清晰时,则需要将锭成套调换下来进行检修。还应检查锭子与筒管的配套情况,筒管高度整齐一致,运转中不得有晃动与跳动。

(4)重视胶辊、胶圈制作与保养。胶辊胶圈的质量状态与牵伸效能和成纱条干密切,同时它们的质量状态与细纱断头也关系密切。

①严格控制胶辊的制作质量。对新制胶辊要严格按照胶辊的制作工艺流程,不得偷减和省去相关工序。例如广泛应用的软弹双层胶辊的小套差制作工艺,必须经过二次压圆(一次是胶辊套制完成后的压圆,另一次是经过粗磨后再一次压圆),方可对套制过程中在胶管中形成的应力集中和胶管变形进行分散和消除。对表面不处理软弹胶辊的精磨需要有一定的磨砺和抛光,才能对表面的粗糙度加以适当的控制,切不可省减工作量而使胶辊质量受影响。

磨砺胶辊表面,径向跳动、两端直径差异(俗称大小头)、同档胶辊差异和同台胶辊直径差异应严格按照胶辊制作技术条件要求检查,验收合格后方可上车。

②胶辊定期进行揩洗调换与保养。胶辊表面在长期使用中粘有棉蜡、尘杂污物,使其表面摩擦性能下降,握持力下降且不稳定而影响呈纱条干。因此,胶辊必须定期用专用清洗剂揩洗,并在揩洗过程中对轴承芯壳夹花夹杂等不清洁、加油不良、回转不灵活等进行清理、补油和调换处理,对胶辊表面伤痕、油污、涂层脱落或中凹以及径向跳动超限度等进行条调换处理,确保上车胶辊直径、轴承状态与表面状态保持经常良好的状态。

严格胶辊的分档、划区使用与管理:由于大直径的胶辊弹性好、握持性能好,对改善成纱条干、降低断头有利。企业将直径28.5~30.5mm定为一档,用于特细纱及重点品种区域;直径27.5~28.5mm为二档,用于细特纱及针织品种区域;直径26.5~27.5mm为三档用于中特纱和普通品种区域。

胶圈定期洗换与挑拣:胶圈长期使用后于胶辊表面上述情况一样,也需要定期下车进行清洗、挑拣,一般化纤及化纤混纺品种一个月到一个半月,换下来用清洗剂洗涤后用离心脱水机脱水晾干,再用于纯棉品种。在纯棉品种上使用三个月后下车,具体掌握上,上半月换上胶圈,下半月换下胶圈,这样可使纱线不同时遇到新胶圈,以稳定胶圈工作面摩擦系数而使控制力稳定,有利成纱条干和降低细纱断头。

(5)加强运转操作与温湿度管理水平。降低细纱断头是一个涉及方方面面的问题,除了上机械器材方面的维护保养工作以外,还必须发动挡车工、落纱工等运转工人,提高操作技术水平,掌握机械性能与运转规律,加强运转管理,大力推广先进的操作方法,努力减少人为的断头。

同时,还要加强空调管理工作,粗纱回潮率、细纱温湿度与细纱断头率的关系十分密切。温湿度条件直接影响纺纱纤维的吸放湿状况、强度、伸长率、弹性和导电性能等,所以控制得当,有利于生产的稳定和质量的提高。如果失控,则会出现绕胶辊、胶圈和罗拉的"三绕"现象,产品质量受影响,断头增加,严重时甚至会形成大面积断头开花。因此,加强空调管理与温湿度控制也是降低断头率的一项重要措施。

四、提高成纱质量的途径

细纱质量水平是纺部生产的综合反映,不但反映生产中的技术基础性工作,而且也体现出管理工作水平。提高细纱质量总体来说必须从原料抓起、优选工艺、改善半制品质量、稳定提高操作水平、保持良好设备状态。细纱工序需重点做好以下几方面的工作。

1.加强管理、提高操作水平

(1)重视原料管理。加强对原棉的管理及性能的试验分析工作。在充分掌握原棉性能的基础上,合理配棉,特别是对原料的长度、细度、成熟度、单纤强力的差异以及短绒和有害疵点的控制,要严格执行质量第一、统筹兼顾、瞻前顾后的配棉原则,根据成纱质量要求、原料库存及到棉趋势进行全面安排,以便尽可能使配棉成分波动小,为稳定成纱质量、保持成纱必要的强力指标、降低断头和稳定生产奠定基础。

(2)加强运转管理。加强运转管理,落实各工种岗位责任制,重视车间、轮班和班组三级管理责任制度的建设与完善。重视一线挡车工、落纱工、修机工的操作技术水平和质量意识的培训与提高,大力推广先进的操作方法和开展专项与全面相结合的各项劳动竞赛和比武活动,全面提高操作水平。此外,还要具体做好以下工作。

①贯彻预防为主,落实操作法要领。高速、连续性的纺纱生产要求工作的预见性和计划性。挡车工操作要遵循工作法的基本要点,在掌握生产规律和设备性能的基础上,依据断头规律,加强预见性、计划性、灵活性,将各项工作安排到每一落纱和每一巡回中去做。在接头、清洁等工作中要区别对待,灵活机动,分清轻重缓急,合理安排,把清洁和防疵、捉疵等几项内容交叉结合起来做,使工作由被动变主动。

②做好环境和机台的清整洁工作与质量把关结合起来。大力做好清洁,可降低断头,提高质量,减少纱疵。在巡回中合理运用目光,采用结合清洁工作防止人为疵点;结合基本操作查找机械疵点;结合巡回工作捕捉上间疵点。并做好质量把关工作,防止突发性纱疵产生,有规律地进行预防捉疵。

要重点做好纱架喂入部分、牵伸部分和龙筋部分的清洁。还要定期做好车间高空整洁,防止高空飞花飞扬大量飘断头。积极推广吹吸清洁器和胶辊清洁器等自动化清洁装置与工器具,以提高清洁工作效果,减轻工人的劳动强度。

③加强专业检查,及时反馈信息。为提高质量、减少纱疵,车间、轮班都设有专职或兼职质量检查员,对全部细纱机的胶辊、胶圈、集棉器、喇叭头等易损零件进行逐只检查。根据各企业实际情况,还可增加检查相关与质量影响敏感的项目,如摇架的三直线和胶圈钳口位置、锭带长短与筒管位置等。

为了减少纱疵,提高质量,必须及时将检查结果反馈到有关部门,以便迅速采取措施,解决问题。挡车工应把断头多、牵伸部位等机械异常锭子划上记号,通知检修人员及时排查修复。各轮班组织以值班长为主由当班挡车工、落纱工、修机工和空调工等人员参加的区域质量守关小组,负责本区域质量检查和把关,发现问题和异常情况可以及时联系、及时汇报和及时解决。

2. 优化上车工艺

细纱牵伸工艺与细纱条干、强力直接相关,它对成纱质量有很大影响。合理进行工艺设计,充分发挥各牵伸机件对纤维运动的控制能力,使纤维在牵伸过程中有规律地运动,以减小"牵伸波",这一点对细纱工序来说尤为重要。

细纱工艺设计应贯彻"重握持、强控制"的工艺原则,在罗拉加压普遍提高的前提条件下,相关后区推广采用"二大二小"(即粗纱捻系数偏大、细纱后区罗拉握持距偏大、细纱后牵伸要小和粗纱总牵伸适当偏小)的针织纱工艺条件,对于防止纱条长细节的产生和减少细纱中长片段不匀和降低断头非常有效。

细纱前区采用加长前伸型上销架和带有压力棒的上销架或隔距块,以适当加强前区摩擦力界和调整分布,缩短前区浮游区长度;适当缩小胶圈开口隔距和采用弹性滑舌上销架以加强胶圈中部摩擦力界强度和对纤维的有效控制,都有利于改善细纱条干、提高强力和降低断头。但要注意:细纱前后区的牵伸工艺应该相互配套,防止因握持力不足出现硬头而影响正常纺纱。由实际生产经验可知:在机械刚度、强度允许的前提下,增加前罗拉加压,不仅有利于成纱条干,并能提高纱条在罗拉包围弧上的强力,有利于降低细纱断头。

采取控制粗纱捻度的方法可以保持细纱牵伸过程中牵伸力的稳定,防止产生粗细节。粗纱捻度必须随原料和环境的变化进行调整,特别是罗拉握持力不足时,显得更为重要。控制粗纱捻度一般应用以下方法。

(1)掌握粗纱重量每天或每班的变化,绘制统计曲线图。细纱正常牵伸效率应控制在95%左右。如果细纱牵伸效率增加、细纱重量偏轻,则应适当增加粗纱捻度;反之,则应减少粗纱捻度。如此及时调整,不但能减少细节,提高条干均匀度,降低断头,而且也能使细纱减少调换牵伸变换牙次数。

(2)手感目测细纱硬度的变化,或利用粗纱硬度试验仪测试粗纱硬度的变化,来调整粗纱捻度。注意,为了提高检测的可靠性,应固定机号、锭号和粗纱容量(即纱的大小),定期测试。

(3)根据环境温湿度的变化来调节粗纱捻度。一般情况下温度高,粗纱中纤维的抱合力低,易形成细节,必须适当增加捻度;反之,则应减少捻度。这样就可避免夏天出细节,冬天出粗节的质量波动现象。

五、整顿机械状态,稳定提高成纱质量

提高设备的设计合理性及制造的精密度,是设备选用的依据;加强设备的维修与状态检查工作,确保设备状态良好,部件运行正常,则是质量保障的基础。特别是牵伸部件的不断创新设计与维修的不断精益求精,对稳定提高成纱质量有很大的影响。在实际工作中特别要注意以下几个方面。

(1)保持设备上钳口良好的握持状态。

①要防止罗拉钳口的移动。罗拉与胶辊组成的钳口线不稳定会影响纱条的均匀度,因前区牵伸倍数大,前罗拉影响最为严重。具体要杜绝罗拉偏心(或椭圆)和弯曲,罗拉轴承磨损或间隙过大,胶辊的弹性与硬度差异,以及胶辊轴承磨损使轴心与外壳间过大出现晃动,胶辊偏心与弯曲等。

②要杜绝罗拉表面速度不匀。牵伸传动齿轮偏心、磨灭、啮合不良,齿轮轴与轴承间磨灭严重,以及罗拉扭振等可以引起罗拉表面速度不匀。其中罗拉扭转振动对罗拉

表面速度不匀的影响最大,而究其原因主要是因轴头有飞花、杂物阻塞,或罗拉头传动部分刚性不足,产生扭转变形或弯曲变形,都会造成罗拉扭转、跳动或间歇回转。此外,罗拉轴头齿轮啮合过紧,或牵伸齿轮与其他机件相摩擦也会引起回转的振动。

③要防止出现牵伸控制异常。胶辊、胶圈压力不足,或因飞花附着过多产生积花,或因缺油而使回转摩擦阻力过大,都会使钳口不能有效稳定的控制纤维运动而产生严重条干不匀,甚至会出现牵伸失效而影响重量不匀。

此外,胶圈的定期揩洗与回磨,胶圈上下销的状态定期维护,下胶圈张力架的状态等都会影响牵伸状态的正常与否,也必须予以重视,加强检查,按时维护保养。

(2)推广应用自调匀整装置。随着棉纺设备高速化、自动化和短流程工艺的发展,以及对质量越来越高的要求,在清梳联流程中,梳棉机使用自调匀整装置和精梳后一道并条机上使用混合环(或开环)系统自调匀整装置已受到广泛的认同。实际上在条件允许的前提下,在普梳系统无论开清棉流程是否采用清梳联,从技术路线角度,在并条机应用自调匀整装置,可对控制熟条重不匀达到0.3%以内,对控制棉条段片断不匀、提高成纱强力、减少强力弱环、减少细纱与后工序断头都具有明显作用,能使成纱质量水平全面提高而能产生质的飞跃;从经济角度,如果开清棉流程采用了清梳联,可将梳棉机自调匀整装置选用混合环系统,即从生条上就开始控制中断片段不匀,通过并条机的并合作用既可基本满足控制棉条重不匀的要求,又能避免较大的投入。

(3)用好细纱集棉器。选用合适的集棉器是提高成纱光洁度、强力与降低断头的有效措施。集棉器能够密集牵伸须条,使须条横向受到压缩,减少了加捻的三角区,前罗拉吐出的须条在比较紧密的状态下加捻,因此成纱结构紧密、光洁,并且成纱强力提高。同时,集棉器还可以阻止牵伸区中须条边纤维的散失,减少飞花,有利于减少缠绕胶辊和罗拉,对节约用棉、改善成纱外观和降低断头都有好处。但使用中要注意监管与保养,使用不当会增加纱疵、影响条干。使用中一定要杜绝集棉器通道粗糙、挂花和嵌有棉结杂物,防止集棉器抖动、横向或回转不灵活等,否则这些都会影响成纱条干并造成纱疵和增加断头。

(4)推广应用橡胶锭带。调好运行状态生产中锭速的差异主要由于锭带表面摩擦力不同所致,而影响摩擦力的差异其中最主要的原因是锭带张力不一致,尤其采用棉织品锭带因长期运转后容易伸长,或表面产生静电集聚后吸附短绒和杂物。

锭带伸长后,锭带必然变松,其张力就不够,使锭带与滚盘、锭盘的摩擦力就小,锭速就必然变慢。一台车上锭带松紧有差异,这就使得锭子速度有快慢。锭带表面附着短绒和杂物后,其动态摩擦系数就下降。锭带表面静电集聚不同,附着短绒、杂物有多有少,对摩擦系数的影响也有大小,因此,对锭速的影响也有大有小。锭带表面附着短绒越厚,传动力越小(滑溜增加),锭速也就越小。这两个因素造成锭子间锭速快慢差异增大,使纺出细纱的捻度差异也在增加,致使纱线捻度不匀增加。锭速差异越大,细纱捻度不匀越大,细纱强力不匀也越大,细纱断头也越多。生产中要求锭带长度(棉织锭带)不大于3cm,张力一致,锭带盘、锭子润滑良好、回转灵活,锭带不允许打扭或滑出,定期清刷锭带表面,防止表面短绒积聚。生产实践中尤其要防止出弱捻纱,其不仅造成细纱断头,还会增加后工序断头,影响成纱质量。

目前新型橡胶锭带,具有双面复合结构,重量轻,伸长小,完全克服了棉织锭带的缺陷。长度偏差要求为标称值±1mm,大大低于棉织锭带允差。特别是橡胶锭带的双面复合结构,涂胶层摩擦系数大,传动滑溜小,具有抗静电性能,混合织物层,加固强力,表面摩擦系数适中,传动锭盘稳定。新型橡胶锭带不仅可以增加捻度和降低捻不匀,而且可以节电6%~8%。

参考文献

[1]河南轻工业局.细纱保全[M].北京:轻工业出版社,1975.

[2]河南省纺织工业管理局生产处.纺织工业企业设备维修管理制度(棉纺织部分)[R].郑州:河南省纺织工业局,1980.

[3]黄自振,王烈,吴运祥.细纱维修[M].北京:纺织工业出版社,1985.

[4]纺织工业部生产司.细纱机修理工作法[M].北京:纺织工业出版社,1986.

[5]中华人民共和国纺织工业部.纺织工业企业设备管理制度[M].北京:纺织工业出版社,1988.

[6]杜德铭.纺织机械基础[M].北京:纺织工业出版社,1988.

[7]任秀芳,郝凤鸣.棉纺质量控制与产品设计[M].北京:纺织工业出版社,1990.

[8]中国纺织工业企业管理协会设备管理学组.纺织企业设备管理和维修[M].北京:纺织工业出版社,1991.

[9]中华人民共和国纺织工业部教育司.培训教材(第三册)〈纺部设备维修技术知识〉[M].济南:济南出版社,1992.

[10]陆再生.棉纺设备[M].北京:中国纺织出版社,1995.

[11]经纬纺织机械厂(产品开发部).FA506型棉纺环锭细纱机保全图册[M].北京:中国纺织出版社,1995.

[12]陆再生.棉纺工艺原理[M].北京:中国纺织出版社,2002.

[13]吴予群.细纱牵伸系统关键因素影响质量机理的探讨[C].2003′全国传统纺环锭细纱机技术进步专题研讨会论文集.北京:中国纺织工程学会棉纺织专业委员会,2003.

[14]上海纺织控股(集团)公司,《棉纺手册》(第三版)编委会.现代棉纺工程棉纺手册[M].3版.北京:中国纺织出版社,2004.

[15]杨锁廷.现代纺纱技术[M].北京:中国纺织出版社,2004.

[16]任家智.纺织工艺与设备[M].北京:中国纺织出版社,2005.

[17]劳动和社会保障部教材办公室.公差配合与技术测量基础[M].北京:中国劳动社会保障出版社,2005.

[18]郁崇文.纺纱系统与设备[M].北京:中国纺织出版社,2006.

[19]杨建成,周国庆.纺织机械原理与现代设计方法[M].北京:海洋出版

社,2006.

[20]吴予群.细纱维修[M].北京:中国纺织出版社,2009.

[21]常德纺织机械有限公司技术部.摇架产品手册.常德纺织机械有限公司,2006.

[22]经纬纺织机械厂技术部.FA502(A)细纱机产品说明书.经纬纺织机械厂,1982.

[23]经纬纺织机械厂技术部. FA506型细纱机产品说明书.经纬纺织机械厂,2005.

[24]四川成发航空科技股份有限公司技术部.细纱机气动加压牵伸装置使用说明书.四川成发航空科技股份公司,2007.

[25]常德纺织机械有限公司技术部.YJ2系列摇架使用说明书.常德纺织机械有限公司,2007.

[26]常德纺织机械有限公司技术部.QYJ200-160型气加压摇架使用说明书.常德纺织机械有限公司,2007.

附 录

附录一 棉纺织设备安装质量检验标准(FJJ212—80)

基础尺寸和位置的质量要求(各机型通用)

项次	项目			允许偏差(mm)	备注
1	基础坐标位置(纵横轴线)差异			±10	
2	单台基础各不同平面标高的差异			−10	
3	轮廓尺寸差异	基础上平面外形轮廓尺寸差异		±20	
		凸台上平面外形轮廓尺寸差异		−20	
		凹穴轮廓尺寸差异		+20	
4	基础上平面的水平度	单台		≤5	在车脚处的基础面上,用水平仪查检;在柱网上定高低位置,拉线及用平尺副或水桶连通胶管检查
		邻台		≤8	
		全车间		≤10	
5	预埋地脚螺栓	顶端标高差异		+5	按基础面弹线,在根部和顶部两处检查
		中心距差异		±2	
		不铅垂度		≤1/50	
6	预留地脚螺栓孔	中心位置差异		±10	
		深度差异		+20	

安装质量共同检验项目(各机型通用)

项次	项目			允许偏差(mm)	检验方法
1	基础面弹线	墨线不垂直	线长≤20m	≤0.50	用丝线对准墨线两端,用钢板尺检查墨线的不直度
			线长>20m,≤50m	≤1	
			线长≥50m	≤2	
		墨线宽度		≤1	用钢板尺检查
		主定位线(十字线)垂直度		≤1	以3、4、5法(勾股弦法)用钢板尺检查,长度分别为3m、4m、5m 用钢盘尺检查(柱网跨度的偏差不计在内)

项次	项 目			允许偏差(mm)	检验方法
1	基础面弹线	机台主定位线排列尺寸差异	第一排主定位线与本跨柱网的距离差异	±1	
			邻排主定位线间的距离差异	±1	
			末排主定位线与起始柱网的距离差异	±3	
		各机台的辅助线与主定位线间的距离差异	平行距离≤1m	±0.50	用钢卷尺在辅助线的两端检查与主定位线的距离
			平行距离>1m	±1	
		各电动机、变速箱、防护罩定位线差异		±1	用钢卷尺在辅助线的两端检查与主定位线的距离
2	车脚木板	厚度		≥8,≤20	用钢板尺检查任意一处的厚度
		接触点分布面积		≥80%	用复写纸检查
		接触点分布不均匀		不允许	
		与车脚或基础面不密接,塞尺插入的深度和宽度		≤10	用0.50mm塞尺在车脚木板上下检查
		松动		不允许	用小手锤轻敲木板侧面检查
3	车脚垫铁	插入深度		≥10	用钢板尺检查
		露出长度		≥5,≤20	用钢板尺检查
		松动		不允许	用手沿长向轴线直拉垫铁,不得拉出
		重叠块数		≤2(块)	目视(下面一块只能用平面垫铁)
4	吊线差异	长动台	车头内(外)侧线	≤1	目视或用钢板尺检查
			车面前(后)侧线,机台中心线	≤0.50	
		短机台	机台(框)中心线	≤1	
			打手、锡林中心线	≤0.50	

项次	项　目		允许偏差（mm）	检验方法
5	车面、机架（墙板）、横档和龙筋等接触面不密接的间隙		≤0.05	用塞尺检查（细纱机的车面与车面接触,龙筋与龙筋接触有定位销者不考核）
6	托脚、轴承座与机架（墙板）加工面不密接的间隙		≤0.05	不拧紧螺栓,用塞尺检查［直立和斜立（角状）托脚拧紧螺栓检查;3条筋托脚放松任意一只螺栓检查］
7	定位销松动		不允许	用手不得拔动
8	滑动轴承轴的轴向游隙		≤0.40	轴转至游隙最小的位置,并向任意一端推足,用塞尺检查最小处间隙（轴转动灵活）
9	向心滚动轴承	轴承内圈与轴的配合	与不转轴不用第4种过程配合	不允许	手感（用手推入为第4种过渡配合）
			与转动轴不用第3种过程配合	不允许	手感（用钢锤带套筒轻轻打入为第3种过渡配合）
		轴承外圈与轴承座配合	不转轴不用第3种过程配合	不允许	手感
			转动轴不用第4种过程配合	不允许	手感
		紧定衬套与轴承内圈圆锥面接触面积		≥80%	用着色法检查
		轴承轴向定位不符合设备技术文件的规定		不允许	目视,或用钢板尺检查
		滚动轴承加润滑脂量过多过少		不允许	加脂量:≤1500 r/min为轴承总空隙的55%～70%;＞1500r/min 为轴承总空间的40%～55%

项次		项 目		允许偏差(mm)	检验方法
10	齿轮啮合	端面加工齿轮不平齐		≤0.50	用钢板尺检查(主动、从动齿轮宽窄不一时,应左右对称)
		端面不加工齿轮不齐		≤1	用钢板尺检查
		齿轮啮合过松、过紧		不允许	手转齿轮,检查啮合最紧处的齿侧隙是否符合要求。检查时,固定一只齿轮,转动另一只齿轮,手感检查齿侧隙的大小
		齿轮传动异响、振动		不允许	耳听、手感
11	链轮、皮带轮	两链轮或三角皮带轮端面不平齐		≤1/1000	用钢板尺或拉线方向靠在大直径轮子的轮缘端面,再用钢板尺检查另一只轮子的轮缘端面与尺或拉线间的距离(转动两只轮,读数不一致时求其平均值)
		两平皮带轮端面不平齐		≤1.5/1000	
		链条松紧:两链轮中心连线与水平线夹角	≤45°时,链轮松边下垂直与两链轮中心距的比值	≥1.5% ≤2%	使链条松边处在上方,用钢板尺靠在两链轮的上侧面链上,用钢板尺检查链条的最大下垂量(两链轮中心距不可调节,而又无张力轮者,链条过松不得超过两节)
			>45°时链轮松边下垂直与两链轮中心距的比值	≥1% ≤1.5%	使链条松边处在上方,用钢板尺靠在两链轮的上侧面链条上,用钢板尺检查链条的最大下垂量。如夹角较大,可用手指压紧后检查下垂量
		皮带松弛、过紧		不允许	手感

项次	项 目			允许偏差（mm）	检验方法
12	齿轮齿数,皮带轮直径不符合工艺设计要求			不允许	齿轮点齿数;皮带轮直径用钢板尺检查
13	凸轮与转子	凸轮与转子的轴向位置对称度		≤0.50	转子向正反向推足,凸轮与转子两侧端面间的距离差异,用钢板尺检查
		凸轮与转子(杠杆)不密接	加工表面不密接宽度	≤1/5（宽度）	用着色法、钢板尺检查
			非加工表面不密接宽度	≤1/3（宽度）	目视光隙长度
14	键	普通平键(嵌销)、普通楔键(斜面嵌销)在轴上配合松动		不允许	手感
		普通平键(嵌销)与轮毂键槽侧面配合松动		不允许	手感
		普通楔键(斜面嵌销)、钩头楔键(钩头斜键)顶面接触(目视发亮)的长度与轮毂键槽长度的比值		≥2/3	目视,或用钢板尺检查
		导向平键与轮毂键槽宽度配合过松、过紧		不允许	手感(滑动槽与滑动键的宽度配合应为 D_4/d_4)
		普通楔键两端露出轮毂		不允许	目视
15	螺钉、螺母	螺钉、螺母松动		不允许	手拧螺钉、螺母不得松动
		螺栓、螺钉、螺母、垫圈规格不符设计要求		不允许	用钢板尺或游标卡尺检查
16	安全装置不完整、作用不良			不允许	目视、手感
17	零件缺少或损坏			不允许	目视
18	*试车	机台不正常震动		不允许	目视、手感(与正常机台对比或不超过设备技术文件的规定)
		机台不正常声响		不允许	耳听
		机台不正常发热		不允许	手感(必要时可用测温计检查:轴承温升≤20%)
		机台不正常磨损		不允许	目视、手感

项次		项　目	允许偏差(mm)	检验方法
18	*试车	漏油、漏气、漏风、漏水	不允许	目视、手感、耳听(漏油:手摸有油,擦净后 15min 仍有油者;漏气:耳听有漏气声者;漏风:用纤维束检查接口处,纤维束飘动者;漏水:目视滴水者)
		电器控制装置作用不良	不允许	目视
		功率消耗不符合设备文件的规定	不允许	仪表测试
		各机连续性机械疵点	不允许	目视、手感
		成品、半成品通道处不光洁	不允许	目视、手感(要求无油污。锈斑、快口、毛刺、挂花)
		各部清洁绒板、绒辊破损、作用不良	不允许	目视、手感

注　各机另有要求者应纳入各机安装质量检验标准内,安装时应以各机标准要求进行检验。＊表示关键检验项目。

附录二　环锭细纱机大小修理接交技术条件

项次	检查项目		允许限度（mm）		检查方法及说明
			大修理	小修理	
1	车头、尾车脚垫铁盒车中墙板车脚垫木松动及与地面接触不实（在大修理车头车尾调整水平时，地脚水泥全部敲掉）		不允许	不允许（车头、车尾不考核）	车头尾垫铁、中墙板垫木（用0.08mm测微片插入15mm×15mm长小扳手轻轻敲击，检查悬空及垫木松动为不良）
2	机架纵向直线度		0.20	不查	右侧龙筋头尾拉线，在各中墙板处用距离规查
3	机梁纵向和横向水平		0.04/1000 全长0.15	不查	在二墙板、中墙板靠近罗拉座处垫块和直尺呈"个"字形搁置，用水平尺测量
4	龙筋对机梁顶面高度偏差		+0.1 −1	不查	在墙板处用高度规及塞尺检查
5	龙筋顶面单根横向对水平面的平行度		70:0.06	不查	在各墙板处用水平尺与塞尺检查
6	中墙板对水平面的垂直		100:0.1	不查	在各墙板轴承座安装面用框式水平仪检查
7	机梁与龙筋接头不良		不允许	不查	手感、外侧面平齐、接缝用0.08mm塞尺检查，不得插入1/3
8	罗拉偏心弯曲	前罗拉	0.03		运转中目视检查，发现跳动，停车用百分表检查
		中、后罗拉	0.05		
9	罗拉轴承外壳与罗拉座悬空		不允许		转动罗拉90°敲四点
10	中后罗拉与前罗拉距离偏差		+0.08 −0		在罗拉处用隔距规塞尺测量
11	摇架支杆与前罗拉距离偏差		+0.1 −0		在罗拉座处用隔距规塞尺测量
12	罗拉轴承与罗拉座居中度		0.6		用罗拉轴承定位块测量
	罗拉轴承磨损、滚针缺失、保持器变形损坏		不允许		目视与手感

项次	检查项目		允许限度（mm）		检查方法及说明
			大修理	小修理	
13	罗拉沟槽磨灭		0.12	不查	目视、手感。用平板和塞尺测量
	罗拉沟槽、滚花损伤		不允许		目视。在导纱动程范围内影响端头或条干为不良
14	吸棉笛管与罗拉间高低、进出偏差（对标准差）		0.80		用隔距片及进出工具检查笛管两端25mm范围内，单锭吸嘴高低偏差±1.5mm，吸嘴呈水平状态
15	导纱动程	与一般企业规定（12）	±1.5		目视、尺量。在胶辊上撒白滑石粉检查动程大小及胶辊两边空
		动程在胶辊两边空	不小于2.5		
		粗砂碰胶圈架（旧机型）	不允许		目视
16	前胶辊进出差异		1		目视，尺量，同台一致
	中后上罗拉隔距差异				目视，定规与塞尺检查
17	摇架	位置差异	1		目视，与罗拉沟槽对准，尺量
		上销弹簧失效	不允许		手感。与正常临锭位比较，压死、过硬或过软均为不良
		前胶辊加压不灵、失效、压力不一致	不允许		加压手柄竖起、上浮，调节块颜色不一，加压隔距超3mm±0.5mm（或压力仪测量±60N）为不良
		中后胶辊加压压力不一致			压力仪表测量
18	胶圈回转顿挫、跑偏、胶圈架显著抖动		不允许		目视。顿挫、抖动以影响条干为不良。下圈跑偏量以胶圈与罗拉滚花中心偏差超过3mm，上圈跑偏以看不见上销小墙板为不良
	隔距块缺少、损伤、同台规格不一致				隔距块工作处脚子缺损、规格超过±0.50mm为不良
	下销棒高低差异	曲面	−0.20		用定规与塞尺检查
		平台	+0		
	下销棒隔距差异		0.10		
19	胶圈张力架	不灵活、弹簧失效	不允许		手感。与领锭位正常比较有打顿、卡死和弹力过硬或过软均为不良
		轴定位不一致			胶圈张力架调节盘位置一致

续表

项次	检查项目		允许限度(mm)		检查方法及说明
			大修理	小修理	
20	上下绒辊回转不灵活、表面损坏		不允许		目视。以出现顿挫、卡死和在胶辊或罗拉工作面有绒面破损为不良
21	牵伸系统齿轮	轴与轴孔间隙	0.20	0.30	钢丝插入 5mm 为不良
		键与键槽间隙	0.2		用钢丝插入全长为不良
22	机台振动		0.15		目视、手感或用百分表放在机外稳定处，表头接触部件最大振动点，看表上指针规律出现的最大摆动范围
23	各轴	轴承振动	0.15		手感或用百分表或测温计测量
		轴承发热	温升 20℃		
		轴承异响	不允许		耳听，与正常机台对比
		键与键槽间隙	0.10		用钢丝插入 5mm 为不良
24	齿轮状态	异响、啮合不良	不允许		耳听、目视
		缺单齿	1/3 齿宽		目视、尺量
		齿顶厚磨损	1/2 齿顶厚	2/3 齿顶厚	目视、尺量
		啮合齿轮间不平齐	不允许		目视、尺量
25	滚筒振动		0.75	1	运转中发现振动，停车用百分表点接触检查。滚筒查撑圈(法兰)两边 25mm 范围内(包括铸铁法兰)，主轴查任意一点
	滚盘主轴振动		0.25	0.35	
	滚盘振动(径向与轴向)、破损		不允许		目视，用百分表点接触检查。径向跳动不超过 1mm；轴向表头在离边缘 15mm 处摆动不超过 1.5mm
	主轴弯曲		0.05		百分表检查
	主轴高低与横向位置差异		0.8		用专用工具，拉边线检查
26	吸棉装置破损、漏风及风箱显著振动		不允许		目视、手感、主风道、吸棉箱破损、漏风以吸入本台粗纱长 100mm、丝网破损以漏白花、笛管、接头破损漏风以吸附花衣为不良。显著振动与正常机台对比(气流造成的不计)

项次	检查项目		允许限度(mm)		检查方法及说明
			大修理	小修理	
27	钢领板在任何位置时,锭子中心与钢领中心偏差		0.40		在锭子回转时,用比钢领内径小0.80mm的锭子中心定规检查,钢领板在任意位置时钢领与定规相碰不良
	钢领板顶面平整度		0.20		放在平板上,用塞尺检查
	钢领板升降立柱对水平面的垂直度		150:0.08	不查	用框架式水平仪和塞尺查纵横两个方向
	钢领板立柱转子表面磨灭		0.50		目视,卡尺测量
	钢领板前后松动		0.15		钢领板离龙筋表面75mm处,手感有松动时,推足一面用规定的测微片插入全长为不良。A513型、FA系列机台检查立柱与尼龙转子间隙,有一点插入为不良
	钢领板左右松动		0.20		钢领板离龙筋表面75mm处呈自然状态,用规定测微片插入全长为不良
	隔纱板	进出偏差	±2		目视,用定规尺量
		左右偏差	±1.5		
28	导纱板呆滞、松动,导纱钩起槽松动,导纱钩中心与锭子中心偏差		不允许		用手指将导纱板抬起45°能自由落下,用0.25mm测微片(手捏测微片中间处)拨动检查导纱板、导纱钩松动,松动以锭子中心与导纱钩偏差不超过0.80mm为良。导纱钩起槽以影响断头为不良
	导纱板升降杆	对水平面垂直	150:0.1	不查	框式水平仪测量
		与上下轴承座间隙	上 0.30 下 0.50	上 0.40 下 0.60	钢丝插入全长为不良
	导纱钩与锭子中心差异		0.8		用线坠测量检查
	导纱板高度差异		0.8		目视,高度规检查
29	导纱板、钢领板、气圈环升降顿挫、卡阻		不允许		用摇把将钢领板摇至纺纱最高处后再快速摇下检查
	牵吊滑轮,内孔与轴间隙		1		用钢丝插入5mm为不良
	钢领板、导纱板角铁高低差异		0.20		用高低规与塞尺检查

续表

项次	检查项目		允许限度(mm)		检查方法及说明
			大修理	小修理	
30	锭子摇头、下沉		不允许		手感不麻木,或插上2/3容量管纱,目视轮廓清晰为良。必要时用三只2/3容量管纱检查,有两只轮廓清晰为良。有条件的可用仪器测量,振幅超过0.12mm为不良。下沉碰锭盘为不良
	锭子水平(任何方向)		0.15/150		锭子水平仪检查
	锭钩失效或有摩擦		不允许		用200mm×15mm×3mm竹片撬锭盘底部检查,目视失效,耳听到摩擦声为不良
31	锭带	跑偏、绞花、张力失效	不允许		目视。锭带碰张力盘及滚盘边为不良
		张力盘进出差异	±25		目视、尺量
		张力盘支架重锤刻度差异	小于±1格		目视,刻度线达到一格为不良
32	木锭、托锭	歪斜	5		目视或用吊线坠检查
		托锭松动	不允许		手感
	吊锭高度差异明显、回转不良		不允许		目视。回转顿挫为不良
33	落纱轨道	接头不平齐	不允许		目视,手感
		进出差异	±1		手感,尺量
34	齿轮箱	缺油	不允许		目视,油液面不得低于标尺线
		润滑滴油出油不良			目视,每次一滴,间隔符合要求
		油管接头不良			目视,外部有渗漏油迹为不良
35	安全装置作用不良		不允许		目视。手感。传动齿轮防护罩(包括计长传动齿轮、导纱传动齿轮、牵伸齿轮)、车头尾安全罩(包括车头尾的箱门钩、插门自锁装置)、主电动机皮带安全罩牢固可靠
36	电气装置安全不良(接地不良、绝缘不良、位置不固定等)		不允许		目视、手感。1.接地不良指无线地线或电阻不大于4Ω,接地系统与接零系统混用 2.绝缘不良指36V以上电线绝缘层外露,36V及以下导线裸露 3.位置不固定指电控箱或盒、电动机罩壳、风叶螺丝、开关按钮等缺损、松动、导线夹失效等

项次	检查项目		允许限度(mm)		检查方法及说明
			大修理	小修理	
37	断头	20根及以下/(千锭·h)	纯棉		
		10根及以下/(千锭·h)	涤棉、中长纱		
38	黑板条干		最低不得低于9:1		平后高于同品种大面积水平或有规律性二级板为不良
39	成形不良(机械原因造成)		不允许		目视
40	耗电		符合企业规定		由电气测电部门配合检测

注 锭子摇头、吸棉笛管位置、锭钩失效,以初步接交时发现的缺点经修复后作为该项评等依据。

附录三 环锭细纱机揩车技术条件

项次	检查项目		允许限度 (mm)	检查方法及说明	扣分标准	
					单位	扣分
1	齿轮	啮合间不平齐	1	目视、手感、尺量(指揩车范围,不能修复者及时反映)	只	2
		宽窄间啮合	窄不出宽			
		缺单齿 1/3 齿宽;齿顶厚磨损 2/3 以上,呈刀口	不允许	目视、尺量(指牵伸齿轮)。凡调换过的齿轮应保证键与键槽的间隙(0.3mm)、孔与轴的间隙(0.4mm),钢丝插入为不良		
		咬合不良	不允许	目视、耳听、手感(指揩车范围,不能修复者及时反映)		
		震动、异响	不允许			
		油箱缺油、滴油不良	不允许	目视,检查油位标尺线和滴油量		
2	油眼、油管	堵塞	不允许	目视,油加不进(厂定:补数揩车范围的除外)	只	1
		缺油	不允许	目视,轴或轴孔无油,干锈,发黑或有明显槽痕为不良(厂定:不属揩车范围的除外)		
		渗漏油	不允许	目视、手感。指磨灭或密封不好造成的油路、油槽漏油、渗油		
3	钢领板	高低不一致	±0.40	用钢领板高低定规检查	处	0.5
		升降紧轧、顿挫	不允许	目视,连续半块钢板形成不良(第一落纱为准)	台	2
		前后左右松动	0.20	手感,钢领板距龙筋表面75mm处用规定测微片检查插入为不良	处	0.5
4	计长表缺油、磨损、震动(传感器计长除外)		不允许	目视、手感。蜗杆蜗轮磨灭、缺损、震动为不良	只	2
5	机件缺损		不允许	目视。凡揩车拆装部位不允许缺损	只	0.5
6	螺钉、螺母、垫圈、销、键缺少或松动		不允许	目视、手感(指揩车拆装部位)	只	0.5
7	罗拉轴承	加油不适当	不允许	目视、手感。沟槽处有油污为不良	处	0.5
		缠绕花衣,回丝		目视		

项次	检查项目		允许限度（mm）	检查方法及说明	扣分标准	
					单位	扣分
8	上下绒辊缺损、失效,芯子有死花		不允许	目视,以出现顿挫、卡死和在动程工作面有绒面破损为不良	只	0.5
9	胶圈	跑偏	不允许	目视、尺量。下圈跑圈量胶圈与罗拉沟槽的中心偏差超过3mm为不良。上圈跑圈以看不见上销小墙板为不良	只	0.5
		损伤		目视。在动程以外不计		
		缺少		目视。包括预备胶圈(备用数量按企业规定)		
		内部塞花		目视,有成团积花、死花为不良		
10	胶圈张力架、滚轮回转不灵活、弹力失效或不良		不允许	手感。与相邻正常锭位比较有打顿、卡死和弹力过硬或过软均为不良	处	0.5
11	集合器缺少、损伤、游动不灵、规格不一、纱条跑出		不允许	目视。同台集合器要求开口大小和形状一致。完整、灵活,纱条不跑出集合器	只	0.2
12	胶圈	上销显著歪斜、弹性失效或不良	不允许	目视、手感。与相邻正常锭位比较,钳口压死、簧过硬过软为不良	只	0.5
		钳口隔距块缺损、规格不一		目视。有缺失、损伤、规格不一致为不良		
		张力轴架定位不一		目视。张力调节盘位置不一致为不良		
13	摇架加压失效或不良		不允许	目视,手感与定规测量。出现摇架手柄竖起、上浮,加压隔距小于正常1/3为不良	只	0.5
14	笛管表面有油		不允许	目视、手感	根	0.5
	纱条通道有油		不允许	目视、手感	处	0.2
15	锭脚	缺油	不允许	目视、手感	只	0.5
		飞油	不允许	目视。锭脚及龙筋表面有油为不良	只	0.5
16	锭带打扭、毛边、掉带、跑偏及张力失效		不允许	目视。毛边、死扭应剪断打指示牌。碰锭带盘和滚盘边缘为不良	根	0.2
17	工作范围内清洁工作不良		不允许	目视。检查车头尾传动装置、车面、龙筋、车肚、车身、滚盘(滚筒)成形、锭杆锭带盘及重锤等部分,罗拉座及牵伸部分各部件及地面清洁,其他属揩车范围内该清扫积花、回丝的部位。有积花、回丝为不良	处	0.1

续表

项次	检查项目	允许限度 （mm）	检查方法及说明	扣分标准	
				单位	扣分
18	车弄、车底不洁杂物未清	不允许	目视。有油污、杂物未扫净为不良	台	1
19	捻头不良接头大点	不允许	目视	只	0.1
20	油污纱	不允许	目视。整台油污纱按质量事故处理	只	0.2
21	规律性条干不匀	不允许	目视检验(指搭牙不良造成的条干不匀)	半台	6
22	成形不良	不允许	目视,第一落纱整台成形不良为不良	台	6
23	安全装置作用不良	不允许	目视、手感。传动齿轮防护罩、车头门板、安全罩失效、不全不允许。电气装置不安全不允许,及时反映	台	2

注　考核办法:扣分为 0～5 分者为一等,5 分以上为二等。

附录四 环锭细纱机重点检修技术条件

项次	检查项目			允许限度（mm）	检查方法及说明	扣分标准	
						单位	扣分
1	安全装置作用不良			不允许	目视、手感。传动齿轮防护罩、车头车尾安全罩、车门板失效、不全为不合格	台	2
	电气装置安全不良			不允许	目视。指接地不良、绝缘不良、位置不固定。凡无法修理要及时反映	台	2
2	导纱动程	与一般企业标准（12mm）动程差异		±1.5	目视、尺量。在胶辊上撒白色滑石粉，检查动程大小及胶辊两边空	半台	2
		在胶辊两边空		≥2.5		只	0.2
3	前罗拉	晃动		0.12	目视、手感。用百分表测量，轴承回转有卡阻、外部有锈色油迹、温升超过20℃为不良	处	2
		跳动超0.05mm，各罗拉轴承缺油、发热		不允许		处	0.5
4	胶圈	跑偏		不允许	目视、尺量。下胶圈跑偏量胶圈与罗拉沟槽的中心偏差超过3mm为不良。上胶圈跑偏以看不见上销小墙板为不良	只	0.2
		损伤		不允许	目视。在动程外不计		
5	胶圈	跳动		0.05	目视、手感。必要时用百分表检查	只	0.4
		表面各类损伤		不允许	目视。在动程外不计		
		回转不灵活、间隙超标、缺油			手感。取下百分表检查，径向超0.05mm，轴向超0.20mm为不良		
6	胶圈	上销歪斜显著、弹簧弹性失效或不良		不允许	目视、手感。与相邻正常锭位比较，钳口压死、簧过硬过软为不良	只	0.2
		钳口隔距块缺损、规格不一			目视。有缺失、损伤、规格不一致为不良		
		下张力架	回转不灵活、弹簧失效或不良	不允许	手感。与相邻正常锭位比有打顿、卡死和弹力过硬或过软为不良	只	0.2
			轴定位不一致		胶圈张力架调节盘位置一致		
		下销棒隔距差异		0.10	目视。用定规测量		

续表

项次	检查项目		允许限度（mm）	检查方法及说明	扣分标准	
					单位	扣分
7	集合器、导纱喇叭缺少、损伤、同台规格不一致		不允许	目视。规格指开口（孔径）大小和形状不一致	只	0.2
8	上下绒辊缺损、失效		不允许	目视。以出现回转顿挫、卡死和在胶辊或罗拉工作面有绒面破损的为不良	根	0.2
9	摇架加压失效或不良		不允许	目视、手感与定规测量。出现摇架手柄竖起、上浮，调节块颜色不一，加压隔距超企标±1mm（或压力仪测量±60N）为不良	只	0.4
10	齿轮	齿顶厚磨灭成刀口、缺单齿1/3齿宽	不允许	目视，尺量	只	2
		咬合不良	不允许	目视		
		震动、异响	不允许	耳听、手感。与邻近正常机台对比		
11	车头部件	发热	温升20℃	手感。必要时用测温计测	只	2
		震动	0.20	目视、手感。必要时用百分表检查		
		异响	不允许	耳听、手感。与邻近正常机台对比		
12	滚盘（老机滚筒）主轴轴承	发热	温升20℃	手感。必要时用测温计测	只	2
		震动	0.20	目视、手感。必要时用百分表检查		
		异响	不允许	耳听、手感。与邻近正常机台对比		
	滚盘（滚筒）跳动（老机滚筒震动）		1.20	目视。发现问题可停台用百分表点解除检查滚盘工作面、滚筒撑圈（法兰）两边25mm范围内（包括铸铁法兰）	节	2
	滚盘主轴震动		0.40	目视。发现问题可停车，用百分表点接触检查主轴任意一点		
13	吸棉风箱	漏风	不允许	目视。以同台粗纱头100mm长吸入为不良	只	2
		丝网破损	不允许	目视、手感。以漏白花为不良	只	2
		显著震动	0.20	目视、手感。必要时可用百分表测查风扇皮带盘一侧振幅	只	2
14	吸棉装置破损、漏风		不允许	目视、手感。大小橡皮接头、支风管、吸棉笛管因安装不良、破损而吸附花衣为不良（主风道以吸入同台粗纱头为不良）	处	0.1

项次	检查项目		允许限度（mm）	检查方法及说明	扣分标准	
					单位	扣分
15	吸棉笛管与罗拉高低进出不符规定		不允许	目视、尺量。高低：高（笛管任意点及堵头）碰罗拉、低（笛管两端、不包括堵头）大于4mm为不良。堵头松动为不良	只	0.2
16	吊锭（托锭）	显著歪斜、回转不灵活出现顿挫	不允许	以两只现用大粗砂相碰,出现回转不连续为不良	只	0.2
		瓷碗、瓷圈缺损		以影响正常回转为不良		
17	锭子	摇头	不允许	目视、手感。以用2/3容量管纱检查,轮廓清晰,不麻手为良。有疑问时,用3只2/3容量管纱检查,有两只轮廓清晰为良	只	0.2
		显著歪斜	0.60	目视。必要时用比钢领内径小1.2mm锭子中心定规检查,运转中定规与钢领相碰为不良。锭脚松动为不良		
		高低不一致		目视。看锭盘底部。同台正常对比差纬纱超过3mm经纱超过5mm为不良		
		锭钩失效或摩擦	不允许	用工具撬锭盘底部或用手拔锭子检查。目视、耳听有摩擦为不良		
		缺油、发热		锭子缺油、干磨、发热为不良	只	0.2
18	锭带盘	跳动或晃动	不允许	目视。缺油、干磨不允许。引起锭带窜动为不良	只	2
		进出位置	±25	目视、尺量		
		支架张力失效	不允许	手感。锭带盘支架不能自由倒前倒后为不良	只	0.5
	锭带扭曲、跑偏、张力失效		不允许	目视。锭带碰张力盘及滚盘边缘为不良	根	0.1
19	隔纱板	缺损、裂伤、发毛		目视、手感	只	0.2
		左右歪斜	不允许	目视。左右显著歪斜者为不良		
		固定不牢		隔纱板、支架松动、隔纱板座梁联接松动均为不良	处	0.2
20	钢领	起浮、松动	0.20	有底座者用测微片查间隙。查落实、敲不下不计	只	0.4
		发毛、缺损	不允许	毛发提不起头、裂损为不良		
	清洁器及清洁隔距失效		不允许	目视,定规检查。清洁器缺失、磨损,隔距超标1mm		

项次	检查项目		允许限度（mm）	检查方法及说明	扣分标准	
					单位	扣分
21	导纱板（导纱钩）高低显著不平齐、导纱板呆滞、松动或导纱钩松动、起槽		不允许	高低超过±1.5mm；导纱板抬高45°处不能自由落下；以锭子为中心与导纱钩偏差超过0.8mm；导纱钩起槽以影响断头，均为不良	只	0.1
22	钢领板和导纱板升降时升降柱紧轧或顿挫		不允许	目视。升降时高低有显著差异；出现紧轧、打顿；出现连续半块钢领板管纱成形不良；均为不良	台	2
	成形不良					
23	机械空锭		不允许	无备用下胶圈不计、断锭带不计，但必须打出指示牌	只	1
24	计长表缺损、齿轮缺油、磨碰、震动（传感器计长除外）		不允许	目视、手感	只	1
25	主要螺丝（含配件，配件包括垫圈、销子、键）缺少、松动		不允许	目视、手感。车头、牵伸系统传动部分和齿轮、千斤连杆螺帽、电动机座滚盘（滚筒）主轴轴承、皮带盘、滚盘螺母，传动齿轮防护罩、车头尾安全罩（包括车门）螺丝缺少或松动为不良	只	1
	其他螺丝（配件）缺少、松动		不允许	目视、手感	只	0.1
	机件缺损或错用、混用		不允许	目视。凡检修范围内机件缺损、混用者均不允许	只	0.2
26	各部润滑	各传动齿轮箱缺油、漏油	不允许	目视、手感。齿轮箱内油液面不到线，外有油污；各油管及接头处有油污；滴油数和间隔不达标等均为不良	个	1
		油管、油眼堵塞或各接头渗漏油			处	0.2
		滴油装置失效				
27	落纱机轨道高低不一致、接头不平齐		不允许	目视、手感	处	0.2

注　考核办法：扣0~5分为一等，5分以上为二等。

附录五　环锭细纱机完好技术条件

项次	检查项目		允许限度（mm）	检查方法及说明	扣分标准	
					单位	扣分
1	前罗拉	晃动	0.12	目视、手感。用百分表测量沟槽处，轴承回转有卡阻、外部有锈色油迹，温升超过20℃为不良	处	2
		跳动超0.05mm，各罗拉轴承缺油、发热	不允许		处	1
2	导纱动程	与一般企业标准（12mm）动程差异	±1.5	目视、尺量。在胶辊上撒白色滑石粉，检查动程大小及胶辊两边空	半台	2
		在胶辊两边空	≥2.5		只	0.5
3	胶圈	跑偏	不允许	目视、尺量。下胶圈跑圈量胶圈与罗拉沟槽的中心偏差超过3mm为不良。上胶圈跑偏以看不见上销小墙板为不良	只	0.5
		损伤	不允许	目视、手感。在动程外不计		
4	胶辊	跳动	0.05	目视、手感。必要时用百分表检查	只	0.5
		表面各类损伤		目视、手感。在动程外不计		
		回转不灵活、间隙超标、缺油	不允许	手感。取下百分表检查，径向超0.05mm，轴向超0.20mm为不良		
5	胶圈	上销歪斜显著、弹簧弹性失效或不良	允许	目视、手感。与相邻正常锭位比较，钳口压死、弹簧过硬或过软均为不良	只	0.5
		钳口隔距块缺损、规格不一		目视。有缺失、损伤、规格不一致为不良		
		下张力架　回转不灵活、弹簧失效或不良	不允许	手感。与相邻正常锭位比较有打顿、卡死和弹簧过硬或过软均为不良	只	0.5
		下张力架　轴定位不一致		目视。胶圈张力架调节盘位置一致		
		下销棒隔距差异	0.10	目视。用定规测量		
6	集合器、导纱喇叭缺少、损伤、同台规格不一致		不允许	目视。只计纱条通道外损伤，规格指开口（孔径）大小±0.05mm和形状不一致	只	0.5

项次	检查项目		允许限度（mm）	检查方法及说明	扣分标准	
					单位	扣分
7	上下绒辊缺损、失效		不允许	目视。以出现回转顿挫卡死，和在胶辊或罗拉动程内有绒面破损的为不良	根	0.4
8	摇架加压失效或不良		不允许	目视、手感与定规测量。出现摇架手柄竖起、上浮，调节块颜色不一、加压隔距超企标±1mm（或压力仪测量±60N）为不良	只	0.5
9	牵伸系统	齿轮齿顶厚磨灭成刀口	不允许	目视、尺量。齿顶宽不小于0.30mm	只	3
		牙齿咬合不良	不允许	目视、耳听、手感。有异常磨灭和抖动；与邻近正常机台对比有异常为不良		
		齿轮振动、异响	不允许			
10	车头部门	发热	温升20℃	目视、手感。必要时用测温计测	只	3
		震动	0.20	目视、手感。必要时用百分表检查		
		异响	不允许	耳听、手感。与邻近正常机台对比有异常为不良		
11	滚盘（老机滚筒）主轴轴承	发热	温升20℃	手感。必要时用测温计测	只	3
		震动	0.20	目视、手感。必要时用百分表检		
		异响	不允许	耳听、手感。与邻近正常机台对比		
		滚盘（滚筒）跳动（老机滚筒振动）	1.20	目视。发现问题可停台，用百分表点接触检查滚盘工作面、滚筒撑圈（法兰）两边25mm范围内（包括铸铁法兰）	节	3
		滚盘主轴振动	0.40	目视。发现问题可停台，用百分表点接触检查主轴任意一点		
12	吸棉风箱	漏风	不允许	目视。以同台粗纱头100mm长吸入为不良	只	3
		丝网破损	不允许	目视、手感。以漏白花为不良	只	3
		显著振动	0.20	目视、手感。必要时可用百分表检查风扇皮带盘一侧振幅	只	3
13	吸棉装置破损、漏风		不允许	目视、手感。大小橡皮接头、支风管、吸棉笛管因安装不良、破损而吸附花衣为不良（主风道以吸入同台粗纱头为不良）	处	0.5

项次	检查项目		允许限度（mm）	检查方法及说明	扣分标准	
					单位	扣分
13	吸棉笛管与罗拉高低进出不符规定		不允许	目视、尺量。高低:高(笛管任意点及堵头)碰罗拉、低(笛管两端、不包括堵头)大于4mm为不良。堵头松动为不良	根	0.5
14	吊锭(拖锭)	显著歪斜、回转不灵活出现顿挫	不允许	以二只现用大粗纱相碰、出现回转不连续为不良	只	0.5
		瓷碗、瓷圈破损		以影响正常回转为不良		
15	锭子	摇头	不允许	目视、手感。以用2/3容量管纱检查,轮廓清晰,不麻手为良。有疑问时,用3只2/3容量管纱检查,有两只轮廓清晰为良	只	0.5
		显著歪斜	0.60	目视。必要时用比钢领内径小1.2mm锭子中心定规检查,运转中定规与钢领相碰为不良。锭脚松动为不良		
		高低不一致	不允许	目视。看锭盘底部。同台正常对比差。纬纱超过3mm,经纱超过5mm为不良	只	0.4
		锭钩失效或摩擦		用工具撬锭盘底部或用手拔锭子检查。目视、耳听有摩擦为不良		
		缺油、发热		锭子缺油、干磨、发热为不良		
16	锭带盘	跳动或晃动	不允许	目视、手感、尺量。锭带盘架	只	0.4
		进出位置	±25	目视、手感、尺量。锭带盘架不能自由前后倒,重锤缺少、松动,重锤位移±1格等均为不良	只	0.5
		支架张力失效	不允许			
		锭带扭曲、跑偏、张力失效	不允许	目视。锭带碰张力盘及滚盘边缘为不良	根	0.4
17	钢领板和导纱板升降时升降柱紧轧或上下顿挫		不允许	目视。升降时高低有显著差异;出现紧轧、打顿;出现连续半块钢领板管纱成形不良等;均为不良	台	11
	成形不良				块	1
18	机械空锭		不允许	断下胶圈、断锭带累计超过4只为不良,其他一只都不允许	只	2
19	无胶圈纺纱		不允许	目视	只	4

项次	检查项目		允许限度 （mm）	检查方法及说明	扣分标准	
					单位	扣分
20	主要	螺丝（含配件,配件包括垫圈、销、键）缺少、松动	不允许	目视、手感。车头、牵伸系统传动部分和齿轮、千斤连杆、调节螺丝螺帽、电动机座、滚盘（滚筒）轴承座盖、皮带盖、滚盘螺母,传动齿轮防护罩、车头尾安全罩（包括车门）螺丝（配件）缺少或松动为不良	只	2
		机件缺损或错、混用、松动	不允许	目视、手感。罗拉座、机架、龙筋、皮带盘、各种轴承托架、计长表缺损、松动为不良	只、块	4
21	一般	螺丝缺少、松动	不允许	目视、手感。螺丝缺少,松动5只以上为不良,扣分按超过部计	只	0.2
		机件缺少、混用、松动	不允许		只、块	0.5
22	各部润滑	各传动齿轮箱缺油、漏油		目视、手感。齿轮箱内油液面不到线,外有油污;各油管及接头处有油污;滴油数和间隔不达标等均为不良	个	1
		油管、油眼堵塞或各接头渗漏油	不允许		处	0.2
		滴油装置失效				
23	安全装置作用不良		不允许	目视、手感。传动齿轮防护罩（计长表、导纱横动装置齿轮）、车头尾安全罩（车头、车尾的箱门、门钩、插门自锁装置）、主电动机皮带盘罩失效、不全为不良	台	4
24	电气装置	安全不良	不允许	目视、手感。接地不良:指无接地线或接地失效	台	4
				目视。绝缘不良:指36V及以下导线裸露,36V以上导线绝缘层外露或套管脱落	台	4
				目视、手感。位置不固定:指电箱开关盒、电动机罩、风叶罩、开关按钮缺损、松动、导线（管）固定夹头失效为不良	台	4
		严重不良		目视。36V以上导线裸露为严重不良	台	11

注　完好机台考核办法:扣分0~10分者为完好机台。

附录六 环锭细纱机巡回检修技术条件

项次	检查项目		允许限度 （mm）	检查方法及说明	扣分标准	
					单位	扣分
1	安全装置作用不良		不允许	目视、手感。传动齿轮防护罩、车头、尾安全罩（包括车门板）失效不全为不良。电气接地、绝缘和装置不安全，应及时反映	台	2
2	车头齿轮与变换牙	不平齐	1	手感、尺量（指运转班调换过的齿轮）	只	2
		齿顶厚呈刀口缺单齿1/3齿宽	不允许	目视、尺量		
		咬合不良、异响	不允许	目视、耳听，与邻近正常机台对比		
		变换齿轮孔与轴间隙	0.40	用钢丝测。插入5mm为不良（指运转班调换过的齿轮）	只	1
		键与键槽间隙	0.40	用钢丝测。侧面插入全长为不良。键（销钉）在轴上用0.40mm测微片插侧面，插入全长为不良（指运转班调换过的齿轮）		
3	轴承座	发热	温升20℃	手感。（手背靠上灼手）必要时可用测温计检查	只	2
		震动	0.20	目视、手感。纱架显著抖动，必要时可用百分表检查		
		异响	不允许	耳听。与邻近正常机台对比		
4	滚盘（滚筒）跳动		1.20	目视。发现问题可停车用百分表点接触滚盘表面，滚筒撑圈两边25mm范围内（含铸铁法兰）	节	2
	滚盘、滚筒（老机型所用）损坏、开焊		不允许	发现问题及时反映，按责任请有关人员修理	处	1
	滚盘（滚筒）主轴振动		0.40	目视。发现问题可停车用百分表点接触检查主轴任何一点	节	2

续表

项次	检查项目		允许限度（mm）	检查方法及说明	扣分标准	
					单位	扣分
5	皮带盘位置不正确		±3	目视、尺量。主、被动皮带盘位置对齐；按企业规定数不可缺少、损坏、不符规格；传动出现打滑或不正常磨屑	只	1
	皮带缺损、规格不符或松紧不当		不允许		根/台	0.5
6	胶圈损伤		不允许	目视。在导纱动程以外的损伤不计	只	0.2
	集合器、导纱喇叭缺损		不允许	目视。缺损或同台开口（孔径）和形状不一致为不良	只	0.2
	上销隔距块缺损，规格不一		不允许	目视。缺损或同台开口和形状不一致为不良	只	0.2
	上销明显歪斜、弹簧失效或加压不良		不允许	目视、手感	只	0.2
7	钢领板和导纱板升降时升降柱紧轧或上下顿挫		不允许	目视。升降时高低有显著差异；出现紧轧、打顿；出现连续半块钢领板管纱成形不良等；均为不良	台	2
	成形不良					
8	机械空锭		不允许	断下胶圈无备用不计、断锭带打出指示牌不计	只	1
9	计长表缺损、齿轮缺油、磨碰、震动（传感器计长除外）		不允许	目视、手感	只	1
10	主要螺丝缺少、松动		不允许	目视、手感。车头、牵伸系统传动齿轮、主机电动机座、皮带盘、传动齿轮防护罩、车头尾安全罩（包括车门板）螺丝缺少或松动为不良	只	1
11	机件缺损或错用、混用		不允许	目视、手感。车头、牵伸系统传动齿轮、主机电动机座、皮带盘、传动齿轮防护罩、车头尾安全罩（包括车门板）螺丝缺少或松动为不良	只	0.5
12	各部润滑	各传动齿轮箱缺油、漏油	不允许	目视、手感。齿轮箱内油液面不到线，外有油污；各油管及接头处有油污；滴油数和间隔不达标等均为不良	个	1
		油管、油眼堵塞或各接头渗漏油			处	
		滴油装置失效				

注　考核办法:扣分在 0~10 分者为一等,10~20 分为二等。

附录七　环锭细纱机状态检修合格技术条件

项次	检查项目		允许限度（mm）	检查方法及说明	扣分标准	
					单位	扣分
1	安全装置作用不良		不允许	目视、手感见附录五完好技术条件第23项内容	台	3
2	电气装置	安全不良	不允许	目视。见附录五第24项内容	台	3
		严重不良		目视。见附录五第24项内容		6
3	导纱动程	与一般企业标准（12mm）动程差异	±1.5	目视、尺量。在胶辊上撒白色滑石粉，检查动程大小及胶辊两边空	半台	2
		在胶辊两边空	≥2.5		只	0.5
4	前罗拉	晃动	0.12	目视、手感。用百分表测量，轴承回转有卡阻、外部有锈色油迹，温升超过20℃为不良	节	2
		跳动超0.05mm，各罗拉轴承缺油、发热	不允许		处	1
		速度	±1.5%	测速表测量	台	1
5	中后罗拉与前罗拉距离偏差		+0.08 −0	在罗拉座处用隔距规塞尺测	处	2
	摇架支杆与前罗拉距离偏差		+0.1 −0	在罗拉座处用隔距规塞尺测		
6	胶圈	跑偏、顿挫、规格不符	不允许	目视、手感。下胶圈跑偏量胶圈与罗拉沟槽的中心偏差超过3mm为不良。上胶圈跑偏以看不见上销小墙板为不良	只	0.5
		损伤	不允许	目视。在动程外不计		
7	胶辊	跳动、规格不符	0.05	目视、手感和测试仪量。必要时用游标卡、百分表检查	只	0.5
		表面各类损伤		目视、手感。在动程外不计		
		回转不灵活、间隙超标、缺油	不允许	手感。取下用百分表检查，径向超过0.05mm，轴向超0.20mm为不良		

项次	检查项目			允许限度 （mm）	检查方法及说明	扣分标准	
						单位	扣分
8	胶圈	上销歪斜显著、弹簧弹性失效或不良		不允许	目视手感。与相邻正常锭位比较,钳门压死、簧过硬或过软为不良	只	0.5
		钳口隔距块缺损、规格不一			目视。有缺失、损伤、规格不一致为不良		
		下张力架	回转不灵活、弹簧失效或不良	不允许	手感。与相邻正常锭位比有打顿、卡死和弹力过硬或过软为不良	只	0.5
			轴定位不一致		胶圈张力架调节盘位置一致		
		下销棒隔距差异		0.10	目视。用定规测量		
		下销棒高低差异（平台）		+0/ -0.05	目视。用定规测量		
9	集合器、导纱喇叭缺少、损伤、同台规格不一致			不允许	目视。规格指开口（孔径）大小和形状不一致	只	0.5
10	上下绒辊缺损、失效			不允许	目视。以出现回转顿挫、卡死和在胶辊或罗拉工作面有绒面破损的为不良	根	0.5
11	摇架加压失效或不良			不允许	目视,手感与定规测量。出现摇架手柄竖起、上浮,调节块颜色不一,加压隔距超企标±1mm（或压力仪测量±60N）为不良	只	0.5
12	牵伸系统	齿轮孔与轴配合、键与键槽间隙、部件抖动		0.2	用钢丝插入5mm为不良	只	3
		齿轮齿顶厚呈刀口、缺单齿1/3齿宽		不允许	目视,尺量。齿顶宽不小于0.30mm		
		齿轮振动、异响		不允许	目视,耳听,手感。有异常磨灭和抖动;与邻近正常机台对比有异常等均为不良		2
		牙齿不平齐、咬合不良		不允许			
13	变换齿轮与工艺规定不符			不允许	按该品种工艺单检查	只	6
14	车头部件	发热		不允许	手感。必要时用测温计测	只	3
		振动		0.20	目视,手感。必要时用百分表检查		
		异响		不允许	耳听,手感。与邻近正常机台对比		
15	滚盘（老机滚筒）主轴轴长	发热		不允许	手感。必要时用测温计测	只	3
		振动		0.20	目视,手感。必要时用百分表检查		
		异响		不允许	耳听,手感。与邻近正常机台对比		

项次	检查项目		允许限度（mm）	检查方法及说明	扣分标准 单位	扣分
15	滚盘（滚筒）跳动（老机滚筒振动）		1.20	目视。发现问题可停台用百分表点接触检查滚盘工作面、滚筒撑圈（法兰）两边25mm范围内（包括铸铁法兰）	节	3
	滚盘主轴振动		0.40	目视。发现问题可停车，用百分表点接触检查主轴任意一点		
16	吸棉风箱	漏风	不允许	目视。以同台粗纱头100mm长吸入为不良	只	3
		丝网破损		目视、手感。以漏白花为不良	只	3
		显著振动	0.20	目视、手感。必要时可用百分表测查风扇皮带盘一侧振幅	只	3
17	吸棉装置破损、漏风		不允许	目视、手感。大小橡皮接头、支风管、吸棉笛管因安装不良，破损而吸附花衣为不良（主风道以吸入同台粗纱头为不良）	处	0.5
18	锭子	摇头	不允许	目视、手感。以用2/3容量管纱检查，轮廓清晰、不麻手为良。有疑问时，用三只2/3容量管纱检查，有两只轮廓清晰为良	只	0.5
		显著歪斜	0.60	目视。必要时用比钢领内径小1.2mm锭子中心定规检查，运转中锭子与钢领相碰为不良。锭脚松动为不良		
		高低不一致		目视。看锭盘底部。同台正常对比差。纬纱超过3mm，经纱超过5mm为不良		
		锭钩失效或摩擦	不允许	用工具撬锭盘底部或用手拨锭子检查。目视、耳听有摩擦为不良	只	0.5
		缺油、发热		锭子缺油、干磨、发热为不良		
19	锭带盘	跳动或晃动	不允许	目视。缺油、干磨不允许。引起锭带窜动为不良	只	2
		进出位置	±25	目视、尺量		
		支架张力失效	不允许	手感。锭带盘不能自由倒前倒后为不良	只	0.5
	锭带扭曲、跑偏、张力失效		不允许	目视。锭带碰张力盘及滚盘边缘为不良	根	0.1

续表

项次	检查项目		允许限度（mm）	检查方法及说明	扣分标准	
					单位	扣分
20	钢领	起浮、松动	0.20	有底座者用测微片查间隙。查落实、敲不下不计	只	0.4
		发毛、缺损	不允许	发毛提不起头、裂损为不良		
	清洁器及清洁隔距失效		不允许	目视、定规检查。清洁器缺失、磨损、隔距超标1mm		
21	导纱板(导纱钩)高低显著不平齐		不允许	高低超过±1.5mm；导纱板抬高45°处不能自由落下；以锭子为中心与导纱钩偏差超过0.8mm；导纱钩起槽以影响断头，均为不良	只	2
	导纱板呆滞、松动或导纱钩松动、起槽					0.5
22	钢领板和导纱板升降时升降柱紧轧或上下顿挫		不允许	目视。升降时高低有显著差异；出现紧轧、打顿；出现连续半块钢领板管纱成形不良等；均为不良	台	6
	成形不良					
23	机械空锭		不允许	目视。无备用下胶圈不计、断锭带不计，但必须打出指示牌	只	2
	无胶圈纺纱				只	3
24	计长表缺损、齿轮缺油、磨碰、振动(传感器计长除外)		不允许	目视、手感	只	1
25	纱条通道部件不光洁		不允许	目视、手感、尺量	只	1
26	主要	螺丝(含配件,配件包括垫圈、销子、键)缺少、松动	不允许	目视、手感。车头、牵伸系统传动部分和齿轮、千斤连杆、调节螺丝螺帽、马达座、滚盘(滚筒)轴承座盖、皮带盘、滚盘螺母，传动齿轮防护罩、车头尾安全罩(包括车门)螺丝(配件)缺少或松动为不良	只	2
		机件缺损或错、混用、松动		目视、手感。罗拉座、机架、龙筋、皮带盘、各种轴承座、计长表缺损、松动为不良	只、块	3
27	一般	螺丝缺少、松动	不允许	目视、手感。螺丝缺少、松动5只以上为不良，扣分按超过部分计	只	0.5
		机件缺少、混用、松动		目视。凡检修范围内机件缺损、混用者均不允许	只、块	

项次	检查项目		允许限度 （mm）	检查方法及说明	扣分标准	
					单位	扣分
28	各部润滑	各传动齿轮箱缺油、漏油	不允许	目视、手感。齿轮箱内油液面不到线，外有油污；各油管及接头处有油污；滴油数和间隔不达标均为不良	个	3
		油管、油眼堵塞或各接头渗漏油			处	0.5
		滴油装置失效			个	3
29	络纱机高低轨道不一致、接头不平齐		不允许	目视、手感	处	0.5

注　考核办法:扣分在 0~5 分者为合格机台。